普通高等教育"十二五"规划教材

U0318020

工 程 结 构 抗 震

编 著 谭 皓 张电吉

主 审 刘 幸 王天稳

中国电力出版社

CHINA ELECTRIC POWER PRESS

内 容 提 要

本书是普通高等教育"十二五"规划教材。全书共分 8 章，主要内容包括地震概述、场地与地基、结构地震反应分析与抗震验算、多层砌体结构和底部框架砌体房屋的抗震设计、多层及高层钢筋混凝土房屋抗震设计、桥梁结构抗震设计、钢结构房屋抗震设计、单层厂房抗震设计。每章后均配有相应练习题。

本书既可作为普通高等院校土木工程及相关专业的教材，也可作为大中专院校教材，还可供从事土木工程研究、设计和施工等工程技术人员参考使用。

图书在版编目（CIP）数据

工程结构抗震/谭皓，张电吉编著. —北京：中国电力出版社，2014.8

普通高等教育"十二五"规划教材

ISBN 978 - 7 - 5123 - 5931 - 4

Ⅰ.①工… Ⅱ.①谭… ②张… Ⅲ.①建筑结构－防震设计－高等学校－教材 Ⅳ.①TU352.104

中国版本图书馆 CIP 数据核字（2014）第 103237 号

中国电力出版社出版、发行

（北京市东城区北京站西街 19 号　100005　http://www.cepp.sgcc.com.cn）

北京市同江印刷厂印刷

各地新华书店经售

*

2014 年 8 月第一版　2014 年 8 月北京第一次印刷

787 毫米×1092 毫米　16 开本　14 印张　338 千字

定价 **30.00** 元

前　言

　　地震灾害具有突发性和毁灭性，特大地震在瞬时就能对工程结构造成十分严重的破坏，使人民生命财产蒙受巨大的损失。我国是一个地震多发的国家，大部分城镇和村庄均位于设防烈度在 6 度以上的抗震设防区，在目前无法准确预报地震的前提下，对工程结构进行必要的抗震设计是减轻地震灾害积极有效的措施。

　　工程结构抗震是高等院校土木工程专业的一门主干专业课程。本书以《建筑抗震设计规范》（GB 50011—2010）为依据，吸收了近年来抗震领域的成果，并结合作者多年的工程、教学、科研实践经验进行编写。为便于学生掌握书中的基本理论和计算方法，书中各章均附有典型例题、练习题。

　　本书由谭皓、张电吉编著，刘幸教授、王天稳教授审阅了全书。

　　在本书的编写过程中我们还参考和引用了有关文献，在此，对这些文献的作者表示衷心的感谢！

　　本书的不足之处，恳请专家和读者批评指正。

编　者

2014 年 2 月

目　　录

第1章　地　震　概　述

地震是世界上最严重的自然灾害之一，它在极短的时间内给人类的生命财产造成了巨大的损失。据统计，全球每年大约发生 500 万次地震，其中人类可以感觉到的约有 5 万次，可能造成严重破坏的地震将近 20 次，毁灭性地震 2 次。为了防御和减轻地震灾害所造成的损失，世界各国的专家、学者进行了大量的探索和研究，而对在地震区的工程进行抗震设防，被公认为是目前最有效减轻地震灾害的措施。

图 1.1　地球

为了弄清地震成因，就需要了解人类所生活的星球——地球，如图 1.1 所示，有必要探究地球的内部构造。

1.1　地震的基本知识

1.1.1　地球的构造

地球的外形像一个倒扣的鸭梨（见图 1.2），平均半径约为 6400km，由性质不同的三部分组成（见图 1.3）。

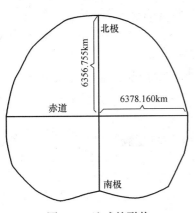

图 1.2　地球的形状

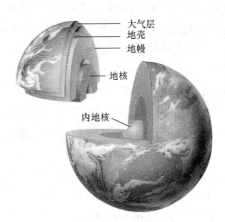

图 1.3　地球的内部构造

（1）地壳。地球最外部的一层硬壳，地壳表面为沉积层，陆地下面的地壳主要由上部的花岗岩层和下部的玄武岩层构成，海洋下面的地壳只有玄武岩层。地壳厚度为 5～70km，平均厚度为 30km。

（2）地幔。地壳以下到深度约为 2900km 的部分。地幔主要由质地坚硬的橄榄岩组成，从地下 20～700km，温度由 600～2000℃。地幔在这一范围内存在一个厚度约为几百千米的软流层，由于温度分布不均匀，就发生了地幔内部物质的对流运动。

（3）地核。地球的核心部分，平均半径约为 3500km，主要的构成物质可能是铁和镍。

1.1.2　地震的成因与类型

地震是自然灾害中的一种，主要由地下某处薄弱岩层突然破裂，在原有积累应力作用下断层两侧发生回跳而引起振动，或者地球板块相互挤压、冲撞引起振动，并以波的形式将岩层振动传到地表引起地面的剧烈振动。

（1）构造地震。地球内部岩层构造活动在某些阶段发生剧烈变化时引起的。地球在运动和发展过程中的能量作用（如地幔对流、转速的变化等）使地壳和地幔上部的岩层在这些巨大能量的作用下产生很大的应力，日积月累。当地应力积累超过某处岩层的强度极限（此时应变超过 $2×10^{-4}~6×10^{-4}$）时，岩层遭到破坏，产生错动，将所积累的应变能转化为波动能，当这种振动传到地面时就是构造地震。

（2）火山地震。火山活动（爆发）而引起的地震。

（3）陷落地震。地下岩洞突然塌陷而引起的地震。

（4）诱发地震。水库蓄水、深井注水或抽水等引起的地震。

（5）人工地震。地下核爆炸、炸药爆破等人为引起的地面振动。

1.1.3　地震的分布

（1）世界上有三个主要地震带。板块构造学说可以解释地应力的成因。地球表面的岩石层可以划分成六大板块，即欧亚板块、美洲板块、非洲板块、太平洋板块、澳洲板块和南极板块。板块之间在地幔物质对流运动以及地球自转等动力因素作用下，不停地互相摩擦、挤压、插入，从而产生了地应力。世界上绝大多数地震发生在板块边界上，根据历史资料统计绘出世界大地震震中分布图。世界上有两大地震带——环太平洋地震带和欧亚地震带。

1）环太平洋地震带。它沿南美洲西部海岸起，经北美洲西部海岸→阿留申群岛→千岛群岛→日本列岛→我国的台湾省→菲律宾→印度尼西亚→新几内亚→新西兰。全球约有80%的浅源地震和90%的深源地震以及绝大部分中源地震都集中发生在这一带。

2）欧亚地震带。西起大西洋的亚速岛，经意大利→土耳其→伊朗→印度北部→喜马拉雅山脉→缅甸→印度尼西亚，与环太平洋地震带相衔接。

3）大洋海岭地震带和东非裂谷地震带。从西伯利亚北岸靠近勒那河口开始，穿过北极经斯匹次卑根群岛和冰岛，再经过大西洋中部海岭到印度洋的一些狭长的海岭地带或海底隆起地带，并有一分支穿入红海和著名的东非裂谷区。

（2）我国的地震分布。我国地处环太平洋地震带和欧亚地震带之间，是一个多地震的国家。地震活动的分布分为六大个活动区。

1）中国台湾及其附近海域。

2）喜马拉雅山脉地震活动区。

3）南北地震带。北起贺兰山，向南经六盘山，穿越秦岭沿川西直至云南省东部，纵贯南北，延伸长达 2000 多千米。因综观大致呈南北走向，故名南北地震带。

4）天山地震活动区。

5）华北地震活动区。

6）东南沿海地震活动区。

总的来说，西部地区地壳活动性大，新构造运动现象非常明显，所以我国西部地震活动比东部强。

1.1.4 地震序列

每次大地震的发生都不是孤立的，大地震前后在震源附近，总有与其相关的一系列小地震发生，把它们按发生时间先后顺序排列起来，就叫做地震序列。在一个地震序列中，其中最大的一次地震，称为主震；主震前发生的地震，称为前震；主震后发生的地震，称为余震。根据地震能量释放和活动的特点，地震序列有三种基本类型：

（1）主震余震型地震（60%）。这一类型的地震，前震较少，主震震级突出，释放能量一般占全序列能量的 80% 以上，而余震较多，往往数日不绝。

（2）震群型地震（占 30%）。这一类型地震没有突出的主震，前震和余震都较多，主要能量是通过多次震级相近的地震释放出来。

（3）单发型地震（占 10%）。这类地震也称孤立型地震，前震和余震都很少很小，主震的能量占全部地震能量的 99% 以上。主震的震级比最大的余震大得多。

1.2 地震波、地震等级和地震烈度

1.2.1 地震术语

（1）震源。地壳深处发生岩层断裂、错动的地方。

（2）震中。震源在地面上的垂直投影。

（3）震源深度。震源到震中的垂直距离。

（4）极震区。地面上受破坏最严重的地区，称为宏观震中。

（5）震中区。震中附近地区。

（6）震中距。地面上某点到震中的距离。

（7）震源距。地面上某点到震源的距离。

（8）浅源地震。震源深度小于 60km。

（9）中源地震。震源深度为 60～300km。

（10）深源地震。震源深度大于 300km。

（11）等震线。把地面上破坏程度相近的点连成的曲线。

常用地震术语示意图如图 1.4 所示。

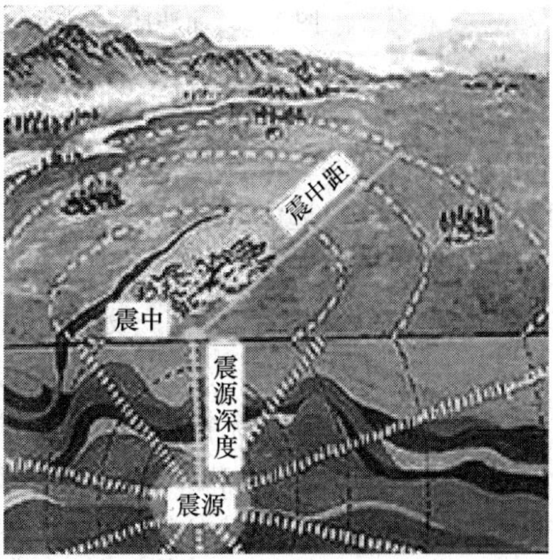

图 1.4 常用地震术语示意图

1.2.2 地震波

当震源岩层发生断裂、错动时，岩层所积累的变形能突然释放，并以波的形式从震源向四周传播，这种波就称为地震波。

地震波分为体波（在地球内部传播的地震波）和面波（在地球表面传播的地震波），体波又分为纵波和横波（见图 1.5）。

（1）纵波。震源向外传播的疏密波、压缩波、P 波，介质质点的振动方向与波的传播方向一致，引起地面垂直方向振动。

（2）横波。震源向外传播的剪切波、S 波，介质质点的振动方向与波的传播方向垂直，引起地面水平方向振动。

（3）面波。在地球表面传播的地震波。它是体波经地层界面多次反射、折射形成的次生

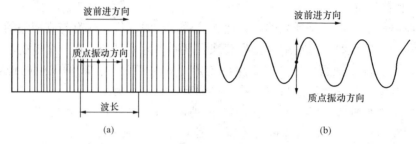

图 1.5　体波质点振动方式

（a）压缩波；（b）剪切波

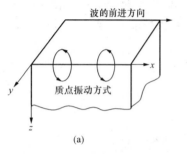
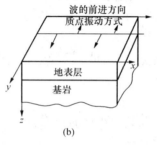

图 1.6　面波质点振动方式

（a）瑞利波质点振动；（b）勒夫波质点振动

波。面波可以使地面既垂直振动又水平振动。面波包含两种形式的波，即瑞利波（R 波）和勒夫波（L 波）。瑞利波传播时，质点在波的传播方向与地面法向所组成的平面内做与波前进方向相反的椭圆运动，在地面上表现为滚动形式［见图 1.6（a）］。勒夫波传播时，质点在地面内产生与波前进方向相垂直的运动，在地面上表现为蛇形运动［见图 1.6（b）］。面波传播速度慢，其周期长、振幅大、衰减慢，所以可以传播到很远的地方。

地震波的传播速度以纵波最快，剪切波次之，面波最慢。因此，在一般地震波记录图上（见图 1.7），纵波最先到达，剪切波次之，面波最后到达，从振幅来看，面波最大。由于面波携带的能量比体波大，因此造成建筑物和地表的破坏主要以面波为主。

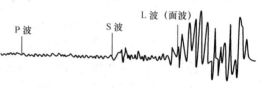

图 1.7　地震波记录示意图

波速：纵波 → 横波 → 面波，由快 → 慢。

振幅：纵波 → 横波 → 面波，由小 → 大。

1.2.3　地震震级

国际上比较通用的是里氏震级，其原始定义是在 1935 年由美国学者里克特（C. F. Richter）给出。震级是衡量地震大小的一种度量，每次地震只有一个震级，它是根据地震时释放能量的多少来划分的。地震震级计算公式为

$$M = \lg A \qquad\qquad (1.1)$$

式中　M——里氏震级；

　　　A——标准地震仪（Wood - Anderson 式地震仪：指摆的自振周期为 0.8s，阻尼系数为 0.8，放大系数为 2800 倍）在距震中 100km 处记录的以微米（$1\mu m = 10^{-6}m$）为单位的最大水平地动位移（单振幅）。

当震中距不足 100km 时，需要按修正公式进行计算

$$\lg E = \lg A - \lg A_0 \tag{1.2}$$

式中 $\lg A_0$——依据震中距变化的起算函数，当震中距为 100km 时，$A_0 = 1\mu m$，$\lg A_0 = 0$；

        E——地震释放的能量，单位是尔格（erg），$1 erg = 10^{-7} J$。

根据上述关系，地震震级每增加 1 级，地震释放的能量大约增大 32 倍。6 级地震释放的能量为 $6.31 \times 10^{20} erg$，相当于一个 2 万 t 级的原子弹所释放的能量。

不同的震级 M 与地震释放能量 E（erg）之间有如下关系

$$\lg E = 1.5M + 11.8 \tag{1.3}$$

$M < 2$ 级的地震，人们感觉不到，称为微震；$M = 2 \sim 4$ 级的地震，人有感觉，称为有感地震；$M \geq 5$ 级的地震，建筑物会出现不同程度的破坏，称为破坏性地震；$7 \leq M < 8$ 级的地震，称为强烈地震；$M \geq 8$ 级地震，称为特大地震。

1.2.4 地震烈度

（1）地震烈度。地震烈度是指某一地区的地面震动和各类建筑物遭受一次地震影响的强弱程度，是衡量地震引起后果的一种度量。地震烈度与震级、震中距、震源深度、地质构造、建筑物和构筑物的地基条件有关。烈度的大小是根据人的感觉、器物的反应、建筑物受破坏的程度和地貌变化特征等宏观现象综合判定划分的。我国根据房屋建筑震害指数，地表破坏程度以及地面运动加速度指标将地震烈度分为 12 度，制定了《中国地震烈度表》，见附录 1。

地震震级和地震烈度是描述地震现象的两个参数。对应于一次地震，表示地震大小的震级只有一个，然而各地区由于距震中远近不同，地质情况和建筑物状况不同，所受到的地震影响程度不一样，因而地震烈度不同。一般地说，震中区烈度最高；距震中越远，地震烈度越小；震源深度越浅，地震烈度越高。

我国根据 153 个等震线资料统计的地震烈度（I）、地震震级（M）、震中距（R）的经验公式为

$$I = 1.63M - 3.49\lg R + 0.92 \tag{1.4}$$

（2）基本烈度。指某地区在一定时期（我国取 50 年）内在一般场地条件下按一定概率（我国取 10%）可能遭遇到的最大地震烈度。我国根据 45 个城镇的历史震灾记录进行统计并依据烈度递减规律进行预估，得到 50 年内超越概率为 10% 的烈度。

（3）抗震设防烈度。按照国家规定的权限批准作为一个地区抗震设防依据的地震烈度，根据建筑物的重要性，在基本烈度的基础上，按区别对待的原则进行调整确定的。但一般情况下取基本烈度，对于特别重要的建筑物，经国家批准，设防烈度可以按照基本烈度提高一度取值。

《建筑抗震设计规范》（GB 50011—2010）规定，抗震设防烈度应该根据《中国地震动参数区划图（2001）》确定地震基本烈度。抗震设防烈度和设计基本地震加速度值之间的对应关系见表 1.1。

表 1.1   **抗震设防烈度和设计基本地震加速度值之间的对应关系**

抗震设防烈度	6 度	7 度	8 度	9 度
设计基本地震加速度值	0.05g	0.10g（0.15g）	0.20g（0.30g）	0.40g

注 g 为重力加速度。

进行某地区抗震设计时，需要明确该地区的场地类别和设计地震分组，来确定相关的设计参数，如场地特征周期。我国主要城镇（县级及县级以上城镇）中心地区的抗震设防烈度、设计地震分组和设计基本地震加速度值，见附录 2。

1.3　地　震　震　害

1.3.1　地表的破坏

地震造成地表的破坏主要有地裂缝、喷水冒砂、地面下沉、河岸及陡坡滑坡等。

图 1.8　中国台湾省南投地震
中长达 1 km 的地裂缝

（1）地裂缝。地裂缝分为构造性地裂缝和重力式地裂缝两类。构造性地裂缝是地震断层错动和地面运动的结果，常常在地面上产生裂缝现象，如图 1.8 所示。地裂缝长度可以延伸几千米到几十千米，带宽达数十厘米到数十米。重力式地裂缝是由于地表土质不匀及受地貌影响所致，其规模较小。当构造性地裂缝穿过建筑物时，会造成建筑物开裂直至倒塌。

（2）喷水冒砂。在地下水位较高、砂层埋深较浅的平原地区，地震时地震波的强烈震动使地下水压力急剧增高，地下水经地裂缝或土质松软的地方冒出地面，当地表土层为砂层或粉土层时，则夹带着砂土或粉土一起喷出地表，形成喷水冒砂现象，是砂土液化的表现。汶川地震后岷江岸上出现砂土液化，如图 1.9 所示。喷水冒砂一般持续很长时间，严重的地方可造成房屋不均匀下沉或者上部结构开裂。

（3）地面下沉（震陷）。在罕遇地震作用下，有地下溶洞或者矿业采空区，地面土体往往会发生下沉，出现大面积震陷。汶川地震后地面出现震陷，如图 1.10 所示。

图 1.9　汶川地震后砂土出现液化

图 1.10　汶川地震后地面出现震陷

（4）河岸及陡坡滑坡。在山崖、丘陵、河岸地区，大地震时常引发滑坡。大规模滑坡会冲毁建筑物、切断道路和桥梁，还会堵塞河流形成堰塞湖。如图 1.11～图 1.14 所示。

1.3.2　建筑物的破坏

（1）结构丧失整体性。房屋建筑或其他建筑物都是由许多构件组成的，在罕遇地震作用下，构件连接不牢，支承长度不够和支撑失效都会使结构丧失整体性而出现倒塌破坏。汶川地震造成映秀镇漩口中学框架结构教学楼倒塌，如图 1.15 所示。

（2）承重结构承载力不足引起破坏。任何承重构件都有各自的特定功能，以承受一定的外力作用。对于设计时没有考虑地震影响或者设防不足的结构，在地震作用下，不仅构件所承受的内力将突然加大许多倍，而且往往还要改变其受力方式，致使构件因强度不足或者变形过大而破坏，在玉树地震中结古镇某框架民房角柱上端剪坏、混凝土压碎、钢筋压曲，如图 1.16 所示。

图 1.11　汶川地震时引发滑坡冲毁建筑物

图 1.12　汶川地震时引发滑坡切断道路

图 1.13　汶川地震时引发滑坡冲毁桥梁

图 1.14　汶川地震引发滑坡堵塞河流形成的堰塞湖

图 1.15　汶川地震造成框架结构
教学楼倒塌

图 1.16　在玉树地震中某框架民房角
柱上端剪坏、混凝土压碎、纵筋压曲

（3）地基失效。在强烈地震作用下，地基承载力可能下降，以至丧失。另外，由于地基饱和砂层液化还会造成建筑物倾斜甚至倒塌。汶川地震时地震断裂带上地基失效，断裂带左侧抬高 2m，断裂带上的房屋发生垮塌，如图 1.17 所示。

1.3.3 地震次生灾害

地震除了直接造成建筑物的破坏以外，还可能引起火灾、水灾、毒气污染、滑坡、泥石流、海啸等严重的次生灾害，见图 1.18 和图 1.19。这种由地震引起的次生灾害，有时比地震直接造成的损失还大，尤其在大城市或者大工业区，这个问题越来越引起人们的关注。

图 1.17　汶川地震时地震
断裂带上地基失效

图 1.18　"3·11"日本宫城县海域
9.0 级地震引发的火灾

图 1.19　"3·11"日本宫城县海域 9.0 级地震引发的海啸灾害

1.4　工程抗震设防要求

1.4.1　三水准设防目标

工程抗震设防的基本目的是在一定的经济条件下，最大限度地限制和减轻建筑物的地震破坏，保障人民生命财产安全。

《建筑抗震设计规范》（GB 50011—2010）中抗震设防的目标可以概括为"小震不坏，中震可修，大震不倒"。具体表述如下：

（1）当遭受低于该地区抗震设防烈度（基本烈度）的多遇地震影响时，主体结构不受损坏或不需修理可继续使用（第一水准）。

（2）当遭受相当于该地区抗震设防烈度的设防地震影响时，主体结构可能发生损坏，但经一般性修理仍可继续使用（第二水准）。

（3）当遭受高于该地区抗震设防烈度的罕遇地震影响时，不致倒塌或发生危及生命的严重破坏（第三水准）。

界定所遭遇的地震是大烈度地震还是小烈度地震是抗震设计的前提，由于地震发生的地点及震级是随机事件，因此应该计算出该地区不同震级地震发生的概率。

根据我国 45 个城镇地震危险性分析，地震烈度的概率分布符合概率论中的极值 II 型，其分布函数为

$$f(I) = \frac{k(\omega - I)^{k-1}}{(\omega - \varepsilon)^k} e^{-\left(\frac{\omega - I}{\omega - \varepsilon}\right)^k} \tag{1.5}$$

式中　k——形状参数，以 50 年中超越概率为 10% 的地震烈度作为设计标准而确定；

　　　I——地震烈度；

　　　ω——地震烈度上限值，取 $\omega = 12$；

　　　ε——地震烈度概率密度曲线上峰值烈度（众值烈度）。

规范取超越概率为 10% 的地震烈度为该地区的基本烈度，超越概率为 63.2% 的地震烈度为该地区的小震烈度（概率密度曲线上峰值烈度所对应的被超越的概率），取超越概率为 2% 的地震烈度为该地区的大震烈度。地震烈度概率密度曲线上三种烈度之间的关系如图 1.20 所示。

小震烈度＝基本烈度−1.55 度；

大震烈度＝基本烈度＋1.00 度。

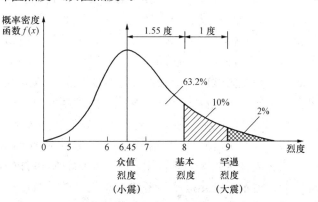

图 1.20　地震烈度概率密度曲线上三种烈度之间的关系

1.4.2　抗震设计方法

为满足上述抗震要求，结构抗震设计是通过两阶段设计来实现的：

第一阶段设计：按多遇地震烈度对应的地震作用效应和其他荷载效应的组合验算结构构件承载能力和结构弹性变形。

第二阶段设计：按罕遇地震烈度对应的地震作用效应验算结构弹塑性变形。

（1）在小烈度地震作用下，结构整体和构件的承载力、变形满足规范要求。

（2）在大烈度地震作用下，保证结构不致产生倒塌的结构变形。

（3）通过采用良好的抗震构造措施来实现第二水准的设计目标。

1.4.3　抗震设防类别与设防标准

（1）抗震设防类别。《建筑工程抗震设防分类标准》（GB 50223—2008）规定，建筑工程应该分为以下四个抗震设防类别：

1）特殊设防类。指使用上有特殊设施，涉及国家公共安全的重大建筑工程和地震时可能发生严重次生灾害等特别重大灾害后果，需要进行特殊设防的建筑，简称甲类。

2）重点设防类。指地震时使用功能不能中断或需尽快恢复的生命线相关建筑，以及地震时可能导致大量人员伤亡等重大灾害后果，需要提高设防标准的建筑，简称乙类。

3）标准设防类。指大量的除 1）、2）、4）款以外按标准要求进行设防的建筑，简称丙类。

4）适度设防类。指使用上人员稀少且震损不致产生次生灾害，允许在一定条件下适度降低要求的建筑，简称丁类。

所谓严重次生灾害，是指地震破坏引发放射性污染、火灾、水灾、爆炸、剧毒或强腐蚀物质大量泄漏，高危险传染病病毒扩散等灾难性灾害。

（2）抗震设防标准。《建筑工程抗震设防分类标准》（GB 50223—2008）规定，各抗震设防类别建筑的抗震设防标准，应该符合下列要求：

1）标准设防类。应按该地区抗震设防烈度确定其抗震措施和地震作用，达到在遭遇高于当地抗震设防烈度的预估罕遇地震影响时不致倒塌或发生危及生命安全的严重破坏的抗震设防目标。

2）重点设防类。应按高于该地区抗震设防烈度一度的要求加强其抗震措施；但抗震设防烈度为9度时应按比9度更高的要求采取抗震措施；地基基础的抗震措施，应该符合有关规定。同时，应按该地区抗震设防烈度确定其地震作用。

对于划为重点设防类而规模很小的工业建筑，当改用抗震性能较好的材料且符合抗震设计规范对结构体系的要求时，允许按标准设防类设防。

3）特殊设防类。应按照高于该地区抗震设防烈度提高一度的要求加强其抗震措施；但抗震设防烈度为9度时应按照比9度更高的要求采取抗震措施。同时，应按照批准的地震安全性评价的结果且高于该地区抗震设防烈度的要求确定其地震作用。

4）适度设防类。允许比该地区抗震设防烈度的要求适当降低其抗震措施，但抗震设防烈度为6度时不应降低。一般情况下，仍应按照该地区抗震设防烈度确定其地震作用。

抗震措施是指除地震作用计算和抗力计算以外的抗震设计内容，包括建筑总体布置、结构选型、地基抗液化措施、考虑概念设计要求对地震作用效应进行的调整，以及各种抗震构造措施。抗震构造措施是指根据抗震概念设计的原则，一般不需计算而对结构和非结构各部分所采取的各种细部要求。

1.5　抗震设计的总体要求

建筑抗震设计包括概念设计、抗震计算与构造措施三个层次的内容。下面着重介绍概念设计。

建筑抗震设计在总体上需要把握的基本原则（概念设计），可以概括为场地选择、把握建筑体形、利用结构延性、设置多道防线、重视非结构因素。

1.5.1　场地选择

选择有利于建筑物抗震的场地；避开不利于建筑物抗震的场地；尽可能避开软弱的、易液化的、分布不均匀的场地，无法避开时，应该采用合理的措施来保证建筑物的整体性和刚性；保证建筑物安全。

1.5.2　把握建筑体形

建筑物平、立面布置的基本原则是对称、规则、质量与刚度变化均匀。结构对称有利于减轻结构的地震扭转效应；而形状规则的建筑物，在地震时结构各部分的震动易于协调一致，应力集中现象比较少，因而有利于抗震，计算分析时比较容易得到符合实际情况的结构地震反应及结构内力，也方便采用抗震构造措施。质量与刚度变化均匀有两方面的含义：

①在结构平面方向应该尽量使结构刚度中心与质量中心相一致；否则，刚度与质量分布的不对称，会造成结构薄弱环节（如应力及变形集中、平面扭转），增加结构受力的复杂性，使建筑物容易破坏。②沿结构高度方向结构质量与刚度不宜有悬殊的变化，竖向抗侧力构件的截面尺寸和材料强度宜自下而上逐渐减小。地震震害实例和大量理论分析均表明：结构刚度有突然削弱的薄弱层，在地震中会造成变形集中，从而加速结构倒塌的破坏过程。而在结构上部刚度比较小时，会出现变形在结构顶部集中的"鞭梢效应"现象。

平面不规则和竖向不规则的建筑类型见表1.2和表1.3。对于因为建筑或工艺要求形成的体形复杂的结构物，可以设置抗震缝，将不规则建筑物分成规则建筑物。对于高层建筑，要注意使设缝之后形成的结构单元的自振周期避开场地土的卓越周期。应该尽可能准确计算结构的应力、变形集中程度，找出结构的薄弱环节，有针对性地加强其抗震承载能力。抗震缝的设置增加了结构设计、施工的难度及工程造价；在可能的情况下，尽量不设抗震缝。

表 1.2 平面不规则的建筑类型

不规则类型	定　　义
扭转不规则	楼层的最大弹性水平位移（或层间位移）大于该楼层两端弹性水平位移（或层间位移）平均值的1.2倍
凹凸不规则	结构平面凹进的一侧尺寸大于相应投影方向总尺寸的30%
楼板局部不连续	楼板的尺寸和平面刚度急剧变化，例如有效楼板宽度小于该层楼板典型宽度的50%，或开洞面积大于该层楼面面积的30%，或较大的楼层错层

表 1.3 竖向不规则的建筑类型

不规则类型	定　　义
侧向刚度不规则	该层的侧向刚度小于相邻上一层的70%，或小于其上相邻三个楼层侧向刚度平均值的80%；除顶层外，局部收进的水平向尺寸大于相邻下一层的25%
竖向抗侧力构件不连续	竖向抗侧力构件（柱、抗震墙、抗震支撑）的内力由水平转换构件（梁、桁架等）向下传递
楼层承载力突变	抗侧力结构的层间受剪承载力小于相邻上一楼层的80%

1.5.3　利用结构延性

利用结构能产生弹塑性变形的特点，通过结构一定程度的弹塑性变形耗散地震能量，从而降低结构承受的地震能量，减轻结构破坏程度。结构产生弹塑性变形后将产生过大的变形，有可能造成结构的倒塌，因此也需要限制结构弹塑性变形大小。

容许结构产生一定的弹塑性变形，可以减小截面尺寸，降低造价；同时可以避免发生结构的倒塌。

1.5.4　设置多道防线

抗震体系应该由多个有延性的承载体系构成，避免抗震体系的突然溃散；可以利用前面抗震防线破坏时的耗能作用，减轻后面抗震防线上的地震作用，从而达到主体结构不遭受大破坏的目的。

设置多道防线的原则如下：

（1）不同防线的结构体系应该有不同的结构自振周期。

（2）最后防线的结构体系应该有足够的承载力和变形能力。

1.5.5　重视非结构因素

非结构构件会影响结构的自振周期，其破坏常引起结构受力构件的破坏，应该注意：

（1）幕墙、装饰贴面与主体结构要有可靠连接，避免地震时脱落伤人。

（2）框架结构的填充墙应该避免对主体结构的不利影响，同时应该防止填充墙体的倒塌。

（3）附着于楼、屋面结构上的非结构构件，应该与主体结构有可靠连接或者锚固，悬吊物、顶棚等不得塌落。

（4）建筑上的附属机械、电气设备系统的支座和连接要满足抗震要求。

1.6　地震应急和救生措施

1.6.1　紧急避险逃生

（1）预警时间。震害经验表明，破坏性地震发生时，从人们感觉有震动，到房屋破坏、倒塌，形成灾害，有十几秒到三十几秒的预警时间。大家只要具备一定的紧急避震知识，事先地震逃生培训，临震时能够保持头脑清醒，就可能抓住这段宝贵的预警时间，成功地避震逃生。

（2）逃生原则。大地震突然发生时，要采取"伏而待定"方法，即要采取地震时就近躲避，震后迅速撤离的方法。突然发生地震时，如果身处平房或者楼房一层，可以直接跑步撤到室外安全地点；如果身处楼房二层及二层以上，不要着急向外逃生，需要就近躲避等待地震过去，还是有存活希望的。因为现在城市居民大多住多高层楼房，根本来不及跑到楼外，反而会因为楼道中的拥挤、践踏造成伤亡；不要跑到楼梯间，地震时楼梯会发生变形、断裂、坍塌。地震时人们离开或者进入建筑物，在门口被砸死砸伤的可能性很大；地震时房屋剧烈摇晃，造成门窗变形，有可能打不开门窗而失去求生的时间；大地震时，人们在房中受到摇晃甚至被抛甩，站立和跑动都十分困难。短暂的预警时间内要设法保护自己，安全逃生。

（3）要采取因地制宜，就近避震的方法。震害经验表明：如果你在室内，应该就近躲到坚固的家具下，如写字台、结实的床、土炕的炕沿下，也可以躲在墙角或管道多、整体性好的小跨度卫生间和厨房等处。注意不要躲在外墙窗下、电梯间，更不要跳楼。如果你身在教室里，要在老师指挥下迅速双手抱头、闭眼、蹲到各自的课桌下，地震一停止，迅速有秩序地撤离。如果你身在影剧院、体育场或者饭店，要迅速抱头卧在座位下面；也可以在舞台或者乐池下躲避；门口的观众可以迅速跑出门外。

　　如果你身在室外，要迅速转移到操场、公园等室外空旷地带。要尽量远离狭窄街道、高大建筑、高烟囱、变压器、有玻璃幕墙的建筑、高架桥和存放有危险品、易燃品的仓库。地震停后，不要跑回未倒塌的建筑物内，以防止余震伤人。如果你身在百货商场，应该就近躲藏在柱子或者大型商品旁，但要尽量避开玻璃柜。身在楼上时，要逐步向底层转移。如果你身在工厂的车间里，要就近蹲在大型机床和设备旁边，但是要注意远离电源、燃气源、火源等危险地点。如果你在行驶的汽车、电车或者火车内，应该抓牢扶手，以免摔伤、碰伤，同时要注意行李掉落下来伤人。座位上面朝行李方向的人，可以用胳膊靠在前排椅子上护住头面部；背向行李方向的人可以用双手护住后脑，并抬膝护腹，紧缩身体。地震过后，迅速下车朝开阔地转移。无论在何处躲避，都要尽量用棉被、枕头、书包或其他软物体保护头部。

如果正在使用明火，要迅速灭掉明火。

（4）正确应对地震时的特殊危险。当遇到燃气泄漏时，可以用湿毛巾或者湿衣服捂住口、鼻，不要使用明火，不要打开电器，注意防止金属物体之间的撞击。当遇到火灾时，要趴在地下，用湿毛巾捂住口、鼻，逆风匍匐转移到安全地带。当遇到有毒气体泄漏时，要用湿毛巾捂住口、鼻，并跑到上风地带。

1.6.2　震后自救与互救

自救和互救是破坏性地震发生后的基本救助形式，地震时被压埋的人员绝大多是靠自救和互救存活的。

在抢救生命的过程中，时间就是生命，要尽早尽快地开展自救互救。

（1）自救原则。在大地震中被倒塌建筑物压埋的人，只要神志清醒，身体没有重大创伤，都应该坚定获救的信心，妥善保护好自己，积极实施自救。要尽量用湿毛巾、衣物或者其他布料捂住口、鼻和头部，防止灰尘呛闷发生窒息。要避免建筑物进一步倒塌造成的伤害，尽量活动手、脚，清除脸上的灰土和压在身上的物件。用周围可以挪动的物品支撑身体上方的重物，避免进一步塌落。扩大活动空间，保持足够的空气。几个人同时被压埋时，要互相鼓励，团结合作，必要时采取脱险行动。寻找和开辟通道，设法逃离险境，朝着有光亮更安全宽敞的地方移动。一时无法脱险，要尽量节省气力。如果能找到代用品和水，要计划着节约使用，延长生存时间，等待救援。要注意保存体力，不要盲目大声呼救，在周围十分安静或者听到上面、外面有人活动时，要用砖、石等物敲打墙壁和管道，向外界传递消息。当确定附近有营救人员时再呼救。

（2）互救原则。互救是指已经脱险的人和专门的抢险营救人员对压埋在废墟中的人进行营救。为了最大限度地营救遇险者，应该遵循以下原则：先救压埋人员多的地方，也就是“先多后少”；先救近处被压埋人员，也就是“先近后远”；先救容易救出的人员，也就是“先易后难”；先救轻伤和强壮人员，扩大营救队伍，也就是“先轻后重”。如果有医务人员被压埋，应该优先营救，以增加抢救力量。

（3）寻找遇险者的方法。利用救助犬和测定微量二氧化碳气体的方法，对遇险者进行定位。但为了节省抢救时间，也可以用简易的方法找寻被压埋的生存者。一是询问，向了解情况的生存者询问，了解什么人住在哪些建筑内，地震时是否外出，有什么生活习惯等，从中寻找线索。二是察看，观察废墟叠压的情况，特别是注意是否有生存空间，也要观察废墟中有没有人爬动的痕迹或者血迹。三是倾听，倾听遇险者的动静。听的方法是：要卧地贴耳细听，利用夜间安静时听，一边敲打或者吹哨一边听。有时你敲他也敲，内外就联系上了。四是分析，分析倒塌建筑原来的结构、用处、材料、层次、倒塌状况，判断遇险者的生存情况。

（4）注意科学营救。要注意保护好支撑物，清除压埋阻挡物，保证遇险者的生存空间。在使用挖掘机械时要十分谨慎，接近遇险者时多采取手工操作。没有起吊工具无法救出时，可以送流汁食物维持生命，并做好标记，等待援助。救人时要先确定遇险者头部的位置，用最快速度使遇险者头部充分暴露，并清除口、鼻腔内的灰土，保持呼吸通畅，然后暴露胸腹腔，如果有窒息，应该立即进行人工呼吸。要妥善加强遇险者上方的支撑，防止营救过程中上方有重物出现新的塌落。遇险者不能自行出来时，要仔细询问和观察来确定伤情，不要生拉硬拽，以防造成新的损伤。对于脊椎损伤者，挖掘时要避免加重损伤。在转送搬运时，不能挟着走，不能用软担架，更不能用一人抱胸、一人抬腿的方式，最好是三四个人扶托伤员的头、背、臀、腿，平放在硬担架或门板上，用布带固定后搬运。遇到四肢骨折、关节损伤的遇险者，应该就地取材，用木棍、树枝、硬纸板等实施夹板固定。固定时应该显露伤肢末端以便观察血液循环情况。搬运呼吸困难的伤员时，应该采用俯卧位，并将头部转向一侧，避免伤员发生窒息。

1.6.3　卫生防疫工作

在大地震发生后，由于大量房屋倒塌，下水道堵塞，会造成垃圾遍地，污水横流，再加上畜禽尸体腐烂变臭，很容易引发一些传染病并迅速蔓延。因此，在地震之后的救灾工作中，做好卫生防疫非常重要。

（1）预防"病从口入"。夏秋季节，肠炎、痢疾、肝炎、伤寒等传染病很容易发生和流行。预防肠道传染病的最主要措施，就是搞好水源卫生、食品卫生，管理好垃圾、粪便。饮用水源要设专人保护，水井要清掏和消毒。饮水时，最好先进行净化、消毒；要创造条件喝开水。搞好食品卫生很重要。要派专人对救灾食品的储存、运输和分发进行监督；救灾食品、挖掘出的食品要检验合格后再食用。对机关食堂、营业性饮食店要加强检查和监督，督促做好防蝇、餐具消毒等工作。管好厕所和垃圾。地震后因为厕所倒塌，人们大小便无固定地点，垃圾与废墟分不清，蚊蝇孳生严重。所以地震后应该有计划地修建简易防蝇厕所，固定地点堆放垃圾，并组织清洁队伍定时清理。

（2）消灭蚊蝇虫害。蚊蝇是乙型脑炎、痢疾等传染病的传播者。消灭蚊蝇，需要大范围喷洒药物，还要利用汽车在街道喷药，用喷雾器在室内喷药，不给蚊蝇留下孳生的场所。在有疟疾发生的地区，要特别注意防蚊。晚上睡觉要防止蚊子叮咬。如果发现病人突然发高热、头痛、呕吐、脖子发硬等，有可能得了脑炎，要赶快找医生诊治。

（3）保持良好的个人卫生习惯。在抗震救灾期间，都应该力求保持乐观向上的情绪，注意身体健康，加强身体锻炼。应该根据气候的变化随时增减衣服，注意防寒保暖，预防感冒、气管炎、肺炎、流行性感冒等呼吸道传染病。冬季应该注意头部和手、脚的保暖，防止冻疮。夏季要多准备凉茶、瓜果，预防中暑。

习　　　题

1.1　地震按照成因可分为哪几种类型？按其震源的深浅又可分为哪几种类型？

1.2　世界上有哪几条地震带？我国有哪几个地震活动区？

1.3　地震灾害主要表现在哪几个方面？

1.4　什么是地震波？地震波包含了哪几种波？

1.5　什么是地震震级？什么是地震烈度、基本烈度和抗震设防烈度？

1.6　简述众值烈度、基本烈度和罕遇烈度的划分标准及其关系。

1.7　我国规范依据建筑使用功能的重要性把建筑分成为哪几类？分类的作用是什么？

1.8　什么是三水准设防目标和两阶段设计方法？

1.9　什么是建筑抗震概念设计？它主要包括哪几方面内容？

1.10　震后自救和互救原则有哪些？

第2章　场地与地基

2.1　场　　地

场地是指工程群体所在地，具有相似的反应谱特征，其范围相当于厂区、居民小区和自然村或不小于 $1.0km^2$ 的平面面积。地震对建筑物的破坏作用是通过场地、地基和基础传递到上部结构的，同时场地与地基在地震时又支承着上部结构，场地条件和地基情况对上部结构的震害有直接影响。因此，合理选择建筑场地，对建筑物的抗震安全非常重要。《建筑抗震设计规范》（GB 50011—2010）按场地上建筑物的震害程度轻重把建筑场地分成对建筑抗震有利、一般、不利和危险地段，见表 2.1。

表 2.1　　　　　　　　　　　　　建 筑 场 地 划 分

地段类别	地质、地形、地貌
有利地段	稳定基岩，坚硬土，开阔、平坦、密实、均匀的中硬土等
一般地段	不属于有利、不利、危险的地段
不利地段	软弱土，液化土，条状突出的山嘴，高耸孤立的山丘，陡坡，陡坎，河岸和边坡的边缘，平面分布上成因、岩性、状态明显不均匀的土层（含古河道、疏松的断层破碎带、暗埋的塘浜沟谷及半填半挖地基），高含水量的可塑黄土，地表存在结构性裂缝等
危险地段	地震时可能发生滑坡、崩塌、地陷、地裂、泥石流等及发震断裂带上可能发生地表位错的部位

在选择建筑场地时，宜尽量选择对结构抗震有利的地段；尽可能避开对结构抗震不利的地段；不要在危险地段建造甲、乙、丙类建筑，当有特殊需要无法避开时，应该采取必要的抗震措施。

一般认为，场地条件对建筑物震害影响的主要因素是场地土的刚性大小和场地覆盖层厚度。震害经验指出，土质越软、覆盖层越厚，建筑物震害越严重，反之越轻。

2.1.1　场地土类型与覆盖层厚度

（1）场地土类型。场地土是指场地范围内的地基土。《建筑抗震设计规范》（GB 50011—2010）主要以土层等效剪切波速和场地覆盖层厚度为依据将建筑场地土划分为五类，当没有实测剪切波速时，可以根据岩土性状来划分，划分方法见表 2.2。

表 2.2　　　　　　　　场地土的类型划分和土层剪切波速范围

场地土的类型	岩土名称和性状	土层剪切波速 v_s（m/s）
岩石	坚硬、较硬且完整的岩石	$v_s>800$
坚硬土或软质岩石	破碎和较破碎的岩石或软和较软的岩石，密实的碎石土	$800\geqslant v_s>500$
中硬土	中密、稍密的碎石土，密实、中密的砾、粗、中砂，$f_{ak}>150kPa$ 的黏性土和粉土，坚硬黄土	$500\geqslant v_s>250$
中软土	稍密的砾、粗、中砂，除松散外的细、粉砂，$f_{ak}\leqslant150kPa$ 的黏性土和粉土，$f_{ak}>130kPa$ 的填土，可塑新黄土	$250\geqslant v_s>150$

续表

场地土的类型	岩土名称和性状	土层剪切波速 v_s（m/s）
软弱土	淤泥和淤泥质土，松散的砂，新近沉积的黏性土和粉土，$f_{ak} \leqslant 130\mathrm{kPa}$ 的填土，流塑黄土	$v_s \leqslant 150$

注　f_{ak} 为由载荷试验等方法得到的地基承载力特征值（kPa）。

（2）覆盖层厚度。建筑场地覆盖层厚度在理论上是指从地表面到地下基岩顶面的距离。确定建筑场地时应该符合以下要求：

1）一般情况下，应该按照地面至剪切波速大于 500m/s，且其下卧各层岩土的剪切波速均不小于 500m/s 的土层顶面的距离确定。

2）当地面 5m 以下存在剪切波速大于其上部各土层剪切波速 2.5 倍的土层，且该层及其下卧各层岩土的剪切波速均不小于 400m/s 时，可以按地面至该土层顶面的距离确定。

3）剪切波速大于 500m/s 的孤石、透镜体，应该视同周围土层。

4）土层中的火山岩硬夹层，应该视为刚体，其厚度应该从覆盖土层中扣除。

（3）土层等效剪切波速。场地土类型的划分以土层剪切波速 v_s 或者土层等效剪切波速 v_{se} 来划分。等效剪切波速 v_{se} 本质上是根据剪切波通过计算深度范围内多层土的时间等于该剪切波通过计算深度范围内单一折算土层所需要时间的条件求得。

v_{se} 按下列公式计算

$$v_{se} = d_0/t \tag{2.1}$$

$$t = \sum_{i=1}^{n} d_i/v_{si} \tag{2.2}$$

式中　　v_{se}——土层等效剪切波速（m/s）；

　　　　d_0——计算深度（m），取覆盖层厚度和 20m 两者的较小值；

　　　　t——剪切波在地面至计算深度之间的传播时间；

　　　　n——计算深度范围内土层的分层数；

　　　　v_{si}——计算深度范围内第 i 层土的剪切波速（m/s）；

　　　　d_i——第 i 层土的厚度（m）。

2.1.2　场地类别

（1）场地类别。场地类别表示了建筑场地条件对基岩地震动的放大作用。《建筑抗震设计规范》（GB 50011—2010）规定，建筑场地类别应该根据土层等效剪切波速和场地覆盖层厚度划分为四类，其中 I 类分为 I_0 和 I_1 两个亚类，见表 2.3。

表 2.3　　　　　　　　　各类建筑场地的覆盖层厚度（m）

岩石剪切波速或土层等效剪切波速（m/s）	场地类别				
	I 类		II 类	III 类	IV 类
	I_0 类	I_1 类			
$v_s > 800$	0				
$800 \geqslant v_s > 500$		0			
$500 \geqslant v_{se} > 250$		< 5	$\geqslant 5$		
$250 \geqslant v_{se} > 150$		< 3	3～50	> 50	
$v_{se} \leqslant 150$		< 3	3～15	> 15—80	> 80

注　表中 v_s 为岩石的剪切波速。

【例题 2.1】　已知某建筑场地的钻孔资料见表 2.4，试确定该场地的类别。

表 2.4　　　　　　　　　　　　　**土 层 的 钻 孔 资 料**

土层底部深度（m）	土层厚度（m）	岩土名称	土层剪切波速（m/s）
2.00	2.00	杂填土	220
5.00	3.00	粉土	300
8.50	3.50	中砂	390
15.70	7.20	碎石土	550

解　因为距地面 8.5m 以下土层的剪切波速 $v_s = 550\text{m/s} > 500\text{m/s}$，故场地覆盖层厚度 $d_{0v} = 8.5\text{m}$，又 $d_{0v} < 20\text{m}$，所以土层计算深度 $d_0 = 8.5\text{m}$。

$$t = 2.0/220 + 3.0/300 + 3.5/390 = 0.028(\text{s})$$

$$v_{se} = d_0/t = 8.5/0.028 = 303.6(\text{m/s})$$

查表 2.3，v_{se} 位于 250～500m/s 之间，且 $d_{0v} > 5\text{m}$，因此该场地的类别为 Ⅱ 类。

（2）发震断裂带的避让。当场地存在发震断裂带时，应该评价发震断裂带对工程的影响，当符合下列条件之一者，可以忽略发震断裂错动对地面建筑的影响：

1）抗震设防烈度小于 8 度。

2）非全新世活动断裂带。

3）抗震设防烈度为 8、9 度时，前第四纪基岩隐伏断裂带的土层覆盖层厚度分别大于 60m 和 90m。

若不满足上述要求，则应该避开主断裂带，其避让距离不宜小于表 2.5 中发震断裂的最小避让距离（m）。

表 2.5　　　　　　　　　　　　**发震断裂的最小避让距离（m）**

烈度	建筑抗震设防类别			
	甲	乙	丙	丁
8 度	专门研究	200	100	—
9 度	专门研究	400	200	—

《建筑抗震设计规范》（GB 50011—2010）规定，建筑场地为 Ⅰ 类时，甲、乙类建筑应允许仍按该地区抗震设防烈度的要求采取抗震构造措施；丙类建筑应允许按该地区抗震设防烈度降低一度采取抗震构造措施，当抗震设防烈度为 6 度时，仍应按该地区抗震设防烈度的要求采取抗震构造措施。建筑场地为 Ⅲ、Ⅳ 类时，对设计基本地震加速度为 $0.15g$ 和 $0.3g$ 的地区，除本规范另有规定外，宜分别按抗震设防烈度 8 度（$0.20g$）和 9 度（$0.40g$）时的各类建筑的要求采取抗震构造措施。

2.2 天然地基与基础的抗震验算

2.2.1 天然地基的抗震能力

地基是指建筑物基础下面受力层范围内的土层。大量历史震害资料的统计分析表明，各类场地上的建筑物在地震时很少因为地基失效而导致上部结构破坏的，只有地基为液化地基、软弱土地基或者不均匀地基，在地震时由于地基承载力不足或者变形过大而导致上部建筑物破坏，而一般天然地基均具有较好的抗震能力，极少发生由于地基失效而造成上部结构的明显破坏。其原因如下：

（1）一般天然地基在静力作用下具有相当大的安全储备，并在建筑物自重的长期作用下其承载力还会有所提高。

（2）地震作用历时较短并且属于动力作用，动载下地基承载力会有所提高。

2.2.2 不进行天然地基与基础的抗震验算的建筑

下列建筑可不进行天然地基及基础的抗震承载力验算：

（1）地基主要受力层范围内不存在软弱黏性土层的建筑。

1）一般的单层厂房和单层空旷房屋。

2）砌体房屋。

3）不超过 8 层且高度在 25m 以下的一般民用框架房屋。

4）基础荷载与 3）项相当的多层框架厂房。

（2）规范规定可不进行上部结构抗震验算的建筑。

注：软弱黏性土层指 7、8 度和 9 度时，地基承载力特征值分别小于 80、100kPa 和 120kPa 的土层。

2.2.3 天然地基的抗震承载力验算

验算天然地基抗震承载力时，按地震作用效应和各类荷载效应标准组合，并取基础底面的压力为直线分布，基础底面平均压力和边缘最大压力应该符合下列各式要求

$$p \leqslant f_{aE} \tag{2.3}$$

$$p_{max} \leqslant 1.2 f_{aE} \tag{2.4}$$

式中　p——地震作用效应标准组合的基础底面平均压力；

　　　p_{max}——地震作用效应标准组合的基础边缘最大压力。

在地震作用下需要限制过大的基础偏心荷载。高宽比大于 4 的高层建筑，在地震作用下基础底面不宜出现脱离区（零应力区）；其他建筑，基础底面零应力区面积不应超过其基础底面面积的 15%。

2.2.4 天然地基在地震作用下的抗震承载力验算

在进行天然地基抗震验算时，地基抗震承载力应该按照下式计算

$$f_{aE} = \zeta_a f_a \tag{2.5}$$

式中　f_{aE}——调整后的地基土抗震承载力；

　　　ζ_a——地基土抗震承载力调整系数，应该按照表 2.6 采用；

　　　f_a——深宽修正后的地基承载力特征值，应该按照《建筑地基基础设计规范》（GB 50007—2011）采用。

表 2.6　　　　　　　　　　　　　地基抗震承载力调整系数

岩土的名称和性状	ζ_a
岩石，密实的碎石土，密实的砾、粗、中砂，$f_{ak} \geqslant 300\text{kPa}$ 的黏性土和粉土	1.5
中密、稍密的碎石土，中密和稍密的砾、粗、中砂，密实和中密的细、粉砂，$150\text{kPa} \leqslant f_{ak} < 300\text{kPa}$ 的黏性土和粉土，坚硬黄土	1.3
稍密的细、粉砂，$100\text{kPa} \leqslant f_{ak} < 150\text{kPa}$ 的黏性土和粉土，可塑黄土	1.1
淤泥和淤泥质土，松散的砂，杂填土，新近堆积黄土及流塑黄土	1.0

2.3　液化土与软土地基

2.3.1　地基土的液化

（1）液化现象。饱和的砂土和粉土在强烈地震作用下发生相对位移使土的颗粒结构趋于密实，颗粒间孔隙水短时间内来不及排出，孔隙水压力将急剧增加，当孔隙水压力上升到与剪切面上的法向压应力接近或者相等时，砂土或粉土受到的有效压应力下降甚至完全消失，土颗粒处于悬浮状态，土粒之间因为摩擦产生的抗剪能力消失，形成了犹如"液体"的现象，称为地基土的"液化"。

饱和松散的砂土和粉土（不含黄土），地震时易发生液化现象，使地基承载力丧失或减弱，甚至喷水冒砂。

根据据土力学原理，土的液化是在地震作用时短时间失去抗剪强度的现象，抗剪强度表达式可以写成

$$S = (\sigma - u)\tan\varphi \qquad (2.6)$$

式中　S——土的抗剪强度；

σ——作用于剪切面上的法向压应力；

u——剪切面上孔隙水压力；

φ——土的有效内摩擦角。

由式（2.6）可知，当孔隙水压力 u 与土体剪切面上的法向压应力 σ 相等时，则土的抗剪强度 S 变为零，即形成液化。液化时，下部土层的水头压力比上部高，所以水向上涌，并把土粒带到地面上来，形成喷水冒砂现象。随着水和土粒的不断涌出，孔隙水压力逐渐降低。当降至一定程度时，就会出现只冒水而不喷土粒的现象。此后，随着孔隙水压力进一步消散，冒水终将停止，土粒逐渐沉落并重新堆积排列，压力重新由孔隙水传给土粒承受，砂土或者粉土达到一个新的稳定状态，土的液化过程结束。

（2）影响场地土液化的主要因素。

1）土层的地质年代。地质年代的新老表示土层沉积时间的长短，土层的地质年代越古老，其固结度、密实度和结构性就越好，抵抗液化的能力就越强。

2）土的组成。一般说来，细砂比粗砂容易液化，细砂容易液化的主要原因是其透水性差，地震时易产生孔隙水超压作用。颗粒均匀单一的土比颗粒级配良好的土容易液化。

3）相对密度。松砂比密砂容易液化。对于粉土，其黏性颗粒含量决定了这类土壤的性质，黏性颗粒比较少的土容易液化。

4）土层的埋深。砂土层埋深越大，其上有效覆盖压力就越大，则土的侧限压力也就越大，就越不容易液化。

5）地下水位。土在地下水位浅时比地下水位深时容易发生液化；对于砂土，一般地下水位小于 4m 时易液化，超过此深度不会发生液化。

6）地震烈度和地震持续时间。地震烈度越高，地震持续时间越长，土越容易发生液化。

2.3.2 液化的判别

饱和砂土和饱和粉土，应该进行液化判别和地基处理，设防烈度为 6 度时，一般情况下可以不进行判别和处理，但对液化沉陷敏感的乙类建筑可以按 7 度要求进行液化判别和地基处理；设防烈度为 7~9 度时，乙类建筑可以按照本地区抗震设防烈度的要求进行液化判别和地基处理。

地基土的液化判别分为初步判别和标准贯入试验判别。凡经过初步判别为不液化或不考虑液化影响的场地土，原则上可以不进行标准贯入试验判别。

（1）初步判别。主要是根据土层地质年代、粉土中的黏粒含量百分率、基础埋深和上覆非液化土层厚度以及地下水位深度等来确定。

饱和的砂土和粉土（不含黄土），当符合下列条件之一时，可以初步判别为不液化或不考虑液化影响的场地土：

1）地质年代为第四纪晚更新世（Q_3）及其以前时，且设防烈度为 7、8 度时，可以判为不液化土。

2）粉土中黏粒（粒径小于 0.005mm 的颗粒）含量百分率 ρ_c（%）在设防烈度为 7、8、9 度时分别不小于于 10%、13%、16%，可以判为不液化土。

3）浅埋天然地基的建筑，上覆非液化土层厚度和地下水位深度符合下列条件之一时，可以不考虑液化影响

$$d_u > d_0 + d_b - 2 \tag{2.7}$$

$$d_w > d_0 + d_b - 3 \tag{2.8}$$

$$d_u + d_w > 1.5d_0 + 2d_b - 4.5 \tag{2.9}$$

式中　d_w——地下水位深度（m），宜按设计基准期内年平均最高水位采用，也可以按近期内年最高水位采用；

　　　d_u——上覆非液化土层厚度（m），计算时扣除淤泥和淤泥质土层；

　　　d_b——基础的埋置深度（m），不到 2m 时应采用 2m；

　　　d_0——液化土特征深度（m），可以按照表 2.7 采用。

表 2.7　　　　　　　　　　　液化土特征深度 d_0（m）

饱和土类别	7 度	8 度	9 度
粉土	6	7	8
砂土	7	8	9

注　当区域的地下水位处于变动状态时，应该按照不利的情况考虑。

当饱和砂土、粉土初步判别为可能液化或者需要考虑液化影响时，应该采用标准贯入试验判别法判别地面下 20m 深度范围内土的液化；但对规范规定可不进行天然地基及基础的抗震承载力验算的各类建筑，可以只判别地面下 15m 范围内土的液化。

标准贯入试验设备如图 2.1 所示，由标准贯入器、触探杆和重 63.5kg 的穿心锤 3 部分组成。操作时，先用钻具钻至试验土层标高以上 15cm 处，然后将贯入器打至标高位置，最后在锤落距为 76cm 的条件下，打入土层 30cm，记录锤击数为 $N_{63.5}$，记录下的锤击数即为标准贯入锤击数。由此可见，当标准贯入锤击数越大时，说明土的密实程度越高，土层就越不容易液化。当饱和砂土或者粉土标准贯入锤击数（未经杆长修正）小于或等于液化判别标准贯入锤击数临界值时，应判别为液化土，否则即为不液化土。当有成熟经验时，也可采用其他判别方法。

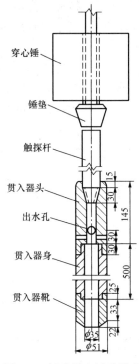

图 2.1　标准贯入试验设备

（2）标准贯入试验判别。一般情况下，只要判别地面下 20m 深度范围内土液化的可能性，其液化判别标准贯入锤击数临界值 N_{cr} 应该按照下式计算

$$N_{cr} = N_0\beta\left[\ln(0.6d_s + 1.5) - 0.1d_w\right]\sqrt{3/\rho_c} \quad (2.10)$$

式中　　N_{cr}——液化判别标准贯入锤击数临界值；

N_0——液化判别标准贯入锤击数基准值，应该按照表2.8采用；

d_s——饱和土标准贯入点深度（m）；

d_w——地下水位深度（m）；

ρ_c——饱和土黏粒含量百分率，当小于 3 或为砂土时，应该采用 3；

β——调整系数，设计地震第一组取 0.8，第二组取 0.95，第三组取 1.05。

从式（2.10）可以看出，地基土液化临界指标 N_{cr} 的确定，主要考虑了土层所处深度、地下水位深度、饱和土的黏粒含量以及地震烈度等影响场地土液化的要素。

表 2.8　　　　　　　　液化判别标准贯入锤击数基准值 N_0

设计基本地震加速度（g）	0.10	0.15	0.20	0.30	0.40
液化判别标准贯入锤击数基准值	7	10	12	16	19

2.3.3　地基液化的评价

（1）液化指数。上述的两步判别方法只是判断地基土是否会出现液化，而对液化土可能造成的危害，还需做进一步的液化危害程度定量分析。这通常通过地基液化指数来衡量液化危害程度。

对存在液化砂土层、粉土层的地基，应该探明各液化土层的深度和厚度，按照下式计算每个钻孔的液化指数

$$I_{lE} = \sum_{i=1}^{n}\left(1 - \frac{N_i}{N_{cri}}\right)d_i W_i \quad (2.11)$$

式中　　I_{lE}——液化指数；

n——在判别深度范围内每一个钻孔标准贯入试验点的总数；

N_i、N_{cri}——第 i 点标准贯入锤击数的实测值和临界值，当实测值大于临界值时应该取临界值的数值，当只需要判别 15m 范围以内的液化时，15m 以下的实测值可以

按照临界值采用；

d_i——第 i 点所代表的土层厚度（m），可以采用与标准贯入试验点相邻的上、下两标准贯入试验点深度差的一半，但上界不高于地下水位深度，下界不深于液化深度；

W_i——第 i 土层单位土层厚度的层位影响权函数值（m^{-1}），当该层中点深度不大于 5m 时应该采用 10，等于 20m 时应该采用零值，5～20m 时应该按照线性内插法取值，见图 2.2。

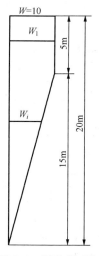

图 2.2　层位影响权函数图形

（2）液化等级。液化指数反映了液化造成地面破坏的程度，液化指数越大，则地面破坏越严重，房屋的液化震害就越严重。按液化场地的液化指数大小，液化等级分为轻微、中等和严重 3 个等级，见表 2.9。

表 2.9　　　　　　　　液 化 等 级

液化等级	轻微	中等	严重
液化指数 I_{IE}	$0 < I_{IE} \leqslant 6$	$6 < I_{IE} \leqslant 18$	$I_{IE} > 18$

不同液化等级可能出现的震害，见表 2.10。

表 2.10　　　　　　　　　不同液化等级可能出现的震害

液化等级	地面喷水冒砂情况	对建筑物的危害情况
轻微	地面无喷水冒砂，或仅在洼地、河边有零星的喷水冒砂点	危害性小，一般不致引起明显的震害
中等	喷水冒砂可能性大，从轻微到严重均有，多数属中等	危害性较大，可能造成不均匀沉陷和开裂，有时不均匀沉陷可达到 200mm
严重	一般喷水冒砂都很严重，地面变形很明显	危害性大，不均匀沉陷可能大于 200mm，高重心结构可能产生不容许的倾斜

2.3.4　地基的抗液化措施

对于液化地基，应该根据建筑物的抗震设防类别和地基的液化等级，结合具体的工程情况，选择适当的抗液化措施。当液化土层较平坦且均匀时，宜按表 2.11 选用地基抗液化措施。不宜将未经处理的液化土层作为天然地基持力层。

表 2.11　　　　　　　　　抗 液 化 措 施

建筑抗震设防类别	地基的液化等级		
	轻微	中等	严重
乙类	部分消除液化沉陷，或对基础和上部结构处理	全部消除液化沉陷，或部分消除液化沉陷且对基础和上部结构处理	全部消除液化沉陷
丙类	基础和上部结构处理，也可不采取措施	基础和上部结构处理，或更高要求的措施	全部消除液化沉陷，或部分消除液化沉陷且对基础和结构处理
丁类	可不采取措施	可不采取措施	基础和上部结构处理，或其他经济的措施

（1）全部消除地基液化沉陷，应该符合下列要求：

1）采用桩基时，桩端伸入液化深度以下稳定土层中的长度（不包括桩尖部分）应该按照计算确定，且对碎石土，砾、粗、中砂、坚硬黏性土和密实粉土不应该小于 0.5m，对其他非岩石土尚不宜小于 1.5m。

2）采用深基础时，基础底面应该埋入液化深度以下的稳定土层中，其深度不应小于 0.5m。

3）采用加密法（如振冲、振动加密、挤密碎石桩、强夯等）对可液化地基进行加固时，应处理至液化深度下界；桩间土的标准贯入锤击数实测值不宜小于液化判别标准贯入锤击数临界值。

4）用非液化土替换全部液化土层，或增加上覆非液化土层的厚度。

5）在采用加密法或换土法处理时，在基础边缘以外的处理宽度，应超过基础底面下处理深度的 1/2，且不小于基础宽度的 1/5。

（2）部分消除地基液化沉陷的措施，应该符合以下要求：

1）处理深度应使处理后的地基液化指数减少，其值不宜大于 5；大面积筏基、箱基的中心区域，处理后的液化指数可比上述规定降低 1；对独立基础和条形基础，尚不应小于基础底面下液化土特征深度和基础宽度的较大值。

2）采用振冲或者挤密碎石桩加固后，桩间土的标准贯入锤击数不宜小于相应的液化判别标准贯入锤击数临界值。

3）采用减小液化沉陷的其他方法，如增大上覆盖非液化土层的厚度和改善周边的排水条件。

4）基础边缘以外的处理宽度，应超过基础底面下处理深度的 1/2，且不小于基础宽度的 1/5。

（3）减轻液化影响的基础和上部结构处理措施：

1）选择合理的基础埋置深度，调整基础底面面积，减小基础偏心。

2）加强基础的整体性和刚性，如采用箱基、筏基或钢筋混凝土交叉条形基础，加设基础圈梁等。

3）减轻荷载，增强上部结构整体刚度和均匀对称性，合理设置沉降缝，避免采用对不均匀沉陷敏感的结构形式等。

4）管道穿过建筑处应预留足够尺寸或者采用柔性接头等。

习　　　题

2.1　什么是场地？如何划分？主要考虑哪些因素？

2.2　什么是土层等效剪切波速？其作用是什么？

2.3　什么是场地覆盖层厚度？如何确定？

2.4　什么是场地土的卓越周期？确定卓越周期的意义是什么？

2.5　哪些建筑可不进行天然地基及基础的抗震承载力验算？为什么？

2.6　如何确定地基抗震承载力？简述天然地基抗震承载力的验算方法。

2.7　什么是地基土的液化？液化会造成哪些震害？影响地基土液化的主要因素有哪些？

2.8 怎样判别地基土的液化？如何确定地基土液化的严重程度？

2.9 不同液化等级可能造成的震害如何？简述地基土的抗液化措施。

2.10 表2.12为某建筑场地的钻孔资料，试确定该场地的类别。

表 2.12　　　　　　　　　　土 层 钻 孔 资 料

土层底部深度（m）	土层厚度（m）	土的名称	土层剪切波速（m/s）
2.5	2.5	填土	120
5.5	3.0	粉质黏土	180
7.0	1.5	粉质黏土	200
11.0	4.0	砂质粉土	220
18.0	7.0	粉细砂	230
21.0	3.0	粗砂	290
48.0	27.0	卵石	510
51.0	3.0	中砂	380
58.0	7.0	粗砂	420
60.0	2.0	砂岩	800

第3章 结构地震反应分析与抗震验算

3.1 概 述

结构地震反应是指地震时由地震动引起的结构内力、变形、位移及结构运动速度与加速度等统称。结构地震反应是一种动力反应，其大小不仅与地面加速度的大小、持续时间及强度有关，而且与结构的动力特性，如结构的自振频率、阻尼等有密切的关系，需要依据结构动力学理论求解。

建筑结构抗震设计包括地震作用计算和结构抗震验算两部分内容。结构方案确定之后，先要计算结构的地震作用，再求出结构和构件的地震作用效应，然后验算结构和构件的抗震承载力及变形，来满足"小震不坏、中震可修、大震不倒"的抗震设防目标。

3.2 单自由度弹性体系的水平地震反应

3.2.1 计算简图

为了简化结构地震反应分析，通常需要把具体的结构体系抽象为质点体系。所谓单质点弹性体系，是指可以将结构参与振动的全部质量集中于一点，用无质量的弹性直杆支撑于地面的体系。工程上某些简单的建筑结构可以简化为单质点体系，如图3.1（a）所示的等高单层厂房，其质量主要集中于屋盖，在进行结构动力计算时，可以将参与振动的所有质量折算到屋盖标高处，而将柱、墙视为没有质量的弹性直杆，就形成一个单质点弹性体系。如图3.1（b）所示的水塔，其水箱部分集中了结构的绝大部分质量，所以可以将水箱的全部质量及部分塔柱质量集中到水箱质心处，使结构成为一单质点体系。

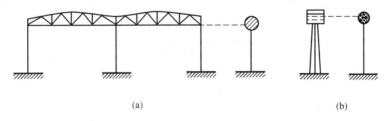

(a)   (b)

图3.1 单质点弹性体系

（a）单层工业厂房及其计算简图；（b）水塔及其计算简图

3.2.2 运动方程

为了研究单质点弹性体系的地震反应，要先建立起体系在地震作用下的运动微分方程。地震时单质点弹性体系在地面水平运动作用下的运动状态，如图3.2所示。体系具有集中质量 m，由刚度系数为 k 的弹性直杆支承。其中 $x_0(t)$ 表示地震时地面的水平位移，质点相对地面的水平位移为 $x(t)$，它们都是时间 t 的函数。质点的总位移为 $x_0(t)+x(t)$，质点的绝对加速度为 $\ddot{x}_0(t)+\ddot{x}(t)$。

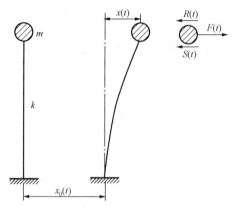

图 3.2　地震作用下单质点体系的振动

如果取质点为隔离体，由动力学原理可知，作用在质点上的力有 3 种，即惯性力 F、弹性恢复力 S 和阻尼力 R。

惯性力 F 是质点质量 m 与绝对加速度的乘积，惯性力方向与质点运动加速度方向相反，即

$$F(t) = -m[\ddot{x}_0(t) + \ddot{x}(t)] \tag{3.1}$$

弹性恢复力 S 是使质点从振动位置恢复到平衡位置的力，由结构弹性变形产生。根据虎克定理，弹性恢复力的大小与质点偏离平衡位置的相对位移成正比，但方向相反，即

$$S(t) = -kx(t) \tag{3.2}$$

式中　k——支承质点的弹性直杆刚度，即质点发生单位位移时在质点上所需要施加的力。

阻尼力 R 是造成结构振动衰减的力，它由结构内摩擦及结构周围介质（空气、水等）对结构运动的阻碍造成的，在工程中常采用黏滞阻尼理论，假定阻尼力与质点运动的速度成正比，但方向与质点运动速度方向相反，即

$$R(t) = -c\dot{x}(t) \tag{3.3}$$

式中　c——阻尼系数。

依据达朗贝尔原理，在物体运动的任一瞬间，作用在物体上的三个力处于平衡状态，故质点运动方程为

$$F(t) + R(t) + S(t) = 0 \tag{3.4}$$

$$-m[\ddot{x}_0(t) + \ddot{x}(t)] - c\dot{x}(t) - kx(t) = 0 \tag{3.5}$$

$$m\ddot{x}(t) + c\dot{x}(t) + kx(t) = -m\ddot{x}_0(t) \tag{3.6}$$

方程（3.6）是在地震作用下单质点体系水平地震反应微分方程，相当于地面不动，在质点上作用有 $-m\ddot{x}_0(t)$ 动荷载的强迫振动。为了方便求解，把式（3.6）两边同时除以 m，得

$$\ddot{x}(t) + 2\zeta\omega\dot{x}(t) + \omega^2 x(t) = -\ddot{x}_0(t) \tag{3.7}$$

$$\omega^2 = k/m, \quad \omega = \sqrt{k/m}$$
$$2\omega\zeta = c/m, \quad \zeta = c/2\omega m$$

式中　ω——结构振动圆频率；

　　　　ζ——结构的阻尼比。

式（3.7）为一个常系数二阶非齐次线性微分方程，其通解由齐次解与特解组成，前者代表体系的自由振动，后者代表体系在地震作用下的强迫振动。

3.2.3　自由振动

（1）自由振动方程。运动方程式（3.7）的齐次解可以由方程式（3.8）求得，即

$$\ddot{x}(t) + 2\zeta\omega\dot{x}(t) + \omega^2 x(t) = 0 \tag{3.8}$$

式（3.8）即为单质点弹性体系的自由振动运动方程，它表示质点在振动过程中没有外部干扰。对于一般结构，其阻尼比较小（$\zeta < 1$），因此式（3.8）的解为

$$x(t) = e^{-\zeta\omega t}(A\cos\omega't + B\sin\omega't) \tag{3.9}$$

$$\omega' = \omega\sqrt{1-\zeta^2} \tag{3.10}$$

式中　A、B——任意常数，由初始条件确定。

由 $t=0$ 时，体系初始位移和速度为 $x(0)$、$\dot{x}(0)$，代入式（3.9）后可以得

$$A = x(0), \quad B = \dot{x}(0) + \zeta\omega x(0)/\omega'$$

A 和 B 代入式（3.9）后，得有阻尼单质点体系自由振动曲线方程

$$x(t) = \mathrm{e}^{-\zeta\omega t}\left[x(0)\cos\omega't + \frac{\dot{x}(0)+\zeta\omega x(0)}{\omega'}\sin\omega't\right] \tag{3.11}$$

当体系没有阻尼时，$\zeta=0$，无阻尼单自由度体系的自由振动曲线方程为

$$x(t) = \mathrm{e}^{-\zeta\omega t}\left[x(0)\cos\omega't + \frac{\dot{x}(0)}{\omega'}\sin\omega't\right] \tag{3.12}$$

（2）自振周期与自振频率。由式（3.12）可知，无阻尼单自由度体系的自由振动曲线方程是一个周期函数。如果给时间一个增量，位移 $x(t)$ 数值不变，速度 $\dot{x}(t)$ 的数值也不变，即每隔时间 t，质点又回到原来的运动状态

$$T = 2\pi/\omega \tag{3.13}$$

因此，把时间 T 称为体系的自振周期，单位为秒（s）。把自振周期的倒数称为体系的自振频率

$$f = 1/T \tag{3.14}$$

即单位时间内质点振动的次数 f 就是体系的频率，单位为 1/s，国际单位是赫兹（Hz）。

由式（3.13）和式（3.14）可得

$$\omega = 2\pi/T = 2\pi f \tag{3.15}$$

式中　ω——质点在时间 2π 秒内振动的次数，也称为体系的圆频率。

当 $\zeta=1$ 时，$\omega'=0$，表示此时结构不发生振动，把此时的阻尼系数称为临界阻尼系数 c_r，即

$$c_\mathrm{r} = 2\omega m = 2\sqrt{km} \tag{3.16}$$

单自由度体系自振周期为

$$T = 2\pi\sqrt{m/k} \tag{3.17}$$

式中　m——体系质量（kg）；

　　　k——体系刚度（N/m）。

3.2.4　强迫振动

（1）瞬时冲量及其引起的自由振动。设有一变化的荷载 P 作用于单质点体系，已知荷载随时间的变化关系如图 3.3（a）所示，则把荷载 P 与作用时间 Δt 的乘积，即 $P\Delta t$ 称为冲量。当作用时间为瞬时 $\mathrm{d}t$ 时，则称 $P\mathrm{d}t$ 为瞬时冲量。根据动量定律，冲量等于动量的增量，故有

$$P\mathrm{d}t = mv - mv_0 \tag{3.18}$$

若体系原先处于静止状态，即质点初速度 $v_0=0$，当体系受到瞬时冲量作用时，获得的速度为

$$v = P\mathrm{d}t/m \tag{3.19}$$

又因体系原先处于静止状态，故体系的初位移也等于零。这样就可认为在瞬时荷载作用后的瞬间，体系的位移为零。原来静止的体系以初速度 $P\mathrm{d}t/m$ 作自由振动。其中 $x(0) =$

0、$\dot{x}(0)=P\mathrm{d}t/m$，由式（3.9）得

$$x(t)=\mathrm{e}^{-\zeta\omega t}\frac{P\mathrm{d}t}{m\omega'}\sin\omega't \qquad (3.20)$$

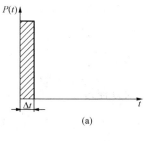

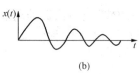

图 3.3　瞬时冲量及其
引起的自由振动

则体系自由振动的位移曲线如图 3.3（b）所示。

（2）杜哈默积分（Duhamel）。运动方程式（3.7）的特解就是质点由外荷载引起的强迫振动，它可以从上述瞬时冲量的概念出发来进行推导。仔细观察该方程式，其等号右边项 $-\ddot{x}_0(t)$ 为作用于单位质量上的动荷载。设该荷载随时间的变化关系如图 3.4（a）所示，如果将其化成无数个连续作用的瞬时荷载，则在 $t=\tau$ 时，其瞬时荷载为 $-\ddot{x}_0(\tau)$。瞬时冲量为 $-\ddot{x}_0(\tau)\mathrm{d}\tau$，如图 3.4（a）中的斜线面积所示。在这一瞬时冲量 $-\ddot{x}_0(\tau)\mathrm{d}\tau$ 的作用下，质点的自由振动方程可由式（3.20）求得，只需要将式中的 $P\mathrm{d}t$ 改为 $\ddot{x}_0(\tau)\mathrm{d}\tau$，并取 $m=1$，同时将 $t=\tau$ 改为 $(t-\tau)$，这是因为上述瞬时冲量不在 $t=0$ 的时刻作用，而是作用在 $t=\tau$ 时刻，如图 3.4（b）所示，则有

$$\mathrm{d}x(t)=-\mathrm{e}^{-\zeta\omega(t-\tau)}\frac{\ddot{x}_0(\tau)}{\omega'}\sin\omega'(t-\tau)\mathrm{d}\tau \qquad (3.21)$$

体系在整个受力过程中所产生的总位移反应即可由所有瞬时冲量引起的微分位移叠加得到。通过对上式积分后得体系总的位移反应（杜哈默积分）

$$x(t)=-\frac{1}{\omega'}\int_0^t\ddot{x}_0(\tau)\mathrm{e}^{-\zeta\omega(t-\tau)}\sin\omega'(t-\tau)\mathrm{d}\tau \qquad (3.22)$$

在实际结构中，阻尼比 ζ 的数值一般都很小，为 0.01～0.1。因此有阻尼频率 ω' 和无阻尼频率 ω 相差不大，在实际计算中近似地取 $\omega'\approx\omega$，故上述公式可以近似地写成

$$x(t)=-\frac{1}{\omega}\int_0^t\ddot{x}_0(\tau)\mathrm{e}^{-\zeta\omega(t-\tau)}\sin\omega(t-\tau)\mathrm{d}\tau \qquad (3.23)$$

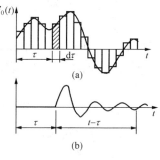

图 3.4　地震作用下的
质点位移分析

结构运动方程的通解为

$$x(t)=\mathrm{e}^{-\zeta\omega t}\left[x(0)\cos\omega't+\frac{\dot{x}(0)+\zeta\omega x(0)}{\omega'}\sin\omega't\right]-\frac{1}{\omega'}\int_0^t\ddot{x}_0(\tau)\mathrm{e}^{-\zeta\omega(t-\tau)}\sin\omega'(t-\tau)\mathrm{d}\tau$$
$$(3.24)$$

当体系的初始状态为静止时，其初位移 $x(0)$ 和初速度 $\dot{x}(0)$ 均等于零，则式（3.24）中右边第一项为零，故杜哈默积分也就是初始处于静止状态的单自由度体系地震位移反应的计算公式。

3.3　单自由度弹性体系的水平地震作用及加速度反应谱

3.3.1　水平地震作用的基本公式

地震作用就是地震时结构质点上受到的惯性力，根据图 3.2 质点隔离体的平衡条件可

以得

$$-m\left[\ddot{x}_0(t)+\ddot{x}(t)\right]=kx(t)+c\dot{x}(t) \tag{3.25}$$

忽略阻尼，得

$$-m\left[\ddot{x}_0(t)+\ddot{x}(t)\right]\approx kx(t) \tag{3.26}$$

$$a(t)=\left[\ddot{x}_0(t)+\ddot{x}(t)\right]=-\frac{k}{m}x(t)=-\omega^2 x(t) \tag{3.27}$$

将式（3.23）代入，得

$$F(t)=-m\omega\int_0^t \ddot{x}_0(\tau)\mathrm{e}^{-\zeta\omega(t-\tau)}\sin\omega(t-\tau)\mathrm{d}\tau \tag{3.28}$$

式（3.28）为结构地震作用随时间变化的表达式，可以通过数值积分计算在各个时刻的值。在结构抗震设计中，只需要求出地震作用的最大绝对值，将其用 F 表示，则

$$F(t)=m\omega\left|\int_0^t \ddot{x}_0(\tau)\mathrm{e}^{-\zeta\omega(t-\tau)}\sin\omega(t-\tau)\mathrm{d}\tau\right|_{\max}=mS_a \tag{3.29}$$

$$S_a=\omega\left|\int_0^t \ddot{x}_0(\tau)\mathrm{e}^{-\zeta\omega(t-\tau)}\sin\omega(t-\tau)\mathrm{d}\tau\right|_{\max}=\frac{2\pi}{T}\left|\int_0^t \ddot{x}_0(\tau)\mathrm{e}^{-\zeta\frac{2\pi}{T}(t-\tau)}\sin\frac{2\pi}{T}(t-\tau)\mathrm{d}\tau\right|_{\max}$$

$$\tag{3.30}$$

式中　S_a——质点振动加速度的最大绝对值。

3.3.2　地震系数和动力系数

水平地震作用基本公式为

$$F=mS_a=mg\left(\frac{|\ddot{x}_0|_{\max}}{g}\right)\left(\frac{S_a}{|\ddot{x}_0|_{\max}}\right)=Gk\beta \tag{3.31}$$

式中　F——水平地震作用标准值；

　　　S_a——质点加速度最大值；

　$|\ddot{x}_0|_{\max}$——地面运动的最大加速度；

　　　k——地震系数；

　　　β——动力系数；

　　　G——建筑的重力荷载代表值，应取结构及构配件自重标准值和各可变荷载组合值之和。

式（3.31）就是计算水平地震作用的基本公式。由此可见，求作用在质点上的水平地震作用，关键在于求出地震系数 k 和动力系数 β。

（1）地震系数。地震系数 k 是地面运动的最大加速度与重力加速度之比，即

$$k=\frac{|\ddot{x}_0|_{\max}}{g} \tag{3.32}$$

k 是以重力加速度为单位的地面运动的最大加速度。显然，地面加速度越大，地震的影响就越强烈，即地震烈度越大。所以，地震系数与地震烈度有关，都是表示地震强烈程度的参数。如果同时根据该处的地表破坏现象、建筑损坏程度等，按地震烈度表评定出该处的宏观烈度 I，就可以提供它们之间的一个对应关系，即确定出 I-k 的对应关系。统计分析表明，烈度每增大一度，k 值大致增大一倍。但是必须注意，地震烈度的大小不仅取决于地面运动最大加速度，而且还与地震的持续时间和地震波的频谱特性等有关。

《建筑抗震设计规范》(GB 50011—2010)根据《中国地震动参数区划图 A1》所规定的地面运动的最大加速度取值,可得出抗震设防烈度与地震系数值的对应关系,见表 3.1。

表 3.1　　　　　　　　　　　抗震设防烈度与地震系数值的对应关系

设防烈度 I	6 度	7 度	8 度	9 度
地震系数 k	0.05	0.10 (0.15)	0.20 (0.30)	0.40

注　括号内的数值分别用于设计基本地震加速度为 $0.15g$ 和 $0.30g$ 的地区。

(2) 动力系数 β。动力系数 β 是单自由度弹性体系在地震作用下最大绝对加速度与地面最大加速度之比,即质点最大绝对加速度对地面最大加速度放大的倍数,可以表示为

$$\beta = \frac{S_a}{|\ddot{x}_0(t)|_{\max}} \tag{3.33}$$

影响 β 的因素主要有地面运动加速度的特征、结构的自振周期 T、阻尼比 ζ,即

$$\beta = \frac{S_a}{|\ddot{x}_0(t)|_{\max}} = \frac{2\pi}{T} \frac{1}{|\ddot{x}_0(t)|_{\max}} \left| \int_0^t \ddot{x}_0(t) e^{-\zeta\frac{2\pi}{T}(t-\tau)} \sin\frac{2\pi}{T}(t-\tau) d\tau \right|_{\max} \tag{3.34}$$

由式(3.34)可知,当地面加速度阻尼比 ζ 给定时,可以根据不同的 T 值计算出动力系数 β,从而得到一条 β-T 曲线,这条曲线就称为动力系数反应谱曲线。因为动力系数是单质点 m 最大绝对加速度 S_a 与地面最大加速度之比,所以 β-T 曲线实质上是加速度(相对值)反应谱曲线。

3.3.3 加速度反应谱

(1) 加速度反应谱的概念。根据式(3.30),如果给定地震时地面运动加速度 $|\ddot{x}_0|_{\max}$ 和体系的阻尼比 ζ,则可以计算出质点的最大加速度 S_a 与体系自振周期 T 的一条关系曲线,并且对于不同的 ζ 值就可得到不同的 S_a-T 曲线,这类 S_a-T 曲线就是一种加速度反应谱。

所以,加速度反应谱是指地震波作用在单质点体系上,考虑阻尼影响时,求得的加速度最大值与单质点体系自振周期间的关系曲线。

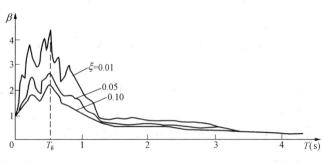

图 3.5 是根据 1940 年 EI-Centro 地震时地面运动加速度记录绘出的加速度反应谱曲线。由图可见:①加速度反应谱曲线为一多峰点曲线。当阻尼比 ζ 等于 0.01 时,加速度反应谱的值最大,峰点突出。但是,过峰点后稍增加的阻尼比也能使峰点下降很多,并且反应谱值随着阻尼比的增大而减小;②各条 β 谱曲线都在场地

图 3.5　1940 年 EI-Centro 地震的 β 谱曲线

的特征周期 T_g 的附近达到峰值点。③当 $T < T_g$ 时,随着周期的增大其 β 谱值急剧增加,但至峰值点 $T > T_g$ 后,则随着周期的增大其 β 逐渐衰减,而且逐渐趋于平缓。

根据反应谱曲线,对于任何一个单自由度弹性体系,如果已知其自振周期 T 和阻尼比 ζ,就可以从曲线中查得该体系在特定地震记录下的最大加速度 S_a。

(2) 标准反应谱。

1）地震影响系数。把地震系数和动力系数的乘积称为地震影响系数，即

$$\alpha = k\beta = S_a/g = \frac{|\ddot{x}_0(t)|_{max}}{g} \frac{S_a}{|\ddot{x}_0(t)|_{max}} \tag{3.35}$$

单自由度弹性体系的水平地震作用可以表示为

$$F = \alpha G \tag{3.36}$$

地震影响系数是单自由度弹性体系在地震时以重力加速度为单位的质点最大加速度反应。由式（3.35）可以看出，地震影响系数是作用在质点上的地震作用与质点重力荷载代表值之比。

地震影响系数应根据抗震设防烈度、场地类别、设计地震分组、结构自振周期和阻尼比确定。

图 3.6 为水平地震影响系数曲线，地震影响系数曲线可以用下面公式表示

$$\alpha = \begin{cases} [0.45 + 10(\eta_2 - 0.45)T]\alpha_{max} & 0 \leqslant T < 0.1 \\ \eta_2\alpha_{max} & 0.1 \leqslant T \leqslant T_g \\ (T_g/T)^\gamma \eta_2\alpha_{max} & T_g < T \leqslant 5T_g \\ [0.2^\gamma \eta_2 - \eta_1(T - 5T_g)]\alpha_{max} & 5T_g < T \leqslant 6.0 \end{cases} \tag{3.37}$$

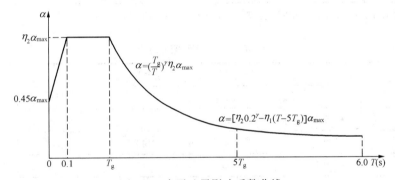

图 3.6　水平地震影响系数曲线

α—地震影响系数；α_{max}—地震影响系数最大值；η_1—直线下降段的下降斜率调整系数；
γ—衰减指数；T_g—特征周期；η_2—阻尼调整系数；T—结构自振周期

①除有专门规定外，建筑结构的阻尼比应取 0.05，此时，阻尼调整系数 $\eta_2 = 1$，$\gamma = 0.9$，$\eta_1 = 0.02$。

②当建筑结构的阻尼比按有关规定不等于 0.05 时，地震影响系数曲线的阻尼调整系数和形状参数应符合下列规定：

a. 曲线下降段的衰减指数应按下式确定

$$\gamma = 0.9 + \frac{0.05 - \zeta}{0.3 + 6\zeta} \tag{3.38}$$

式中　γ——曲线下降段的衰减指数；

　　　ζ——阻尼比。

b. 直线下降段的下降斜率调整系数应按下式确定

$$\eta_1 = 0.02 + \frac{0.05 - \zeta}{4 + 32\zeta} \tag{3.39}$$

式中　η_1——直线下降段的下降斜率调整系数，小于 0 时取 0。

　　c. 阻尼调整系数应按下式确定

$$\eta_2 = 1 + \frac{0.05 - \zeta}{0.08 + 1.6\zeta} \tag{3.40}$$

式中　η_2——阻尼调整系数，当小于 0.55 时，应取 0.55。

水平地震影响系数最大值 $\alpha_{\max}$ 应按表 3.2 取值；特征周期应根据场地类别和设计地震分组按表 3.3 取值。

6 度时的建筑（不规则建筑及建造于Ⅳ类场地上较高的高层建筑除外），以及生土房屋和木结构房屋等，应允许不进行截面抗震验算，但应符合有关的抗震措施要求。

6 度时不规则建筑、建造于Ⅳ类场地上较高的高层建筑，7 度和 7 度以上时的建筑结构（生土房屋和木结构房屋除外），应该进行多遇地震作用下的截面抗震验算。

表 3.2　　　　　　　　　　水平地震影响系数最大值

地震影响	6 度	7 度	8 度	9 度
多遇地震	0.04	0.08 (0.12)	0.16 (0.24)	0.32
罕遇地震	0.28	0.50 (0.72)	0.90 (1.20)	1.40

注　括号中数值分别用于设计基本地震加速度为 0.15g 和 0.30g 的地区。

表 3.3　　　　　　　　　特 征 周 期 值（s）

设计地震分组	场地类别				
	Ⅰ$_0$	Ⅰ$_1$	Ⅱ	Ⅲ	Ⅳ
第一组	0.20	0.25	0.35	0.45	0.65
第二组	0.25	0.30	0.40	0.55	0.75
第三组	0.30	0.35	0.45	0.65	0.90

关于 $\alpha_{\max}$ 的取值：图 3.5 中水平地震影响系数最大值 $\alpha_{\max}$ 为

$$\alpha_{\max} = k\beta_{\max} \tag{3.41}$$

统计结果表明，动力系数最大值受地震烈度、地震环境的影响不大，规范取 $\beta_{\max} = 2.25$。相应的地震系数可在多遇地震时可以取基本烈度时的 0.35，在罕遇地震时取基本烈度时的 1.5～2 倍，故 $\alpha_{\max}$ 可以按照表 3.2 取值。

当 $T = 0$ 时，$\alpha = 0.45\alpha_{\max}$。这是因为当 $T = 0$ 时，结构为刚性体系，地震时结构反应不放大，即动力系数 $\beta = 1$，由 $\alpha = k\beta$，因而 $\alpha = k$，即

$$\alpha = k = \frac{k\beta_{\max}}{\beta_{\max}} = \frac{\alpha_{\max}}{2.25} = 0.45\alpha_{\max} \tag{3.42}$$

自振周期大于 6s 的建筑结构所采用的地震影响系数要专门研究确定。

2）标准反应谱曲线。由于地震的随机性，即使在同一地点、同一烈度，每次地震的地面加速度记录也很不一致，因此需要根据大量的强震记录算出对应于每一条强震记录的反应谱曲线，然后统计求出最有代表性的平均曲线作为设计依据，这种曲线称为标准反应谱曲线。

根据不同地面运动记录的统计分析可以看出，场地土的特性、震级以及震中距等都对反

应谱曲线有比较明显的影响。例如，场地越软，震中距越远，曲线主峰值越向右移，曲线主峰越扁平；地震烈度越大，曲线峰值越高。经过分析，在平均反应谱曲线中 β 的最大值 β_{max} 当阻尼比等于 0.05 时，平均为 2.25。此峰值在曲线中所对应的结构自振周期，大致与该结构所在地点场地土的卓越周期相一致。也就是说，结构的自振周期与场地土的卓越周期接近时，结构的地震反应最大。这个结论与结构在动荷载作用下的共振现象相类似。因此，在进行结构抗震设计时，应使结构的自振周期远离场地土的卓越周期，以避免发生上述的类共振现象。此外，对于土质松软的场地，β 谱曲线的主要峰点偏于较长的周期，土质坚硬时则一般偏于较短的周期，如图 3.7 所示。同时，场地土越松软，并且该松软土层越厚时，β 谱的谱值就越大。

在同等烈度下当震中距不同时的加速度反应谱曲线如图 3.8 所示，从图中可以看出，震级和震中距对 β 谱的特性也有一定影响。一般地，当烈度基本相同时，震中距远时加速度反应谱的峰点偏于较长的周期，近时则偏于较短的周期。因此，在离大地震震中较远的地方，高柔结构因为其周期较长所受到的地震破坏，将比在同等烈度下较小或中等地震的震中区所受到的破坏更严重，刚性结构的地震破坏情况刚好相反。

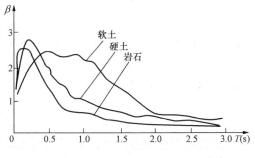

图 3.7　场地条件对 β 谱曲线的影响

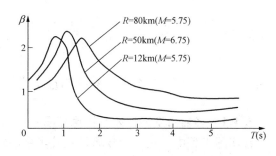

图 3.8　震中距对 β 谱曲线的影响

（3）设计反应谱。为了便于计算，规范采用相对于重力加速度的单质点绝对最大加速度，即 S_a/g 与体系自振周期 T 之间的关系作为设计反应谱，并将 S_a/g 用 α 表示，即地震影响系数。把 α-T 曲线称为设计反应谱曲线，以此作为设计的依据。

【例题 3.1】　图 3.9（a）所示单跨单层厂房，屋盖刚度无穷大，屋盖自重标准值为 880kN，屋面雪荷载的标准值为 200kN，忽略柱自重，柱抗侧移刚度系数 $k_1=k_2=3.0\times10^3$ kN/m，结构阻尼比 $\zeta=0.05$，I_1 类建筑场地，设计地震分组为第二组，抗震设防烈度为 8 度，设计基本地震加速度为 0.20g，求厂房在多遇地震时横向水平地震作用。

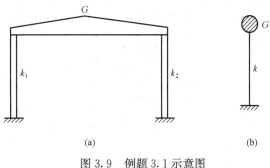

图 3.9　例题 3.1 示意图
（a）单跨单层厂房；（b）计算简图

解　因为质量集中于屋盖，所以结构计算时可以简化为图 3.9（b）所示的单质点体系。

①确定重力荷载代表值 G 和自振周期 T。已知雪荷载组合值系数为 0.5，所以
$$G=880+200\times0.5=980\text{（kN）}$$

质点集中质量　　　　　　$m = G/g = 980/9.8 = 100 \times 10^3$（kg）

柱抗侧移刚度为两柱抗侧移刚度之和

$$k = k_1 + k_2 = 6.0 \times 10^3 = 6.0 \times 10^6 \text{(N/m)}$$

于是得结构自振周期为

$$T = 2\pi \sqrt{\frac{m}{k}} = 2\pi \sqrt{\frac{100 \times 10^3}{6.0 \times 10^6}} = 0.811 \text{(s)}$$

②确定地震影响系数最大值 α_{max} 和特征周期 T_g。当设计基本地震加速度为 0.20g 时，抗震设防烈度为 8 度。由表 3.2 查得，在多遇地震时，$\alpha_{max} = 0.16$。由表 3.3 查得，在 I_1 类场地、设计地震第二组时，$T_g = 0.30$s。

③计算地震影响系数 α 值。因 $T_g < T < 5T_g$，所以 α 处于曲线下降段，α 的计算公式为

$$\alpha = \left(\frac{T_g}{T}\right)^{\gamma} \eta_2 \alpha_{max}$$

当阻尼比 $\zeta = 0.05$ 时，由式（3.38）和式（3.40）可得 $\gamma = 0.9$，$\eta_2 = 1$，则

$$\alpha = \left(\frac{T_g}{T}\right)^{\gamma} \eta_2 \alpha_{max} = \left(\frac{0.30}{0.811}\right)^{0.9} \times 1.0 \times 0.16 = 0.065$$

④计算水平地震作用。由式（3.36）得

$$F = \alpha G = 0.065 \times 980 \text{kN} = 63.7 \text{kN}$$

3.4　多自由度弹性体系的水平地震反应

3.4.1　多自由度弹性体系计算简图

在实际工程中，只有少数质量比较集中的结构可以简化为单质点体系，大多数工程结构质量比较分散，应简化为多质点体系来分析，这样才能比较真实地反映实际的动力特征。

例如，多高层房屋可以将其质量集中在每一层楼面标高处，见图 3.10（a）；多跨不等高单层厂房可以将其质量集中到各个屋盖处，见图 3.10（b）；烟囱等结构可以将其分为若干段，并且把各段都折算成质点进行分析，见图 3.10（c）。如果只考虑质点水平方向的振动，那么体系有多少个质点就有多少个自由度。

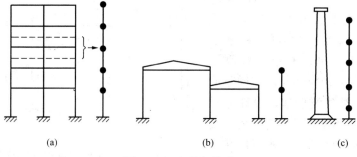

$$\text{(a)} \qquad\qquad \text{(b)} \qquad\qquad \text{(c)}$$

图 3.10　多质点体系

3.4.2　运动方程

最简单的多自由度弹性体系就是两个自由度弹性体系，首先分析两个自由度弹性体系的情况，再推广到两个以上的多自由度弹性体系。图 3.11（a）所示为两个自由度弹性体系在水平地震作用下，体系在某一瞬间的变形情况。与单自由度弹性体系类似，取质点 1 作为隔

离体，如图 3.11（b）所示。作用于质点 1 上的惯性力为

$$I_1 = -(m_1\ddot{x}_0 + m_1\ddot{x}_1) \tag{3.43}$$

弹性恢复力为

$$S_1 = -(k_{11}x_1 + k_{12}x_2) \tag{3.44}$$

阻尼力为

$$D_1 = -(c_{11}\dot{x}_1 + c_{12}\dot{x}_2) \tag{3.45}$$

式中　k_{11}——使质点 1 产生单位位移而质点 2 保持
不动时，在质点 1 处需要施加的水
平力；

k_{12}——使质点 2 产生单位位移而质点 1 保持
不动时，在质点 1 处引起的弹性反力；

c_{11}——使质点 1 产生单位速度而质点 2 保持
不动时，在质点 1 处产生的阻尼力；

c_{12}——使质点 2 产生单位速度而质点 1 保持
不动时，在质点 1 处产生的阻尼力。

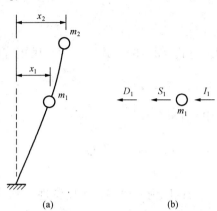

图 3.11　两自由度体系的瞬时动力平衡

根据达朗贝尔原理，分析质点 1 的动力平衡，可以得到下列运动方程

$$m_1\ddot{x}_1 + c_{11}\dot{x}_1 + c_{12}\dot{x}_2 + k_{11}x_1 + k_{12}x_2 = -m_1\ddot{x}_0 \tag{3.46}$$

分析质点 2 的动力平衡，同理可得

$$m_2\ddot{x}_2 + c_{21}\dot{x}_1 + c_{22}\dot{x}_2 + k_{21}x_1 + k_{22}x_2 = -m_2\ddot{x}_0 \tag{3.47}$$

式中的系数 k_{ij} 是刚度系数，反映了结构刚度的大小。对于变形曲线为剪切型的结构，可以由各质点上作用力的平衡求得各刚度系数。例如，横梁刚度为无限大的二层框架结构，如图 3.12（a）所示，设其底层与第二层的层间剪切刚度，即产生单位层间位移时需要作用的层间剪力，分别为 k_1 和 k_2，如图 3.12（b）、（c）所示。

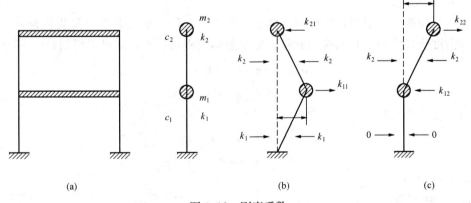

图 3.12　刚度系数

各刚度系数为

$$\left.\begin{array}{l} k_{11} = k_1 + k_2 \\ k_{12} = k_{21} = -k_2 \\ k_{22} = k_2 \end{array}\right\} \tag{3.48}$$

同理，阻尼系数为

$$\left.\begin{array}{l}c_{11}=c_1+c_2\\c_{12}=c_{21}=-c_2\\c_{22}=c_2\end{array}\right\} \tag{3.49}$$

如果将式（3.46）、式（3.47）用矩阵形式表示，则

$$[m]\{\ddot{x}\}+[c]\{\dot{x}\}+[k]\{x\}=-[m]\{1\}\ddot{x}_0 \tag{3.50}$$

式中　$[m]=\begin{bmatrix}m_1&0\\0&m_2\end{bmatrix}$，$[c]=\begin{bmatrix}c_{11}&c_{12}\\c_{21}&c_{22}\end{bmatrix}$，$[k]=\begin{bmatrix}k_{11}&k_{12}\\k_{21}&k_{22}\end{bmatrix}$，$\{\ddot{x}\}=\begin{Bmatrix}\ddot{x}_1\\\ddot{x}_2\end{Bmatrix}$，$\{\dot{x}\}=$

$\begin{Bmatrix}\dot{x}_1\\\dot{x}_2\end{Bmatrix}$，$\{x\}=\begin{Bmatrix}x_1\\x_2\end{Bmatrix}$

当推广到一般多自由度弹性体系时，式（3.50）中各项为

$$[m]=\begin{bmatrix}m_1&&&0\\&m_2&&\\&&\ddots&\\0&&&m_n\end{bmatrix}，[c]=\begin{bmatrix}c_{11}&c_{12}&\cdots&c_{1n}\\c_{21}&c_{22}&\cdots&c_{2n}\\\vdots&\vdots&\vdots&\vdots\\c_{n1}&c_{n2}&\cdots&c_{nn}\end{bmatrix}，[k]=\begin{bmatrix}k_{11}&k_{12}&\cdots&k_{1n}\\k_{21}&k_{22}&\cdots&k_{2n}\\\vdots&\vdots&\vdots&\vdots\\k_{n1}&k_{n2}&\cdots&k_{nn}\end{bmatrix}，$$

$$\{\ddot{x}\}=\begin{Bmatrix}\ddot{x}_1\\\ddot{x}_2\\\vdots\\\ddot{x}_n\end{Bmatrix}，\{\dot{x}\}=\begin{Bmatrix}\dot{x}_1\\\dot{x}_2\\\vdots\\\dot{x}_n\end{Bmatrix}，\{X\}=\begin{Bmatrix}x_1\\x_2\\\vdots\\x_n\end{Bmatrix}$$

在求解多自由度弹性体系的运动方程时，一般采用振型分解法。而用振型分解法求解时，需要确定多自由度弹性体系的自振频率和振型，它们可以通过分析体系的自由振动得到。

3.4.3　自由振动

（1）自振频率。考虑两自由度弹性体系，令式（3.50）等号右边的荷载项为 0，即可以得到两自由度弹性体系的自由振动方程。如果忽略掉阻尼影响，就可以得到自由振动方程

$$\left.\begin{array}{l}m_1\ddot{x}_1+k_{11}x_1+k_{12}x_2=0\\m_2\ddot{x}_2+k_{21}x_1+k_{22}x_2=0\end{array}\right. \tag{3.51}$$

式（3.51）微分方程的解为

$$\left.\begin{array}{l}x_1=X_1\sin(\omega t+\varphi)\\x_2=X_2\sin(\omega t+\varphi)\end{array}\right. \tag{3.52}$$

式中　ω——频率；

φ——初相角；

X_1、X_2——质点 1 和质点 2 的位移幅值。

将式（3.52）代入式（3.51）得

$$\left.\begin{array}{l}(k_{11}-m_1\omega^2)X_1+k_{12}X_2=0\\k_{21}X_1+(k_{22}-m_2\omega^2)X_2=0\end{array}\right\} \tag{3.53}$$

式（3.53）为 X_1 和 X_2 的齐次方程组，为了保证体系振动，式（3.53）应该有非零解，

其系数行列式必须为零，即

$$\begin{vmatrix} k_{11} - m_1\omega^2 & k_{12} \\ k_{21} & k_{22} - m_2\omega^2 \end{vmatrix} = 0 \tag{3.54}$$

式（3.54）为频率方程，展开并整理可以得到 ω^2 的二次方程为

$$(\omega^2)^2 - \left(\frac{k_{11}}{m_1} + \frac{k_{22}}{m_2}\right)\omega^2 + \frac{k_{11}k_{22} - k_{12}k_{21}}{m_1 m_2} = 0 \tag{3.55}$$

解之，得

$$\omega^2 = \frac{1}{2}\left(\frac{k_{11}}{m_1} + \frac{k_{22}}{m_2}\right) \pm \sqrt{\left[\frac{1}{2}\left(\frac{k_{11}}{m_1} + \frac{k_{22}}{m_2}\right)\right]^2 - \frac{k_{11}k_{22} - k_{12}k_{21}}{m_1 m_2}} \tag{3.56}$$

由此可以得 ω 两个正实根，它们就是两自由度弹性体系的两个自振圆频率。比较小的 ω_1 称为第一自振圆频率或基本自振圆频率，比较大的 ω_2 称为第二自振圆频率。

对于一般的多自由度弹性体系，式（3.53）可以写成

$$\left.\begin{aligned} (k_{11} - m_1\omega^2)X_1 + k_{12}X_2 + \cdots + k_{1n}X_n &= 0 \\ k_{21}X_1 + (k_{22} - m_2\omega^2)X_2 + \cdots + k_{2n}X_n &= 0 \\ k_{n1}X_1 + k_{n2}X_2 + \cdots + (k_{nn} - m_n\omega^2)X_n &= 0 \end{aligned}\right\} \tag{3.57}$$

可以写成矩阵形式

$$([\boldsymbol{k}] - \omega^2[\boldsymbol{m}])\{X\} = 0 \tag{3.58}$$

式中　$[\boldsymbol{k}] = \begin{bmatrix} k_{11} & k_{12} & \cdots & k_{1n} \\ k_{21} & k_{22} & \cdots & k_{2n} \\ \vdots & \vdots & \vdots & \vdots \\ k_{n1} & k_{n2} & \cdots & k_{nn} \end{bmatrix}$, $[\boldsymbol{m}] = \begin{bmatrix} m_1 & & & 0 \\ & m_2 & & \\ & & \ddots & \\ 0 & & & m_n \end{bmatrix}$, $\{X\} = \begin{Bmatrix} X_1 \\ X_2 \\ \vdots \\ X_n \end{Bmatrix}$

频率方程为

$$|[\boldsymbol{k}] - \omega^2[\boldsymbol{m}]| = 0 \tag{3.59}$$

（2）主振型。将 ω_1、ω_2 分别代入式（3.52），即可以求得质点 1、2 的位移幅值，分别用 X_{11}、X_{12} 以及 X_{21}、X_{22} 表示。由式（3.52）可以得质点的位移：

对应于 ω_1

$$\begin{cases} x_{11} = X_{11}\sin(\omega_1 t + \varphi_1) \\ x_{12} = X_{12}\sin(\omega_1 t + \varphi_1) \end{cases} \tag{3.60a}$$

对应于 ω_2

$$x_{21} = X_{21}\sin(\omega_2 t + \varphi_2)$$
$$x_{22} = X_{22}\sin(\omega_2 t + \varphi_2) \tag{3.60b}$$

则在振动过程中两质点的位移比值为

对应于 ω_1

$$\frac{x_{12}}{x_{11}} = \frac{X_{12}}{X_{11}} = \frac{m_1\omega_1^2 - k_{11}}{k_{12}} \tag{3.61a}$$

对应于 ω_2

$$\frac{x_{22}}{x_{21}} = \frac{X_{22}}{X_{21}} = \frac{m_1\omega_2^2 - k_{11}}{k_{12}} \tag{3.61b}$$

可见这一比值与时间无关，且为常数，即在结构振动过程中的任意时刻，这两个质点的

位移比值保持不变。这种振动形式称为主振型，简称为振型。当体系按照 ω_1 振动时称为第一振型或者基本振型，按照 ω_2 振动时称为第二振型。由于主振型仅取决于质点位移之间的相对值，故常将其中的某一个位移值确定为 1。

一般地体系有多少个自由度就有多少个频率，也就有多少个振型。它们是体系的固有特性。在一般的初始条件下，体系的振动曲线将包含全部振型。任何一质点的振动可以看成由各主振型的简谐振动叠加而成的复合振动。而各自由度弹性体系的自由振动，可以看成第一主振型与第二主振型的叠加，即

$$x_1(t) = X_{11}\sin(\omega_1 t + \varphi_1) + X_{21}\sin(\omega_2 t + \varphi_2) \tag{3.62a}$$

$$x_2(t) = X_{12}\sin(\omega_1 t + \varphi_1) + X_{22}\sin(\omega_2 t + \varphi_2) \tag{3.62b}$$

由式（3.62）可见，叠加后而成的复合振动，已经不再是简谐振动。

（3）主振型的正交性。由式（3.26）可以知道，结构在任意瞬间的位移等于惯性力所产生的静位移。因而振型曲线就可以看作是体系按照某一频率振动时，作用其上的惯性力所引起的静力变形曲线。

对于两自由度弹性体系而言，其两个振型的变形曲线及其相应的惯性力如图 3.13 所示。根据式（3.27）惯性力可表示为 $m_i\omega_j^2 x_{ji}$，其中 i 为质点号，j 为振型号。

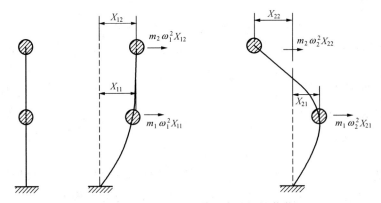

图 3.13　振型曲线及其相应的惯性荷载

根据功的互等定理，即第一状态的力在第二状态的位移上所做的功等于第二状态的力在第一状态的位移上所做的功，得

$$m_1\omega_1^2 X_{11} X_{21} + m_2\omega_1^2 X_{12} X_{22} = m_1\omega_2^2 X_{21} X_{11} + m_2\omega_2^2 X_{22} X_{12} \tag{3.63}$$

整理后得

$$(\omega_1^2 - \omega_2^2)(m_1 X_{11} X_{21} + m_2 X_{12} X_{22}) = 0 \tag{3.64}$$

一般 $\omega_1 \neq \omega_2$，故

$$m_1 X_{11} X_{21} + m_2 X_{12} X_{22} = 0 \tag{3.65}$$

式（3.65）所表示的关系，通常称为主振型的正交性。

对于两个以上的多自由度体系，任意两个振型 j 与 k 之间也有正交特性，可以表示为

$$m_1 X_{j1} X_{k1} + m_2 X_{j2} X_{k2} + \cdots + m_n X_{jn} X_{kn} = 0 \tag{3.66}$$

一般地，有

$$\sum_{i=1}^{n} m_i X_{ji} X_{ki} = 0 \quad (j \neq k) \tag{3.67}$$

用矩阵表示时为

$$\{X\}_j^T[\boldsymbol{m}]\{X\}_k = 0 \tag{3.68}$$

式中　$\{X\}_j^T = \{X_{j1} \quad X_{j2} \quad \cdots \quad X_{jn}\}$，$\{X\}_k = \begin{Bmatrix} X_{k1} \\ X_{k2} \\ \vdots \\ X_{kn} \end{Bmatrix}$，$[\boldsymbol{m}] = \begin{bmatrix} m_1 & & & 0 \\ & m_2 & & \\ & & \ddots & \\ 0 & & & m_n \end{bmatrix}$.

式（3.67）表示多自由度体系任意两个振型对质量矩阵是正交的。多自由度体系任意两个振型对刚度矩阵同样具有正交性，可以通过以下推导说明。

依据式（3.58）对于第 k 振型有

$$[\boldsymbol{k}]\{X\}_k = \omega_k^2[\boldsymbol{m}]\{X\}_k \tag{3.69}$$

给等式两边各乘以 $\{X\}_j^T$，得

$$\{X\}_j^T[\boldsymbol{k}]\{X\}_k = \omega_k^2\{X\}_j^T[\boldsymbol{m}]\{X\}_k \tag{3.70}$$

由式（3.68）可知，$\{X\}_j^T[\boldsymbol{m}]\{X\}_k = 0$，得

$$\{X\}_j^T[\boldsymbol{k}]\{X\}_k = 0 \tag{3.71}$$

【例题 3.2】　　二层框架结构，如图 3.14 所示。横梁刚度无限大，集中于楼面和屋面的质量分别为 $m_1 = 100\text{t}$，$m_2 = 50\text{t}$，各楼层层间剪切刚度为 $k_1 = 4 \times 10^4\text{kN/m}$，$k_2 = 2 \times 10^4\text{kN/m}$。求结构的自振周期和振型。

解　将结构简化为图 3.14（b）所示的两自由度弹性体系。

结构的质量矩阵为

$$[\boldsymbol{m}] = \begin{bmatrix} m_1 & 0 \\ 0 & m_2 \end{bmatrix} = \begin{bmatrix} 100 & 0 \\ 0 & 50 \end{bmatrix}(t)$$

根据刚度系数的定义，分别使质点 1 和质点 2 产生单位水平位移，则

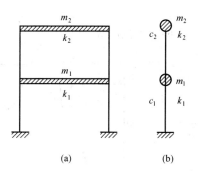

图 3.14　例题 3.2 示意图

（a）二层框架；（b）计算简图

$$k_{11} = k_1 + k_2 = 6 \times 10^4 (\text{kN/m})$$
$$k_{12} = k_{21} = -k_2 = -2 \times 10^4 (\text{kN/m})$$
$$k_{22} = k_2 = 2 \times 10^4 (\text{kN/m})$$

于是刚度矩阵为

$$[\boldsymbol{k}] = \begin{bmatrix} k_{11} & k_{12} \\ k_{21} & k_{22} \end{bmatrix} = \begin{bmatrix} 6 & -2 \\ -2 & 2 \end{bmatrix} \times 10^4 (\text{kN/m})$$

由式（3.59）得到频率方程为

$$\begin{vmatrix} k_{11} - m_1\omega^2 & k_{12} \\ k_{21} & k_{22} - m_2\omega^2 \end{vmatrix} = \begin{vmatrix} 6 \times 10^4 - 100\omega^2 & -2 \times 10^4 \\ -2 \times 10^4 & 2 \times 10^4 - 50\omega^2 \end{vmatrix} = 0$$

将上式展开得

$$(\omega^2)^2 - 1000\omega^2 + 16 \times 10^4 = 0$$

解上列方程式得

$$\omega_1^2 = 200, \quad \omega_2^2 = 800$$

体系自振圆频率为

$$\omega_1 = 14.14\text{rad/s}, \qquad \omega_2 = 28.28\text{rad/s}$$

相对于第一阶频率 ω_1，由式（3.58）可以得

$$([k] - \omega_1^2[m])\{X\}_1 = 0$$

即

$$\begin{bmatrix} k_{11} - m_1\omega_1^2 & k_{12} \\ k_{21} & k_{22} - m_2\omega_1^2 \end{bmatrix} \begin{Bmatrix} X_{11} \\ X_{12} \end{Bmatrix} = 0$$

由上式得第一振型幅值的相对比值为

$$\frac{X_{12}}{X_{11}} = \frac{m_1\omega_1^2 - k_{11}}{k_{12}} = \frac{100 \times 200 - 6 \times 10^4}{-2 \times 10^4} = \frac{2}{1}$$

同理，第二振型幅值的相对比值为

$$\frac{X_{22}}{X_{21}} = \frac{m_1\omega_2^2 - k_{11}}{k_{12}} = \frac{100 \times 800 - 6 \times 10^4}{-2 \times 10^4} = \frac{-1}{1}$$

因此，第一振型为

$$\{X\}_1 = \begin{Bmatrix} X_{11} \\ X_{12} \end{Bmatrix} = \begin{Bmatrix} 1 \\ 2 \end{Bmatrix}$$

第二振型为

$$\{X\}_2 = \begin{Bmatrix} X_{21} \\ X_{22} \end{Bmatrix} = \begin{Bmatrix} 1 \\ -1 \end{Bmatrix}$$

振型图见图 3.15。

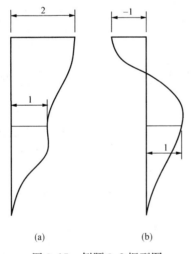

图 3.15　例题 3.2 振型图
(a) 第一振型；(b) 第二振型

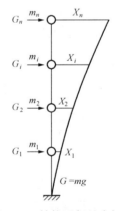

图 3.16　结构近似基本振型

3.4.4　自振频率和振型的近似计算方法

（1）能量法。能量法是根据体系在振动过程中的能量守恒原理导出的，即一个无阻尼的弹性体系在自由振动时，其在任一时刻的动能与变形位能之和保持不变。图 3.16 是一个具有多个质点的弹性体系，质点 i 的质量为 m_i，体系按第一振型作自由振动时的频率为 ω_1。假定各质点的重力荷载 G_i 水平作用于相应质点 m_i 上的弹性曲线作为基本振型。X_i 为质点 i 的水平位移。

根据体系在振动过程中的能量守恒原理，即无阻尼弹性体系在自由振动时，其在任一时刻的动能和变形位能之和保持不变。当体系在振动过程中的位移达到最大时，其变形位能将达到最大值 U_{max}，而此时体系的动能为零；在经过静平衡位置时，体系的动能达到最大值 T_{max}，变形位能则等于零，即

$$T_{max} = U_{max} \tag{3.72}$$

结构的基本振型近似取为重力荷载水平作用于质点上的结构弹性曲线。计算步骤：

1）以重力荷载作为水平力作用于各质点上；

2）计算结构的弹性侧移曲线，得各质点的弹性侧移 u_i，即

$$x_i(t) = u_i \sin(\omega t + \varphi) \tag{3.73}$$

$$\dot{x}_i(t) = u_i \omega \cos(\omega t + \varphi) \tag{3.74}$$

体系最大的动能和变形位能分别为

$$T_{max} = \frac{1}{2} \sum_{i=1}^{n} m_i (\omega u_i)^2 \tag{3.75}$$

$$U_{max} = \frac{1}{2} g \sum_{i=1}^{n} m_i u_i \tag{3.76}$$

体系的基本频率和基本周期为

$$\omega_1 = \sqrt{\frac{g \sum\limits_{i=1}^{n} m_i u_i}{\sum\limits_{i=1}^{n} m_i u_i^2}} \tag{3.77}$$

$$T_1 = \frac{2\pi}{\omega_1} = 2\pi \sqrt{\frac{\sum\limits_{i=1}^{n} m_i u_i^2}{g \sum\limits_{i=1}^{n} m_i u_i}} \tag{3.78}$$

式中　u_i——重力荷载水平施加于体系上时质点的水平位移幅值（m）。

（2）等效质量法。等效质量法的基本思路是用一个等效单质点体系代替原来的多质点体系，如图 3.17 所示。其等效原则：

1）等效单质点体系的自振频率与原多质点体系的基本自振频率相等；

2）等效单质点体系自由振动的最大动能与原多质点体系自由振动的最大动能相等。

单质点体系质量称为多质点体系的折算质量 M_{eq}。当它们都按第一振型振动时，其动能分别为

$$T_{max} = \frac{1}{2} \sum_{i=1}^{n} m_i (\omega_i x_i)^2 \tag{3.79}$$

$$T_{1max} = \frac{1}{2} M_{eq} (\omega_1 x_m)^2 \tag{3.80}$$

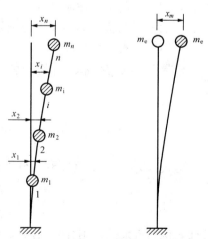

图 3.17　等效质量法

(a) 多质点体系第一振型；

(b) 等效单质点体系

当两体系动能相等时，可以求出多质点体系的折算质量，即

$$M_{eq} = \frac{\sum_{i=1}^{n} m_i x_i^2}{x_m^2} \qquad (3.81)$$

$$\omega_1 = \sqrt{\frac{k}{M_{eq}}} \qquad (3.82)$$

$$T_1 = \frac{2\pi}{\omega_1} \qquad (3.83)$$

式中　x_m——体系按第一振型振动时，折算质点处的最大位移；

　　　　x_i——质点 i 处的最大位移。

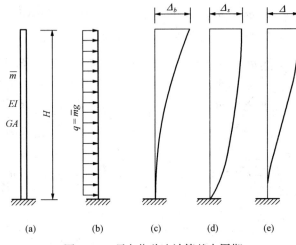

图 3.18　顶点位移法计算基本周期

（3）顶点位移法。基本思路：将悬臂结构的基本周期用结构重力荷载作为水平荷载所产生的顶点位移 u_T 来表示。考虑一质量均匀的悬臂直杆，如图 3.18 所示。杆单位长度的质量为 $\overline{m}$，相应重力荷载为 $q = \overline{m}g$。

若杆按照弯曲振动，则其基本周期可以按照下列公式计算，即

$$T_b = 1.79 l^2 \sqrt{\frac{\overline{m}}{EI}} \qquad (3.84)$$

若杆按照剪切振动，则

$$T_s = 4l \sqrt{\frac{\xi \overline{m}}{GA}} \qquad (3.85)$$

式中　EI——杆的弯曲刚度；

　　　　ξ——剪应力分布不均匀系数；

　　　GA——杆的剪切刚度。

悬臂直杆在均布重力荷载 q 水平作用下由弯曲和剪切引起的顶点位移分别是

$$u_T = \frac{ql^4}{8EI} = \frac{\overline{m}gl^4}{8EI} \qquad (3.86)$$

$$u_T = \frac{\xi q l^2}{2GA} = \frac{\xi \overline{m} g l^2}{2GA} \qquad (3.87)$$

把式（3.86）、式（3.87）分别代入式（3.84）、式（3.85），得

$$T = 1.6\sqrt{u_T}，弯曲型 \qquad (3.88)$$

$$T = 1.8\sqrt{u_T}，剪切型 \qquad (3.89)$$

若体系按剪弯振动，则其基本周期可以按下式计算，即

$$T = 1.7\sqrt{u_T}，弯剪型 \qquad (3.90)$$

顶点位移法计算步骤：

1）以重力荷载作为水平力作用于各质点上；

2) 计算结构的弹性侧移曲线，得顶点的弹性侧移 u_T（单位是 m）。

3.4.5　振型分解法

振型分解法是求解多自由度弹性体系动力反应的一种重要方法。多自由度弹性体系在水平地震作用下的运动微分方程为一组相互耦联的微分方程，联立求解有一定困难。

振型分解法的基本思路是利用振型的正交性，将原来耦联的多自由度微分方程组分解为若干彼此独立的单自由度微分方程，由各个单自由度体系微分方程分别得出各个独立方程的解，然后将各个独立解进行组合叠加，得出总的反应。

以两自由度弹性体系为例，如图 3.19 所示，自由振动方程的通解为

$$\begin{cases} x_1(t) = X_{11}\sin(\omega_1 t + \varphi_1) + X_{21}\sin(\omega_2 t + \varphi_2) \\ x_2(t) = X_{12}\sin(\omega_1 t + \varphi_1) + X_{22}\sin(\omega_2 t + \varphi_2) \end{cases} \tag{3.91}$$

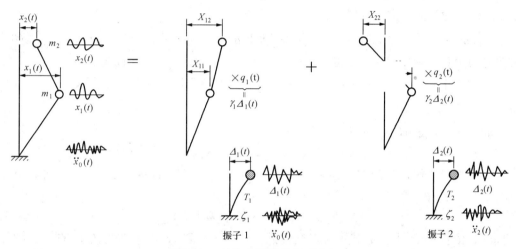

图 3.19　结构变形按照振型分解法

任一质点的振动都是由各主振型的简谐振动叠加而成的复合振动，令

$$\begin{cases} q_1(t) = \sin(\omega_1 t + \varphi_1) \\ q_2(t) = \sin(\omega_2 t + \varphi_2) \end{cases} \tag{3.92}$$

两自由度弹性体系，其质点 m_1 和 m_2 在地震作用下任一瞬间的位移 $x_1(t)$ 和 $x_2(t)$ 用其两个振型的线性组合来表示，即

$$\begin{cases} x_1(t) = q_1(t)X_{11} + q_2(t)X_{21} \\ x_2(t) = q_1(t)X_{12} + q_2(t)X_{22} \end{cases} \tag{3.93}$$

此处用新坐标 $q_1(t)$ 和 $q_2(t)$ 代替原有的两个几何坐标 $x_1(t)$ 和 $x_2(t)$。只要 $q_1(t)$ 和 $q_2(t)$ 确定，$x_1(t)$ 和 $x_2(t)$ 也就确定，而 $q_1(t)$ 和 $q_2(t)$ 表示在质点任一时刻的变形中第一振型与第二振型所占的比例。由于 $x_1(t)$ 和 $x_2(t)$ 是时间的函数，所以 $q_1(t)$ 和 $q_2(t)$ 也是时间的函数，一般称为广义坐标。

当为多质点弹性体系时，式（3.93）可写成

$$x_i(t) = \sum_{i=1}^{n} q_j X_{ji} \tag{3.94}$$

也可以写成矩阵的形式

$$\{x\} = [\boldsymbol{X}]\{q\} \tag{3.95}$$

$$[\boldsymbol{X}] = [\{X\}_1 \quad \{X\}_2 \quad \cdots \quad \{X\}_j \quad \cdots \quad \{X\}_n]$$

$$\{x\} = \begin{Bmatrix} x_1 \\ x_2 \\ \vdots \\ x_i \\ \vdots \\ x_n \end{Bmatrix}, \quad [\boldsymbol{X}] = \begin{bmatrix} X_{11} & X_{21} & \cdots & X_{j1} & \cdots & X_{n1} \\ X_{12} & X_{22} & \cdots & X_{j2} & \cdots & X_{n2} \\ \vdots & \vdots & \vdots & \vdots & \vdots & \vdots \\ X_{1N} & X_{2n} & \cdots & X_{jn} & \cdots & X_{nn} \end{bmatrix}, \quad \{q\} = \begin{Bmatrix} q_1 \\ q_2 \\ \vdots \\ q_j \\ \vdots \\ q_n \end{Bmatrix}$$

将式 (3.95) 代入运动方程式 (3.50), 假定阻尼矩阵 $[c]$ 是质量矩阵 $[m]$ 和刚度矩阵 $[k]$ 的线性组合, 并使阻尼矩阵也满足正交条件, 来消除振型之间的耦合, 令

$$[c] = \alpha_1[m] + \alpha_2[k] \tag{3.96}$$

式中 α_1 和 α_2 为比例常数, 故得

$$[m][\boldsymbol{X}]\{\ddot{q}\} + (\alpha_1[m] + \alpha_2[k])[\boldsymbol{X}]\{\dot{q}\} + [k][\boldsymbol{X}]\{q\} = -[m]\{1\}\ddot{x}_0 \tag{3.97}$$

上式等号两边各项乘以 $\{X\}_j^{\mathrm{T}}$, 得

$$\{\boldsymbol{X}\}_j^{\mathrm{T}}[m][\boldsymbol{X}]\{\ddot{q}\} + \{\boldsymbol{X}\}_j^{\mathrm{T}}(\alpha_1[m] + \alpha_2[k])[\boldsymbol{X}]\{\dot{q}\} + \{\boldsymbol{X}\}_j^{\mathrm{T}}[k][\boldsymbol{X}]\{q\}$$

$$= -\{\boldsymbol{X}\}_j^{\mathrm{T}}[m]\{1\}\ddot{x}_0 \tag{3.98}$$

式 (3.98) 等号左边的第一项为

$$\{\boldsymbol{X}\}_j^{\mathrm{T}}[m][\boldsymbol{X}]\{\ddot{q}\} = \{\boldsymbol{X}\}_j^{\mathrm{T}}[m][\{X\}_1\{X\}_2\cdots\{X\}_j\cdots\{X\}_n]\{\ddot{q}_1\ddot{q}_2\cdots\ddot{q}_j\cdots\ddot{q}_n\}^{\mathrm{T}} \tag{3.99}$$

根据振型对质量矩阵的正交性式 (3.68), 上式除了 $\{X\}_j^{\mathrm{T}}[m]\{X\}_j\ddot{q}_j$ 一项外, 其余各项均等于零, 故有

$$\{X\}_j^{\mathrm{T}}[m][\boldsymbol{X}]\ddot{q} = \{X\}_j^{\mathrm{T}}[m]\{X\}_j\ddot{q}_j \tag{3.100}$$

同理, 依据振型对刚度矩阵的正交性式 (3.71), 式 (3.98) 等号左边的第三项可以写成

$$\{X\}_j^{\mathrm{T}}[k][\boldsymbol{X}]\{q\} = \{X\}_j^{\mathrm{T}}[k]\{X\}_j q_j \tag{3.101}$$

依据式 (3.58), 对于第 j 振型有 $[k]\{X\}_j = \omega_j^2[m]\{X\}_j$, 故上式可以写成

$$\{X\}_j^{\mathrm{T}}[k][\boldsymbol{X}]\{q\} = \omega_j^2\{X\}_j^{\mathrm{T}}[m]\{X\}_j q_j \tag{3.102}$$

式 (3.98) 等号左边的第二项同理可以写成

$$\{X\}_j^{\mathrm{T}}(\alpha_1[m] + \alpha_2[k])[\boldsymbol{X}]\{\dot{q}\} = (\alpha_1 + \alpha_2\omega_j^2)\{X\}_j^{\mathrm{T}}[m]\{X\}_j\dot{q}_j \tag{3.103}$$

将式 (3.100)、式 (3.101)、式 (3.102) 代入式 (3.98) 并化简可得

$$\ddot{q}_j + (\alpha_1 + \alpha_2\omega_j^2)\{\dot{q}_j\} + \omega_j^2 q_j = -\gamma_j\ddot{x}_0 \quad (j = 1, 2, 3\cdots, n) \tag{3.104}$$

$$\gamma_j = \frac{\{X\}_j^{\mathrm{T}}[m]\{1\}}{\{X\}_j^{\mathrm{T}}[m]\{X\}_j} = \frac{\displaystyle\sum_{i=1}^{n} m_i X_{ji}}{\displaystyle\sum_{i=1}^{n} m_i X_{ji}^2} \tag{3.105}$$

在式 (3.104) 中, 令

$$\alpha_1 + \alpha_2\omega_j^2 = 2\zeta_j\omega_j \tag{3.106}$$

则式 (3.104) 可以写成

$$\ddot{q}_j + 2\zeta_j\omega_j\dot{q}_j + \omega_j^2 q_j = -\gamma_j\ddot{x}_0 \quad (j = 1, 2, \cdots, n) \tag{3.107}$$

在式 (3.107) 中, ζ_j 为对应于第 j 振型的阻尼比, 系数 α_1 和 α_2 通常依据第一振型、

第二振型的频率和阻尼比确定，由式（3.106）可得

$$\begin{cases} \alpha_1 + \alpha_2 \omega_1^2 = 2\zeta_1\omega_1 \\ \alpha_1 + \alpha_2 \omega_2^2 = 2\zeta_2\omega_2 \end{cases}$$

求解得

$$\alpha_1 = \frac{2\omega_1\omega_2(\zeta_1\omega_2 - \zeta_2\omega_1)}{\omega_2^2 - \omega_1^2} \tag{3.108a}$$

$$\alpha_2 = \frac{2(\zeta_2\omega_2 - \zeta_1\omega_1)}{\omega_2^2 - \omega_1^2} \tag{3.108b}$$

在式（3.107）中，依次取 $j=1, 2, 3, \cdots, n$，可以得到 n 个独立的方程，而在每个方程中只含有一个未知量 q_j，分别解得 $q_1, q_2, \cdots, q_n$。通过观察，式（3.107）与单自由度弹性体系在地震作用下的运动微分方程式（3.7）形式基本相同，仅在式（3.107）的等号右边多了一个 γ_j，故方程式（3.107）的解可以参照式（3.7）的解，式（3.23）可以写成

$$q_j(t) = -\frac{\gamma_j}{\omega_j}\int_0^t \ddot{x}_0(\tau)e^{-\zeta_j\omega_j(t-\tau)}\sin\omega_j(t-\tau)\,\mathrm{d}\tau \tag{3.109}$$

$$\Delta(t) = -\frac{1}{\omega_j}\int_0^t \ddot{x}_0(\tau)e^{-\zeta_j\omega_j(t-\tau)}\sin\omega_j(t-\tau)\,\mathrm{d}\tau \tag{3.110}$$

$$q_j(t) = \gamma_j\Delta_j(t) \tag{3.111}$$

式（3.110）即相当于阻尼比为 ζ_j、自振频率为 ω_j 的单自由度弹性体系在地震作用下的位移反应，这个单自由度体系称做与振型 j 相应的振子。

将式（3.111）代入式（3.94）得

$$x_i(t) = \sum_{j=1}^n q_j(t)X_{ji} = \sum_{j=1}^n \gamma_j\Delta_j(t)X_{ji} \tag{3.112}$$

式（3.112）是采用振型分解法时，多自由度弹性体系在地震作用下任一质点 m_i 的位移计算公式。

式（3.112）中 γ_j 的表达式见式（3.105），γ_j 称为体系在地震反应中第 j 振型的振型参与系数。γ_j 就是当各质点位移 $x_1=x_2=\cdots=x_j=x_n=1$ 时的 q_j 值。

对于两自由度弹性体系，可以证明如下。令式（3.93）中的 $x_1=x_2=1$，得到

$$\left.\begin{matrix} 1 = q_1(t)X_{11} + q_2(t)X_{21} \\ 1 = q_1(t)X_{12} + q_2(t)X_{22} \end{matrix}\right\} \tag{3.113}$$

用 m_1X_{11} 及 m_2X_{12} 分别乘以式（3.113）中的第一式和第二式，得到

$$\left.\begin{matrix} m_1X_{11} = m_1X_{11}^2q_1(t) + m_1X_{11}X_{21}q_2(t) \\ m_2X_{12} = m_2X_{12}^2q_1(t) + m_2X_{12}X_{22}q_2(t) \end{matrix}\right\}$$

把上式的第一式与第二式相加，并依据振型的正交性，可以得到

$$q_1(t) = \frac{m_1X_{11} + m_2X_{12}}{m_1X_{11}^2 + m_2X_{12}^2} = \gamma_1$$

同理，把 m_1X_{21} 及 m_2X_{22} 分别乘以式（3.113）中的第一式和第二式，得到

$$q_2(t) = \frac{m_1X_{21} + m_2X_{22}}{m_1X_{21}^2 + m_2X_{22}^2} = \gamma_2$$

故式（3.113）可以写成

$$1 = \gamma_1 X_{11} + \gamma_2 X_{21} \atop 1 = \gamma_1 X_{12} + \gamma_2 X_{22}$$

对于两个以上的多质点弹性体系，可以写成一般关系式为

$$\sum_{j=1}^{n} \gamma_j X_{ji} = 1 \quad (j = 1, 2, \cdots, n) \tag{3.114}$$

3.5 多自由度弹性体系的最大地震反应与水平地震作用

对结构抗震设计最有意义的是结构的最大地震反应。计算多自由度弹性体系最大地震反应的方法有两种，一种是振型分解反应谱法，另一种是底部剪力法。振型分解反应谱法的理论基础是地震反应分析的振型分解法及地震反应谱理论，底部剪力法则是振型分解反应谱法的一种简化方法。

3.5.1 振型分解反应谱法

(1) 振型分解反应谱法概念。由振型分解理论可知，利用振型矩阵关于刚度矩阵和质量矩阵的正交性将多质点体系分解为若干个单质点体系来考虑，从而使问题得以简化。可以利用单质点弹性体系水平地震作用的反应谱来确定多质点弹性体系的地震作用问题，即为振型分解反应谱法。

多质点弹性体系在地震时质点受到的惯性力就是质点的地震作用。多质点弹性体系在地面水平运动影响下，如果不考虑扭转耦联，则质点 i 上的地震作用是

$$F_i(t) = -m_i [\ddot{x}_0(t) + \ddot{x}_i(t)] \tag{3.115}$$

式中 m_i——质点 i 的质量；

     $\ddot{x}_0(t)$——地面运动加速度；

     $\ddot{x}_i(t)$——质点 i 的相对加速度。

依据式 (3.114)，将 $\ddot{x}_0(t)$ 写成如下形式

$$\ddot{x}_0 = \sum_{j=1}^{n} \gamma_j \ddot{x}_0(t) X_{ji} \tag{3.116}$$

由式 (3.112) 得到

$$\ddot{x}_i(t) = \sum_{j=1}^{n} \gamma_j \ddot{\Delta}_j(t) X_{ji} \tag{3.117}$$

把式 (3.117) 与式 (3.116) 代入式 (3.115) 得到

$$F_i(t) = -m_i \sum_{j=1}^{n} \gamma_j X_{ji} [\ddot{x}_0(t) + \ddot{\Delta}_j(t)] \tag{3.118}$$

式中 $[\ddot{x}_0(t) + \ddot{\Delta}_j(t)]$——与第 j 振型相对应振子的绝对加速度。

根据式 (3.118) 可以做出 $F_i(t)$ 随时间变化的曲线，即时程曲线。曲线上 $F_i(t)$ 的最大值就是设计用的最大地震作用。因为其计算过程太繁琐，一般采用的方法是先求出对应于每一振型的最大地震作用（同一振型中各质点地震作用将同时达到最大值）及其相应的地震作用效应，再将这些效应进行组合，求得结构的最大地震作用效应。

(2) 振型的最大地震作用。由式 (3.119) 可知，作用在第 j 振型第 i 质点上的水平地

震作用绝对最大标准值为

$$F_{ji} = m_i \gamma_j X_{ji} [\ddot{x}_0(t) + \ddot{\Delta}_j(t)]_{\max} \tag{3.119}$$

令

$$\alpha_j = [\ddot{x}_0(t) + \ddot{\Delta}_j(t)]_{\max}/g \tag{3.120}$$

$$G_i = m_i g \tag{3.121}$$

则式 (3.119) 成为

$$F_{ji} = \alpha_j \gamma_j X_{ji} G_i \quad (i=1, 2, \cdots, m; j=1, 2, \cdots, n) \tag{3.122}$$

式中　F_{ji}——作用在第 j 振型 i 质点的水平地震作用标准值；

　　　α_j——相应于 j 振型自振周期 T_j 的地震影响系数；

　　　X_{ji}——j 振型 i 质点的水平相对位移，即为振型位移；

　　　G_i——集中于 i 质点的重力荷载代表值；

　　　γ_j——j 振型的参与系数，按照式 (3.105) 计算，得

$$\gamma_j = \sum_{i=1}^{n} X_{ji} G_i \Big/ \sum_{i=1}^{n} X_{ji}^2 G_i \tag{3.123}$$

重力荷载代表值 G_i：应取结构及构件自重标准值和各可变荷载组合值之和。各可变荷载的组合值系数，应按表3.4采用。

（3）振型组合。求出 j 振型 i 质点上的地震作用 F_{ji} 后，就可以按照一般力学方法计算结构的地震作用效应 S_j（弯矩、剪力、轴向力和变形等）。根据振型分解法，结构在任一时刻所受的地震作用为该时刻各振型地震作用之和，并且所求得的相应于各振型的地震作用均为最大值。这样，按照 F_{ji} 求得的地震作用效应 S_j 也是最大值。但是，在任一时刻当某一振型的地震作用（从而使其相应的效

表 3.4　　　组 合 值 系 数

可变荷载种类		组合值系数
雪荷载		0.5
屋面积灰荷载		0.5
屋面活荷载		不计入
按实际情况计算的楼面活荷载		1.0
按等效均布荷载计算的楼面活荷载	藏书库、档案库	0.8
	其他民用建筑	0.5
吊车悬吊物重力	硬钩吊车	0.3
	软钩吊车	不计入

应）达到最大值时，其他各振型的地震作用效应并不一定也达到了最大值。这就出现了如何利用各振型的最大地震作用效应来总和结构总的地震作用效应，即将产生振型如何组合，以确定合理地震作用效应的问题。《建筑抗震设计规范》（GB 50011—2010）规定，当相邻的周期比小于 0.85 时，可以近似地采用"平方和开方"的方法（SRSS法）来确定，即为

$$S_{Ek} = \sqrt{\sum S_j^2} \tag{3.124}$$

式中　S_{Ek}——水平地震作用标准值的效应；

　　　S_j——j 振型水平地震作用标准值的效应，包括内力和变形。

要注意的是，把各振型的地震作用效应以平方和开方法求得的结构地震作用效应，与把各振型的地震作用先以平方和开方法进行组合，再计算其作用效应，两者的结果是不同的。因为高振型在地震中有正有负，经过平方计算后全部为正值，故采取后一种方法计算时，将会放大地震作用效应。

一般情况下，各个振型在地震总反应中的贡献将随着频率的增加而迅速减小，故频率最

低的几个振型往往控制着结构的最大地震反应，在实际计算中，可以只取前 2～3 个振型。但是考虑到长周期结构的各个自振频率比较接近，因此，规范规定当基本自振周期大于 1.5s 或房屋高宽比大于 5 时，振型个数应适当增加。

3.5.2 底部剪力法

（1）适用范围及计算简化假定。多自由度弹性体系按照振型分解反应谱法计算结构最大地震反应精度比较高，但是计算工作量比较大，必须通过计算机计算。理论分析表明，对于高度不超过 40m、以剪切变形为主且质量和刚度沿高度分布比较均匀的结构，以及近似于单质点弹性体系的结构，结构的地震反应以第一振型反应为主，而且结构的第一振型接近直线，可以采用底部剪力法。

为简化满足上述条件的结构地震反应计算，做如下简化假定：

1）结构的地震反应以第一振型反应为主，忽略其他振型的影响。

2）结构的第一振型为线性的倒三角形，即任意质点的第一振型位移与其高度成正比。

采用底部剪力法计算多质点弹性体系最大地震反应时，首先将多质点体系折算成等效的单质点体系，折算的原则是原多质点体系和等效单质点体系的水平地震作用（即底部剪力）相等，从而计算出作用于结构的总水平地震作用，也就是作用于结构底部的剪力，然后将总水平地震作用按照一定的规律分配给各个质点，即

$$X_{1i} = \eta H_i \tag{3.125}$$

式中　η——比例常数；

　　H_i——质点离地面的高度。

（2）结构底部剪力计算。多质点体系在水平地震作用下任一时刻的底部剪力为

$$F(t) = \sum_{i=1}^{n} m_i [\ddot{x}_0(t) + \ddot{x}_i(t)] \tag{3.126}$$

在设计时应取用其时程曲线的峰值，即

$$F_E = \Big\{ \sum_{i=1}^{n} m_i [\ddot{x}_0(t) + \ddot{x}_i(t)] \Big\}_{max} \tag{3.127}$$

式（3.127）的计算过程太繁杂，为了简化，可以根据底部剪力相等的原则，把多质点弹性体系用一个与其基本周期相同的单质点弹性体系来等效代替。这样底部剪力就可以简单地用单自由度弹性体系的公式，即按照式（3.36）进行计算

$$F_{Ek} = \alpha_1 G_{eq} \tag{3.128}$$

$$G_{eq} = c \sum_{i=1}^{n} G_i \tag{3.129}$$

式中　F_{Ek}——结构总水平地震作用标准值；

　　α_1——相应于结构基本自振周期的水平地震影响系数；

　　G_i——集中于质点 i 的重力荷载代表值；

　　G_{eq}——结构等效总重力荷载；

　　c——等效系数。

根据对大量结构采用直接动力法分析结果的统计，c 的大小与结构的基本周期和场地条件有关。当结构基本周期小于 0.75s 时，此系数近似取为 0.85；显然对于单质点体系，该系数等于 1。由于适用于底部剪力法计算地震作用结构的基本周期一般都小于 0.75s，故取

$c=0.85$。因而多质点弹性体系等效总重力荷载可以用式（3.130）表示

$$G_{eq} = 0.85 \sum_{i=1}^{n} G_i \qquad (3.130)$$

在式（3.128）中，由于 G_i 为标准值，故结构总水平地震作用即结构底部剪力 F_{Ek} 是标准值。

（3）质点水平地震作用标准值。在求得结构的总水平地震作用后，就可以把它分配于各个质点，以求得各质点上的地震作用。分析表明，对于质量和刚度沿高度分布比较均匀、高度不大并且以剪切变形为主的结构，其地震反应将以基本振型为主，而其基本振型接近于倒三角形，如图 3.20（b）所示。

将式（3.125）代入式（3.122），得到质点 i 水平地震作用，如图 3.20（a）所示

$$F_i = \alpha_1 \gamma_1 \eta H_i G_i \qquad (3.131)$$

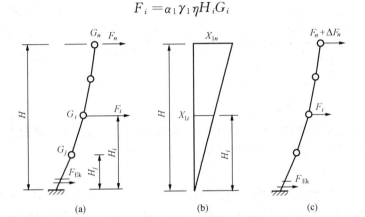

图 3.20　底部剪力法

结构总水平地震作用即结构底部剪力 F_{Ek} 为

$$F_{Ek} = \sum_{i=1}^{n} F_i = \alpha_1 \gamma_1 \eta \sum_{i=1}^{n} G_i H_i \qquad (3.132)$$

由式（3.132）得

$$\alpha_1 \gamma_1 \eta = \frac{F_{Ek}}{\sum_{i=1}^{n} G_i H_i} \qquad (3.133)$$

将式（3.133）代入式（3.131），得到 F_i 计算表达式

$$F_i = \frac{G_i H_i}{\sum_{j=1}^{n} G_j H_j} F_{Ek} \qquad (3.134)$$

式中　F_{Ek}——结构总水平地震作用标准值（结构底部剪力）；

　　　F_i——质点 i 的水平地震作用标准值；

　G_i、G_j——集中于质点 i、j 的重力荷载代表值；

　H_i、H_j——质点 i、j 的计算高度。

上述公式适用于基本周期 $T_1 \le 1.4 T_g$ 的结构，其中 T_g 为特征周期，可以根据场地类别及设计地震分组按照表 3.3 采用。当 $T_1 > 1.4 T_g$ 时，应该考虑高阶振型的影响，通过对

大量结构地震反应直接动力分析可知，如果按照式（3.134）计算，则结构顶部的地震剪力偏小，故需要进行调整。调整方法是将结构总地震作用的一部分作为集中力作用于结构顶部，再将余下的部分按照倒三角形分配给各质点，如图 3.20（c）所示。根据对分析结果的统计，这个附加的集中水平地震作用可以表示为

$$\Delta F_n = \delta_n F_{Ek} \tag{3.135}$$

式中　δ_n——顶部附加地震作用系数，多层钢筋混凝土和钢结构房屋按照表 3.5 采用；

　　　ΔF_n——顶部附加水平地震作用。

表 3.5　顶部附加地震作用系数

$T_g(s)$	$T_1 > 1.4T_g$	$T_1 \leqslant 1.4T_g$
$T_g \leqslant 0.35$	$0.08T_1 + 0.07$	
$0.35 < T_g \leqslant 0.55$	$0.08T_1 + 0.01$	0.0
$T_g > 0.55$	$0.08T_1 - 0.02$	

注　表中 T_1 为结构基本自振周期。

对于多层钢筋混凝土和钢结构房屋，δ_n 可以按照特征周期 T_g 及结构基本周期 T_1 由表 3.5 确定；对于其他房屋可以不考虑 δ_n，即 $\delta_n = 0.0$。这样，采用底部剪力法计算时，各楼层可以只考虑一个自由度，质点 i 的水平地震作用标准值就可写成

$$F_i = \frac{G_i H_i}{\sum_{j=1}^{n} G_j H_j} F_{Ek}(1 - \delta_n) \quad (i = 1, 2, \cdots, n) \tag{3.136}$$

当房屋顶部有突出屋面的小建筑物时，如水箱间、女儿墙等，上述附加集中水平地震作用 ΔF_n 应置于主体房屋的顶层，而不应置于小建筑物的顶部，但小建筑物顶部的地震作用仍可以按照式（3.135）计算。

（4）突出屋面的屋顶间等结构。根据震害统计，突出屋面的屋顶间（如水箱间、电梯机房等）、女儿墙和烟囱等，它们的震害比下部主体结构要严重。这是由于突出屋面的结构部分的质量和刚度突然变小，顶部振幅急剧加大，地震反应特别强烈。在地震工程中，把这种现象称为"鞭梢效应"。因此，规范规定，采用底部剪力法时，对顶层局部突出结构的地震作用效应，宜乘以增大系数 3，此增大部分不应往下传递，但与该突出部分相连的构件应计入。

【例题 3.3】　图 3.21 所示为二层框架结构体系，各层质量为 $m_1 = 80t$，$m_2 = 60t$，层高 4m，第一层层间侧移刚度系数 $k = 6 \times 10^4 kN/m$，第二层层间侧移刚度系数 $k = 4 \times 10^4 kN/m$。该结构建造在设防烈度为 8 度的 I 类场地上，该地区设计地震加速度值为 $0.2g$，设计地震分组为第一组，结构的阻尼比 $\zeta = 0.05$，已知结构的自振周期分别为 $T_1 = 0.3560s$、$T_2 = 0.1568s$；结构的主振型分别为

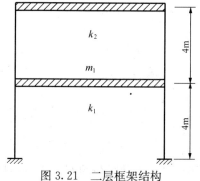

图 3.21　二层框架结构

$$\begin{Bmatrix} X_{11} \\ X_{12} \end{Bmatrix} = \begin{Bmatrix} 0.5238 \\ 1 \end{Bmatrix}, \quad \begin{Bmatrix} X_{21} \\ X_{22} \end{Bmatrix} = \begin{Bmatrix} 1.4078 \\ -1 \end{Bmatrix}$$

（1）试用振型分解反应谱法计算该框架在多遇地震作用下的层间地震剪力。

（2）试用底部剪力法计算该框架在多遇地震作用下的层间地震剪力。

方法一解　1）水平地震作用。相应于第一振型的各质点水平地震作用

$$F_{1i} = \alpha_1 \gamma_1 X_{1i} G_i = \alpha_1 \gamma_1 X_{1i} m_i g$$

地震影响系数为

$$T_g = 0.25s, \ \alpha_{\max} = 0.16$$

$$T_g = 0.25s < T_1 = 0.356s < 1.25s = 5T_g$$

因为 $\zeta = 0.05$，故 $\gamma = 0.9$，$\eta_2 = 1.0$

$$\alpha_1 = \left(\frac{T_g}{T_1}\right)^{\gamma} \eta_2 \alpha_{\max} = \left(\frac{0.25}{0.356}\right)^{0.9} \times 1.0 \times 0.16 = 0.1164$$

振型参与系数为

$$\gamma_1 = \frac{\sum\limits_{i=1}^{2} m_i X_{1i}}{\sum\limits_{i=1}^{2} m_i X_{1i}^2} = \frac{80 \times 0.5328 + 60 \times 1}{80 \times 0.5328^2 + 60 \times 1^2} = 1.2408$$

故水平地震作用

$$F_{11} = \alpha_1 \gamma_1 X_{11} m_1 g = 0.1164 \times 1.2408 \times 0.5328 \times 80 \times 9.8 = 60.33(\text{kN})$$

$$F_{12} = \alpha_1 \gamma_1 X_{12} m_2 g = 0.1164 \times 1.2408 \times 1 \times 60 \times 9.8 = 84.92(\text{kN})$$

相应于第二振型地震作用以及效应

$$F_{2i} = \alpha_2 \gamma_2 X_{2i} G_i = \alpha_2 \gamma_2 X_{2i} m_i g$$

地震影响系数为

$$0.1s < T_2 = 0.1568s < T_g = 0.25s$$

$$\alpha_2 = \eta_2 \alpha_{\max} = 1.0 \times 0.16 = 0.16$$

$$\gamma_2 = \frac{\sum\limits_{i=1}^{2} m_i X_{2i}}{\sum\limits_{i=1}^{2} m_i X_{2i}^2} = \frac{80 \times 1.4078 + 60 \times (-1)}{80 \times 1.4078^2 + 60 \times (-1)^2} = 0.2408$$

$$F_{21} = \alpha_2 \gamma_2 X_{21} m_1 g = 0.16 \times 0.2408 \times 1.4078 \times 80 \times 9.8 = 42.52(\text{kN})$$

$$F_{22} = \alpha_2 \gamma_2 X_{22} m_2 g = 0.16 \times 0.2408 \times (-1) \times 60 \times 9.8 = -22.65(\text{kN})$$

2）层间地震剪力。依据以上计算，对应于第一振型及第二振型的地震作用及剪力如图 3.22（a）、（b）所示。

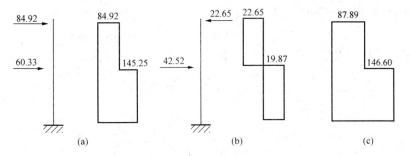

图 3.22 框架层间剪力图

按照平方和的开平方法则，可以求得底层及二层的层间地震剪力如下

$$V_1 = \sqrt{145.25^2 + 19.87^2} = 146.60(\text{kN})$$

$$V_2 = \sqrt{84.92^2 + (-22.65)^2} = 87.89(\text{kN})$$

框架的层间剪力图如图 3.22（c）所示。

方法二解   1）总水平地震作用

$$F_{Ek} = \alpha_1 G_{eq}$$

地震影响系数为

$$T_g = 0.25s, \ \alpha_{max} = 0.16$$

$$T_g = 0.25s < T_1 = 0.356s < 1.25s = 5T_g$$

因为 $\zeta = 0.05$，故 $\gamma = 0.9$，$\eta_2 = 1.0$

$$\alpha_1 = \left(\frac{T_g}{T_1}\right)^{\gamma} \eta_2 \alpha_{max} = \left(\frac{0.25}{0.356}\right)^{0.9} \times 1.0 \times 0.16 = 0.1164$$

$$G_{eq} = 0.85 \sum_{i=1}^{n} G_i = 0.85 \sum_{i=1}^{n} m_i g = 0.85 \times (80 + 60) \times 9.8 = 1166.2 (kN)$$

$$F_{Ek} = \alpha_1 G_{eq} = 0.1164 \times 1166.2 = 135.75 (kN)$$

2）各质点的地震作用

$$F_i = \frac{G_i H_i}{\sum\limits_{j=1}^{n} G_j H_j} F_{Ek}(1 - \delta_n)$$

因为 $$T_g \leqslant 0.35s, \ T_1 = 0.356s \geqslant 1.4T_g = 1.4 \times 0.25 = 0.35s$$

$$\delta_n = 0.08T_1 + 0.07 = 0.08 \times 0.356 + 0.07 = 0.0985$$

$$F_1 = \frac{G_1 H_1}{\sum\limits_{j=1}^{2} G_j H_j} F_{Ek}(1 - \delta_n)$$

$$= \frac{80 \times 9.8 \times 4}{80 \times 9.8 \times 4 + 60 \times 9.8 \times 8} \times 135.75 \times (1 - 0.0985) = 48.95 (kN)$$

$$F_2 = \frac{G_2 H_2}{\sum\limits_{j=1}^{2} G_j H_j} F_{Ek}(1 - \delta_n)$$

$$= \frac{60 \times 9.8 \times 8}{80 \times 9.8 \times 4 + 60 \times 9.8 \times 8} \times 135.75 \times (1 - 0.0985) = 73.43 (kN)$$

3）顶部附加的集中水平地震作用

$$\Delta F_n = \delta_n F_{Ek} = 0.0985 \times 135.75 = 13.37 (kN)$$

框架水平地震作用及剪力图如图 3.23 所示。

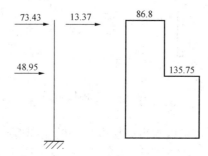

图 3.23   框架水平地震作用及剪力图

3.6　结构的地震扭转效应

对于结构平面布置规则、质量和刚度分布均匀的结构体系可以简化为质点系，即每一楼层可以简化为一个自由度的质点。当结构布置不能满足均匀、规则、对称的要求时，结构的振动除了平移振动外，还伴随着扭转振动。这是因为地震时地面运动存在转动分量或者地面各点的运动存在相位差，即使对称结构也难免发生扭转振动；对不规则结构，由于结构平面质量中心与刚度中心不重合，在地震作用下，由于惯性力的合力是通过结构的质心，相应各抗侧力构件恢复力的合力则通过结构的刚心，使得结构除了产生平移振动外，还有围绕刚心的扭转振动，从而形成平扭耦联的振动。大量震害调查表明，扭转将对结构产生不利的影响，加重建筑结构的震害。

3.6.1　考虑扭转影响时地震作用的计算

《建筑结构抗震规范》（GB 50011—2010）规定，结构考虑水平地震作用的扭转影响时，可以采用下列方法：

（1）规则结构不进行扭转耦联计算时，考虑由于施工、使用等原因所产生的偶然偏心引起的地震扭转效应及地震地面运动扭转分量的影响，采用增大边榀构件地震效应的方法，即平行于地震作用方向的两个边榀构件，其地震作用效应要乘以增大系数。一般情况下，短边可以按照 1.15 采用，长边可以按照 1.05 采用；当扭转刚度比较小时，周边各构件宜按照不小于 1.3 采用。角部构件宜同时乘以两个方向各自的增大系数。

（2）结构按照扭转耦联振型分解法计算地震作用及其效应。按扭转耦联振型分解法计算时，假定楼盖平面内刚度为无限大，将质量分别就近集中到各楼板平面上，则扭转耦联时的结构计算简图如图 3.24 所示的串联刚片系，而不再是仅考虑平移振动时的串联质点系。各楼层可以取两个正交的水平位移和一个平面内转角共三个自由度，当结构有 n 层时，则结构共有 $3n$ 个自由度。自由振动时，任一振型 j 在任意层 i 具有 3 个振型位移，即两个正交水平位移 X_{ji}、Y_{ji} 和一个转角位移 φ_{ji}。第 j 振型 i 层的水平地震作用标准值，应该按照下列公式确定

$$F_{xji} = \alpha_j \gamma_{tj} X_{ji} G_i \tag{3.137a}$$

$$F_{yji} = \alpha_j \gamma_{tj} Y_{ji} G_i \tag{3.137b}$$

$$F_{tji} = \alpha_j \gamma_{tj} r_i^2 \varphi_{ji} G_i \tag{3.137c}$$

$$(i=1,\ 2,\ \cdots,\ n;\ j=1,\ 2,\ \cdots,\ m)$$

式中　F_{xji}、F_{yji}、F_{tji}——j 振型 i 层的 x、y 和转角方向的地震作用标准值；

X_{ji}、Y_{ji}——j 振型 i 层质心在 x、y 方向的水平相对位移；

φ_{ji}——j 振型 i 层的相对扭转角；

r_i——i 层转动半径，可取 i 层绕质心的转动惯量除以该层质量的商的正二次方根；

γ_{tj}——计入扭转的 j 振型的参与系数。

当仅取 x 方向地震作用时

$$\gamma_{tj} = \gamma_{xj} = \sum_{i=1}^{n} X_{ji} G_i \Big/ \sum_{i=1}^{n} (X_{ji}^2 + Y_{ji}^2 + \varphi_{ji}^2 r_i^2) G_i \tag{3.138}$$

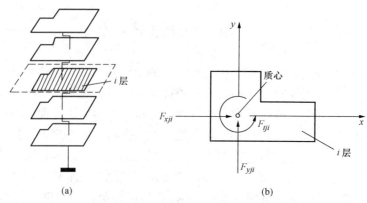

图 3.24　平扭耦联计算模型及其地震作用

(a) 串联钢片模型；(b) 钢片上质心处地震作用

当仅取 y 方向地震作用时

$$\gamma_{tj} = \gamma_{yj} = \sum_{i=1}^{n} Y_{ji} G_i \Big/ \sum_{i=1}^{n} (X_{ji}^2 + Y_{ji}^2 + \varphi_{ji}^2 \gamma_i^2) G_i \tag{3.139}$$

当取与 x 方向斜交的地震作用时

$$\gamma_{tj} = \gamma_{xj} \cos\theta + \gamma_{yj} \sin\theta \tag{3.140}$$

式中　γ_{xj}、γ_{yj}——参与系数；

　　　　θ——地震作用方向与 x 方向的夹角。

3.6.2　考虑扭转影响时地震作用效应的组合

按照式（3.137）求出任意振型的最大地震作用后，需要进行振型组合求结构总的地震效应。考虑扭转影响时，体系振动有以下特点：体系自由度数大大增加，各振型的频率间隔缩短，相邻较高阶振型的频率可能非常接近。所以组合时，应该考虑相近频率振型间的相关性，并增加组合时的振型个数。《建筑结构抗震规范》（GB 50011—2010）规定，采用完全二次方根法（CQC）进行组合。

（1）当计算单向水平地震作用下的扭转耦联效应时，可以按照下列公式确定

$$S_{Ek} = \sqrt{\sum_{j=1}^{m} \sum_{k=1}^{m} \rho_{jk} S_j S_k} \tag{3.141}$$

$$\rho_{jk} = \frac{8\sqrt{\zeta_j \zeta_k} (\zeta_j + \lambda_T \zeta_k) \lambda_T^{1.5}}{(1 - \lambda_T^2)^2 + 4\zeta_j \zeta_k (1 + \lambda_T^2) \lambda_T + 4(\zeta_j^2 + \zeta_k^2) \lambda_T^2} \tag{3.142}$$

式中　S_{Ek}——地震作用标准值的扭转效应；

　　S_j、S_k——j、k 振型地震作用标准值的效应，可以取前 9～15 个振型；

　　ζ_j、ζ_k——j、k 振型的阻尼比；

　　ρ_{jk}——j 振型与 k 振型的耦联系数；

　　λ_T——k 振型与 j 振型的自振周期比。

（2）当考虑双向水平地震作用下的扭转耦联效应时，可以按照下列公式中的较大值确定

$$S_{Ek} = \sqrt{S_x^2 + (0.85 S_y)^2} \tag{3.143}$$

或

$$S_{Ek} = \sqrt{S_y^2 + (0.85 S_x)^2} \tag{3.144}$$

式中　S_x、S_y——x、y 向单向水平地震作用下的扭转效应。

一般对考虑地震扭转效应的多层及高层建筑，在进行地震作用效应组合时，可以取前 9 个振型，当结构基本自振周期大于或者等于 2s 时，宜取前 15 个振型。

3.7　竖 向 地 震 作 用

震害统计和理论分析表明，在高烈度区，竖向地震作用对建筑，特别是对高层建筑、高耸结构及大跨结构等影响是很显著的。例如，对一些高层建筑和高耸结构的地震计算分析发现，竖向地震应力 σ_v 和重力荷载应力 σ_G 的比值 λ_v 均沿建筑高度向上逐渐增大。

对高层建筑，在设防烈度 8 度地区，房屋上部的比值可超过 1；对烟囱及类似高耸结构，在设防烈度 9 度地区，其上部的比值 λ_v 也达到或超过 1，即在上述情况下，地震作用在高层建筑、高耸结构的上部产生拉应力。因此，近年来国内外一些学者对结构的竖向地震反应的研究日益重视。

《建筑抗震设计规范》（GB 50011—2010）规定，设防烈度为 8 度和 9 度时的大跨度和长悬臂结构及设防烈度为 9 度时的高层建筑，应该计算竖向地震作用。

3.7.1　高层建筑的竖向地震作用计算

大量地震地面运动记录的资料表明，竖向最大地震动加速度与水平最大地面加速度的比值都在 $1/2 \sim 2/3$ 的范围内，竖向地震动力系数 β 谱曲线与水平地震动力系数 β 谱曲线的变化规律大致相同。因此，在竖向地震作用的计算中，可以近似采用水平反应谱，而竖向地震影响系数的最大值 $\alpha_{\max}$ 近似取为水平地震影响系数最大值 $\alpha_{\max}$ 的 65%。

竖向主要振动规律可概括为：

（1）竖向基本振型接近于一条直线，按照倒三角形分布，如图 3.25（b）所示。

（2）竖向地震反应以基本振型为主。

（3）高层建筑竖向基本周期很短，一般为 $0.1 \sim 0.2s$。

因此，可以采用类似于水平地震作用的底部剪力法，计算 9 度时高耸结构及高层建筑的竖向地震作用，即先计算结构的总竖向地震作用，再在各质点上进行分配，如图 3.25（a）所示

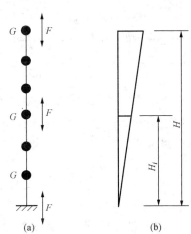

$$F_{\mathrm{Evk}} = \alpha_{\mathrm{vmax}} G_{\mathrm{eq}} \qquad (3.145)$$

$$F_{\mathrm{vi}} = \frac{G_i H_i}{\sum\limits_{j=1}^{n} G_j H_j} F_{\mathrm{Evk}} \qquad (3.146)$$

图 3.25　竖向地震作用

(a) 竖向地震作用；(b) 倒三角形振型

式中　F_{Evk}——结构总竖向地震作用标准值；

　　　F_{vi}——质点 i 的竖向地震作用标准值；

　　　α_{vmax}——竖向地震影响系数的最大值，即 $\alpha_{\mathrm{vmax}} = 0.65\alpha_{\max}$；

　　　G_{eq}——结构等效总重力荷载，可以取其重力荷载代表值的 75%。

由式（3.146）求出各楼层质点的竖向地震作用后，可以进一步确定楼层的竖向地震作

用效应，楼层的竖向地震作用效应可以按照各构件承受的重力荷载代表值的比例分配，并宜乘以 1.5 的增大系数。

3.7.2 大跨度结构的竖向地震作用计算

大量分析表明，对平板型网架、大跨度屋盖、长悬臂结构等大跨度结构的各主要构件，竖向地震作用内力与重力荷载的内力比值彼此相差一般不大，因而可认为竖向地震作用内力与重力荷载的内力分布相同。《建筑抗震设计规范》（GB 50011—2010）规定：对跨度小于120m 或长度小于300m，且规则的平板型网架屋盖、跨度大于 24m 的屋架、屋盖横梁及托架、长悬臂结构和其他大跨度结构，其竖向地震作用标准值的计算可采用静力法，取其重力荷载代表值和竖向地震作用系数的乘积，即

$$F_{vi} = \xi_v G_i \tag{3.147}$$

式中　F_{vi}——结构或构件的竖向地震作用标准值；

　　　G_i——结构或构件的重力荷载代表值；

　　　ξ_v——竖向地震作用系数，对于平板型网架和跨度大于 24m 的屋架按照表 3.6 采用，对于长悬臂和其他大跨度结构，设防烈度为 8 度时 $\xi_v = 0.10$，设防烈度为 9 度时取 $\xi_v = 0.20$，当设计基本地震加速度为 0.30g 时，$\xi_v = 0.15$。

表 3.6　　　　　　　　　　　　　　　竖向地震作用系数 ξ_v

结构类型	烈度	场地类别		
		Ⅰ	Ⅱ	Ⅲ、Ⅳ
平板性网架、钢屋架	8	可不计算（0.10）	0.08（0.12）	0.10（0.15）
	9	0.15	0.15	0.20
钢筋混凝土屋架	8	0.10（0.15）	0.13（0.19）	0.13（0.19）
	9	0.20	0.25	0.25

注　括号中数值分别用于设计基本地震加速度为 0.30g 的地区。

大跨度空间结构的竖向地震作用，除了按照上述静力法计算外，还可以按照竖向振型分解反应谱法计算。采用该方法时，竖向反应谱采用水平反应谱的 65%，特征周期均按照设计第一组采用。

3.8　建筑结构抗震验算

3.8.1　结构抗震计算的一般原则

各类建筑结构的抗震计算应该采用以下原则：

（1）一般情况下，应允许在建筑结构的两个主轴方向分别计算水平地震作用并进行抗震验算，各方向的水平地震作用应由抗侧力构件承担。

（2）有斜交抗侧力构件的结构，当相交角度大于 15°时，应分别计算各抗侧力构件方向的水平地震作用。

（3）质量和刚度明显不均匀、不对称的结构应计入双向水平地震作用下的扭转影响；其他情况，应允许采用调整地震作用效应的方法计入扭转影响。

（4）设防烈度为 8 度和 9 度时的大跨度和长悬臂结构以及 9 度时的高层建筑，应计算竖

向地震作用。

3.8.2　结构抗震计算方法的确定

《建筑结构抗震规范》（GB 50011—2010）规定，各类建筑结构的抗震计算可采用以下方法：

（1）高度不超过 40m，以剪切变形为主，且质量和刚度沿高度分布比较均匀的结构及近似于单质点体系的结构，可采用底部剪力法。

（2）除以上情况外，宜采用振型分解反应谱法。

（3）特别不规则的建筑、甲类建筑和表 3.7 中所列高度范围的高层建筑，应该采用时程分析法进行多遇地震作用下的补充计算；当取三组加速度时程曲线输入时，计算结果宜取时程法的包络值和振型分解反应谱法的较大值；当取七组及七组以上的时程曲线时，计算结果可取时程法的平均值和振型分解反应谱法的较大值。

表 3.7　采用时程分析法的房屋高度范围

烈度、场地类别	房屋高度范围（m）
8 度 I、Ⅱ 类场地和 7 度	>100
8 度 Ⅲ、Ⅳ 类场地	>80
9 度	>60

（4）计算罕遇地震下结构的变形，应采用简化的弹塑性分析方法或弹塑性时程分析法。

（5）平面投影尺度很大的空间结构，应根据结构形式和支承条件，分别按单点一致、多点、多向单点或者多向多点输入进行抗震计算。

3.8.3　最小水平地震剪力的控制

由地震影响系数曲线可以看出，地震影响系数在长周期段下降较快，对于基本周期大于 3.5s 的结构，由此计算所得的水平地震作用下的结构效应可能太小。对于长周期结构，地震地面运动速度和位移可能对结构的破坏具有更大影响。但规范采用的振型分解反应谱法尚无法对此做出估计。出于结构安全的考虑，对楼层水平地震剪力提出最小值的控制要求。

抗震验算时，结构任一楼层的水平地震剪力应该符合下式要求

$$V_{Eki} > \lambda \sum_{j=1}^{n} G_j \qquad (3.148)$$

式中　V_{Eki}——第 i 层对应于水平地震作用标准值的楼层剪力；

　　　λ——剪力系数，不应小于表 3.8 规定的楼层最小地震剪力系数值，对竖向不规则结构的薄弱层，尚应乘以 1.15 的增大系数；

　　　G_j——第 j 层的重力荷载代表值。

表 3.8　　　　　　　　　　楼层最小地震剪力系数值

类型	6 度	7 度	8 度	9 度
扭转效应明显或基本周期小于 3.5s 的结构	0.008	0.016（0.024）	0.032（0.048）	0.064
基本周期大于 5.0s 的结构	0.006	0.012（0.018）	0.024（0.036）	0.048

注　1. 基本周期介于 3.5s 和 5.0s 之间的结构，按插入法取值。

　　2. 括号内数值分别用于设计基本地震加速度为 0.15g 和 0.30g 的地区。

3.8.4 地基与结构相互作用对楼层地震剪力的影响

对结构进行地震反应分析时，一般假定地基是刚性的，没有考虑地基与结构相互作用的影响。实际上，一般地基并不是刚性的，当上部结构的地震作用通过基础传给地基时，地基将产生一定的局部变形，引起结构的位移或者晃动。这种现象称为地基与结构的相互作用。由于地基和结构动力相互作用的影响，按刚性地基分析所得到的水平地震作用在一定范围内有明显的折减。但考虑到我国地震作用的取值与国外相比还比较小，故仅在必要时才利用这一折减。

对于 8 度和 9 度时建造在Ⅲ、Ⅳ类场地，采用箱基、刚性较好的筏基和桩箱联合基础的钢筋混凝土高层建筑，当结构基本自振周期处于特征周期的 1.2～5 倍范围内时，若计入地基与结构动力相互作用的影响，对按刚性地基假定计算的水平地震剪力可以按照下列规定折减，其层间变形可以按照折减后的楼层剪力计算。

（1）高宽比小于 3 的结构，各楼层水平地震剪力的折减系数可按下式计算

$$\psi = \left(\frac{T_1}{T_1 + \Delta T}\right)^{0.9} \tag{3.149}$$

式中　ψ——计入地基与结构动力相互作用后的地震剪力折减系数；

　　　T_1——按刚性地基假定确定的结构基本自振周期；

　　　ΔT——计入地基与结构动力相互作用的附加周期（s），可以按照表 3.9 采用。

表 3.9　　附　加　周　期　(s)

烈度	场地类别	
	Ⅱ类	Ⅳ类
8 度	0.08	0.20
9 度	0.10	0.25

（2）高宽比不小于 3 的结构，底部的地震剪力按（1）项中的规定折减，顶部不折减，中间各层按线性插入值折减。

（3）折减后各楼层的水平地震剪力，应该符合楼层最小地震剪力的要求。

3.8.5 结构抗震验算内容

为了实现"小震不坏、中震可修、大震不倒"的三水准设防目标，《建筑结构抗震规范》（GB 50011—2010）规定进行下列内容的抗震验算：

（1）对各类钢筋混凝土结构和钢结构进行多遇地震作用下的弹性变形验算。

（2）对绝大多数结构进行多遇地震下强度验算，以防止结构构件破坏。

（3）对甲类建筑、位于高烈度区和场地条件较差的建筑、超过一定高度的高层建筑、特别不规则建筑、采用隔震消能减震设计的结构等进行罕遇地震作用下的弹塑性变形验算。

1）多遇地震下结构抗震承载力验算。除部分符合条件的单厂建筑、6 度区的建筑（建造于Ⅳ类场地上较高的高层建筑除外）以及生土房屋和木结构房屋外，其他建筑结构都要进行结构构件承载力的抗震验算，结构构件的截面抗震承载力验算，应该采用下列设计表达式

$$S \leqslant R/\gamma_{RE} \tag{3.150}$$

式中　S——结构构件内力组合的设计值，包括组合的弯矩、轴向力和剪力设计值等；

　　　R——结构构件承载力设计值；

　　　γ_{RE}——结构构件承载力抗震调整系数，应该按照表 3.10 采用。

表 3.10　　　　　　　　　　　　**承载力抗震调整系数**

材料	结构构件	受力状态	γ_{RE}
钢	柱，梁，支撑，节点板件，螺栓，焊缝	强度	0.75
	柱，支撑	稳定	0.80
砌体	两端有构造柱、芯柱的抗震墙	受剪	0.90
	其他抗震墙	受剪	1.00
混凝土	梁	受弯	0.75
	轴压比小于 0.15 的柱	偏压	0.75
	轴压比不小于 0.15 的柱	偏压	0.80
	抗震墙	偏压	0.85
	各类构件	受剪、偏拉	0.85

注　当仅计算竖向地震作用时，各类构件承载力抗震调整系数均应采用 1.0。

结构构件的地震作用效应和其他荷载效应的基本组合，应该按照下式确定

$$S = \gamma_G S_{GE} + \gamma_{Eh} S_{Ehk} + \gamma_{Ev} S_{Evk} + \psi_w \gamma_w S_{wk} \tag{3.151}$$

式中　　　S——结构构件内力组合的设计值，包括组合的弯矩、轴向力和剪力设计值；

γ_G——重力荷载分项系数，一般情况应采用 1.2，当重力荷载效应对构件承载能力有利时，不应大于 1.0；

γ_{Eh}、γ_{Ev}——水平、竖向地震作用分项系数，应按表 3.11 采用；

S_{Ehk}、S_{Evk}——水平、竖向地震作用标准值的效应，尚应乘以相应的增大系数或调整系数；

S_{GE}——重力荷载代表值的效应，有吊车时，尚应包括悬吊物重力标准值的效应；

γ_w——风荷载分项系数，应采用 1.4；

ψ_w——风荷载组合值系数，一般结构取 0.0，风荷载起控制作用的建筑应采用 0.2；

S_{wk}——风荷载标准值的效应。

表 3.11　　　　　　　　　　　　**地 震 作 用 分 项 系 数**

地震作用	γ_{Eh}	γ_{Ev}
仅计算水平地震作用	1.3	0.0
仅计算竖向地震作用	0.0	1.3
同时计算水平与竖向地震作用（水平地震为主）	1.3	0.5
同时计算水平与竖向地震作用（竖向地震为主）	0.5	1.3

2）多遇地震作用下结构的抗震变形验算。在多遇地震作用下，满足抗震承载力要求的结构一般处于弹性工作阶段，不受损坏，但如果弹性变形过大，将会导致非结构构件或者部件的破坏。因此，对框架等较柔的结构以及高层建筑的变形要加以限制，以免发生非结构构件的破坏。表 3.12 所列各类结构应进行多遇地震作用下的抗震变形验算，其楼层内最大的弹性层间位移应符合下式要求

$$\Delta u_e \leqslant [\theta_e] h \tag{3.152}$$

式中　Δu_e——多遇地震作用标准值产生的楼层内最大的弹性层间位移，计算时，除以弯曲

变形为主的高层建筑外，可以不扣除结构整体弯曲变形，应该计入扭转变形，各作用分项系数均应该采用 1.0，钢筋混凝土结构构件的截面刚度可以采用弹性刚度；

$[\theta_e]$——弹性层间位移角限值，宜按照表 3.12 采用；

h——计算楼层层高。

表 3.12　　　　　　　　　　　　　　弹性层间位移角限值

结构类型	$[\theta_e]$
钢筋混凝土框架	1/550
钢筋混凝土框架—抗震墙、板柱—抗震墙、框架—核心筒	1/800
钢筋混凝土抗震墙、筒中筒	1/1000
钢筋混凝土框支层	1/1000
多、高层钢结构	1/250

3）罕遇地震下结构弹塑性变形验算。在罕遇地震作用下，地面运动加速度峰值是多遇地震的 4～6 倍。因比，多遇地震下处于弹性阶段的结构，在罕遇地震烈度下将进入弹塑性阶段，结构构件达到屈服，此时，结构已经没有足够的强度储备。为抵抗地震的持续作用，要求结构有比较好的延性，通过发展塑性变形来消耗地震能量。如果结构变形能力不足，就会发生倒塌。因此，对某些处于特殊条件下的结构，还要验算其在罕遇地震作用下的弹塑性变形。

a. 验算范围。根据震害统计和设计经验，《建筑结构抗震规范》（GB 50011—2010）规定了进行弹塑性变形验算的范围。

a）下列结构应该进行弹塑性变形验算：8 度Ⅲ、Ⅳ类场地和 9 度时，高大的单层钢筋混凝土柱厂房的横向排架；7～9 度时楼层屈服强度系数小于 0.5 的钢筋混凝土框架结构和框排架结构；高度大于 150m 的钢结构；甲类建筑和 9 度时乙类建筑中的钢筋混凝土结构和钢结构；采用隔震和消能减震设计的结构。

b）下列结构宜进行弹塑性变形验算：表 3.8 所列高度范围且属于竖向不规则类型的高层建筑结构；7 度Ⅲ、Ⅳ类场地和 8 度时乙类建筑中的钢筋混凝土结构和钢结构；板柱—抗震墙结构和底部框架砌体房屋；高度不大于 150m 的其他高层钢结构；不规则的地下建筑结构及地下空间综合体。

b. 验算方法。结构在罕遇地震作用下薄弱层或者部位的弹塑性变形计算，可以采用下列方法：

a）不超过 12 层且层刚度无突变的钢筋混凝土框架和框排架结构、单层钢筋混凝土柱厂房可采用简化计算方法。

b）除 a. 款中以外的建筑结构，可以采用静力弹塑性分析方法或者弹塑性时程分析法等。

c）规则结构可采用弯剪层模型或平面杆系模型，属于《建筑结构抗震规范》（GB 50011—2010）规定的不规则结构应该采用空间结构模型。

c. 结构薄弱层（部位）弹塑性层间位移验算的简化计算方法。结构薄弱层是指在强烈地震作用下，结构首先发生屈服并产生较大弹塑性位移的部位。统计分析表明，当各楼层的屈服强度系数 ξ_y 均大于 0.5 时，该结构就不存在塑性变形明显集中而导致倒塌的薄弱层，故不需要再进行罕遇地震作用下抗震变形验算。当各楼层屈服强度系数并不都大于 0.5 时，则楼层屈服强度系数最小或者相对较小的楼层往往率先屈服并出现比较大的层间弹塑性位移，且楼层屈服强度系数越小，层间弹塑性位移越大。可以根据楼层屈服强度系数来确定结构薄弱层的位置。下面就介绍这种简化方法的步骤。

a) 楼层屈服强度系数的计算。楼层屈服强度系数大小及其沿建筑高度分布情况可以判断结构薄弱层部位。对于多层和高层建筑结构，楼层屈服强度系数按照下式计算

$$\xi_y = V_y(i) / V_e(i) \tag{3.153}$$

式中　ξ_y——楼层屈服强度系数；

$V_y(i)$——按构件实际配筋和材料强度标准值计算的第 i 层受剪承载力；

$V_e(i)$——罕遇地震作用标准值计算的第 i 层弹性地震剪力。

对于排架柱，楼层屈服强度系数按照下式计算

$$\xi_y = M_y(i) / M_e(i) \tag{3.154}$$

式中　$M_y(i)$——按实际配筋面积、材料强度标准值和轴向力计算的正截面受弯承载力；

$M_e(i)$——按罕遇地震作用标准值计算的弹性地震弯矩。

当结构某一层（部位）的楼层屈服强度系数不小于相邻层（部位）该系数平均值的 0.8 倍，即符合下列条件时

$$\xi_y(i) > 0.8[\xi_y(i+1) + \xi_y(i-1)]/2 （标准层）$$
$$\xi_y(i) > 0.8[\xi_y(n-1)] （顶层）$$
$$\xi_y(i) > 0.8\xi_y(2) （首层）$$

则认为该结构楼层屈服强度系数沿建筑高度分布均匀。

b) 确定结构薄弱层（部位）。结构薄弱层（部位）的位置可以按下列情况确定：楼层屈服强度系数沿高度分布均匀的结构，可以取底层；楼层屈服强度系数沿高度分布不均匀的结构，可以取该系数最小的楼层和相对较小的楼层，一般不超过 2～3 处；单层工业厂房，可以取上柱。

c) 弹塑性层间位移的计算。薄弱层（部位）的弹塑性层间位移可以按照下式计算

$$\Delta u_p = \eta_p \Delta u_e \tag{3.155}$$

或

$$\Delta u_p = \mu \Delta u_y = \frac{\eta_p}{\xi_y} \Delta u_y \tag{3.156}$$

式中　Δu_p——弹塑性层间位移；

Δu_y——层间屈服位移；

μ——楼层延性系数；

Δu_e——罕遇地震作用下按弹性分析的层间位移；

η_p——弹塑性层间位移增大系数，当薄弱层（部位）的屈服强度系数不小于相邻层（部位）该系数平均值的 0.8 倍时，按表 3.13 采用，当不大于该平均值的 0.5 倍时，可以按照表 3.13 内相应数值的 1.5 倍采用，其他情况可以采用内插法取值；

ξ_y——楼层屈服强度系数。

表 3.13   弹塑性层间位移增大系数

结构类型	总层数 n 或部位	ξ_y		
		0.50	0.40	0.30
多层均匀框架结构	2～4	1.30	1.40	1.60
	5～7	1.50	1.65	1.80
	8～12	1.80	2.00	2.20
单层厂房	上柱	1.30	1.60	2.00

由表 3.13 可知，弹塑性层间位移增大系数 η_p 随着框架层数和楼层屈服强度系数 ξ_y 而变化，其中 ξ_y 减小时 η_p 增大比较多，因此，设计中要避免出现 ξ_y 过低的薄弱层。

d. 结构薄弱层（部位）的弹塑性层间位移验算。结构薄弱层（部位）的弹塑性层间位移不超过允许变形能力，即

$$\Delta u_p \leqslant [\theta_p] h \tag{3.157}$$

式中 $[\theta_p]$——弹塑性层间位移角限值，可以按照表 3.14 采用，对钢筋混凝土框架结构，当轴压比小于 0.4 时，可以提高 10%，当柱子全高的箍筋构造比规范规定的体积配箍率大 30% 时，可以提高 20%，但累计不超过 25%；

            h——薄弱层楼层高度或单层厂房上柱高度；

         Δu_p——罕遇地震作用下，结构薄弱层（部位）的弹塑性层间位移。

表 3.14   弹塑性层间位移角限值

结构类型	$[\theta_p]$
单层钢筋混凝土柱排架	1/30
钢筋混凝土框架	1/50
底部框架砌体房屋中的框架—抗震墙	1/100
钢筋混凝土框架—抗震墙、板柱—抗震墙、框架—核心筒	1/100
钢筋混凝土抗震墙、筒中筒	1/120
多、高层钢结构	1/50

习 题

3.1   什么是地震作用？怎样确定结构的地震作用？

3.2   什么是标准反应谱和设计反应谱？

3.3   什么是地震系数？什么是动力系数？什么是地震影响系数 α？

3.4   简述抗震设计反应谱 α-T 曲线的特点和主要影响因素。

3.5   简述振型分解反应谱法的基本原理和计算步骤。

3.6   底部剪力法的适用范围是什么？

3.7   什么是等效总重力荷载？怎样确定？

3.8　哪些结构需要进行竖向地震作用计算？

3.9　怎样判断结构薄弱层和部位？

3.10　结构的抗震变形验算包括哪些内容？哪些结构应进行罕遇地震作用下薄弱层的塑性变形验算？

3.11　某单跨单层厂房，集中于屋盖的重力荷载代表值为 $G=2800\text{kN}$，柱抗侧移刚度系数 $k_1=k_2=2.0\times10^4\text{kN/m}$，结构阻尼比 $\zeta=0.03$，Ⅱ类建筑场地、设计地震分组为第一组，设计基本地震加速度为 $0.15g$，求厂房在多遇地震时水平地震作用。

3.12　已知某两个质点的弹性体系，其层间刚度为 $k_1=k_2=20800\text{kN/m}$，质点质量为 $m_1=m_2=50\times10^3\text{kg}$。试求该体系的自振周期和振型。

3.13　试用底部剪力法计算图 3.26 所示三质点体系在多遇地震下的各层地震剪力。已知设计基本加速度为 $0.2g$，Ⅲ类场地一区，$m_1=116.62\text{t}$，$m_2=110.85\text{t}$，$m_3=59.45\text{t}$，$T_1=0.716\text{s}$，$\delta_n=0.0673$。

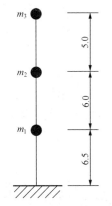

图 3.26　习题 3.13 图

第4章　多层砌体结构和底部框架砌体房屋的抗震设计

4.1　概　　述

砌体结构是指用烧结普通黏土砖、烧结多孔黏土砖、混凝土小型空心砌块、粉煤灰砌块等承重块材，通过砂浆砌筑而成的结构。砌体结构房屋具有就地取材、构造简单、节约钢材等优点，是我国居住、办公、学校和医院等建筑中使用最为普遍的一种结构形式，应用比较广泛。统计资料表明，砌体结构在我国住宅建设中的比例高达80%。但由于砌体结构材料的脆性性质，其抗拉、抗剪、抗弯强度很低，因此没有经过抗震设计的砌体结构房屋的抗震能力比较差。在历次破坏性地震中，多层砌体房屋破坏相当严重。然而震害调查分析表明，只要设计合理、构造措施得当，地基条件良好，施工质量保证，砌体结构房屋也可以满足抗震要求。

城镇中临街的住宅、办公楼等建筑，在底层或者下部两层设置商场、餐厅等生活设施。房屋的上面几层为纵横墙比较多的砖墙承重结构，底部因为使用功能上需要大空间而采用框架—抗震墙结构，这就是底部框架砌体房屋。而没有经过抗震设防的底部框架砌体房屋，其震害多数发生在底层，表现为上层震害轻，底层震害重。因此这类房屋的抗震薄弱环节主要在底部，应该采取相应的抗震措施。

4.2　震害现象及其分析

4.2.1　砌体结构房屋震害及其分析

砌体结构房屋是以砌筑的墙体为主要承重构件。地震时，砌体结构同时承受重力荷载和水平及竖向地震作用，受力复杂，结构破坏情况会随结构类型和构造措施的不同而有所不同，有如下震害现象。

（1）房屋倒塌。当房屋墙体特别是底层墙体整体抗震强度不足时，容易造成房屋整体倒塌，如图4.1所示。当房屋局部或者上层墙体抗震强度不足时，容易发生局部倒塌，如图4.2所示。当个别部位构件间连接强度不足时，容易造成局部倒塌。

（2）墙体的开裂破坏。墙体裂缝形式主要是水平裂缝、斜裂缝、交叉裂缝和竖向裂缝。严重的裂缝可以导致墙体破坏。

斜裂缝主要是由于墙体在地震剪力作用下，其主拉应力超过了砌体抗拉强度而产生的，如图4.3所示。当地震反复作用时，墙上可以形成X形裂缝，如图4.4所示。在纵向的窗间墙上也会出现这种X形裂缝，如图4.5所示。

水平裂缝大都发生在外纵墙窗口的上下截面处。其原因主要是当楼盖刚度差、横墙间距大时，横向水平地震剪力不能通过楼盖传到横墙，引起纵墙在出平面外受弯、受剪而形成的。在墙体与楼板连接处有时也产生水平裂缝，如图4.6所示。这主要是因为楼盖与墙体锚固差。当纵横墙交接处连接不好时，则易产生竖向裂缝，如图4.7所示。

图 4.1　汶川地震中映秀镇某房屋整体倒塌

图 4.2　玉树地震中结古镇某房屋局部倒塌

图 4.3　玉树地震中结古镇某住宅
楼窗间墙出现斜裂缝

图 4.4　汶川地震中茂县某
住宅楼内墙 X 形裂缝

图 4.5　汶川地震中绵竹市某住宅
楼窗下墙上 X 形裂缝

图 4.6　汶川地震中茂县某民居
外墙上的水平裂缝

（3）墙角破坏。墙角处于纵横两个方向地震作用的交汇处，应力状态比较复杂，因而破坏形态呈现多样化，有受剪斜裂缝、受压竖向裂缝、块材被压碎或者墙角脱落，如图 4.8 所示。

（4）纵横墙连接破坏。如果内外墙间缺乏足够的拉结，施工时又不注意咬茬砌筑，加之地震时两个方面的地震作用，使连接处受力复杂，应力集中，地震时在连接处易发生竖向裂缝，严重时纵横墙拉脱，导致整片纵墙外闪甚至倒塌，如图 4.9 所示。

图 4.7　汶川地震中茂县某住宅楼
内墙上的竖向裂缝

图 4.8　汶川地震中映秀镇漩口中学
学生宿舍楼受剪斜裂缝

（5）楼梯间破坏。在地震中，楼梯间两侧承重横墙出现的斜裂缝比一般横墙要严重，如图 4.10 所示。这是因为楼梯间一般开间较小，水平方向的刚度相对较大，在地震时承担的地震作用比较多，容易造成震害。而顶层墙体的计算高度比其他部位的大，平面外的稳定性差，其破坏程度比一般墙体要严重。

图 4.9　汶川地震中映秀至汶川公路旁
某民房外墙倒塌

图 4.10　汶川地震中都江堰市
某小学教学楼楼梯间破坏

（6）楼盖与屋盖破坏。主要是由于楼板支承长度不足，缺乏足够的拉结，造成楼板塌落，如图 4.11 所示；或者其下部的支承墙体破坏倒塌，引起楼盖、屋盖倒塌。

（7）附属构件的破坏。在地震时，平面突出部位常出现局部破坏现象。当相邻部位的刚度差异较大时，破坏尤为严重。突出屋面的屋顶间、楼梯间、电梯机房、水箱间、烟囱、门脸、女儿墙等附属结构，由于地震"鞭梢效应"的影响，一般比下部主体结构破坏严重，并且突出部分的面积和房屋面积相差越大，震害越严重，如图 4.12 所示。

通过对我国几次大地震砌体房屋震害调查，总结出砌体结构房屋的震害，大致存在以下规律：

1）对于刚性楼盖房屋，上层破坏轻，下层破坏重；柔性楼盖房屋，上层破坏重，下层破坏轻。

2）横墙承重房屋震害轻于纵墙承重房屋。

图 4.11　汶川地震中都江堰市某住宅楼
预制楼板吊挂在墙上

图 4.12　玉树地震中结古镇某民居突出
屋面的屋顶间局部破坏

3）房屋两端、墙角、楼梯间及附属结构的震害较重。

4）平面凸出凹进，立面变化复杂，比平立面布置均匀的震害重。

5）预制楼板结构比现浇楼板结构破坏重。

6）外廊式房屋地震破坏比较严重。

7）坚硬地基上的房屋震害轻于软弱地基房屋震害。

4.2.2　底部框架砌体房屋的震害现象及其分析

在地震作用下，底部框架—抗震墙结构房屋的底层承受着上部砖房倾覆力矩的作用，其外侧柱会出现受拉的状况；底层为内框架时，外侧的砖壁柱则会因砖柱受拉承载力低而开裂，甚至严重破坏；底层为框架时会出现底层横墙开裂，而后由于内力重分布，加重了底层框架的破坏；底层商店住宅，由于需要大空间，横墙比较少，因为底层的抗震能力弱形成特别弱的薄弱楼层，造成破坏特别严重，如图 4.13、图 4.14 所示。

图 4.13　汶川地震中北川县某底框
房屋底层坍塌

图 4.14　汶川地震中红白镇某底框
结构底层垮塌

震害调查表明，底层框架砌体房屋震害多数发生在底层，这主要是由于上部砖房侧向刚度大，而底部框架的刚度较小。底层的震害规律是底层墙体的破坏比框架柱重，而框架柱震害比框架梁重；房屋上部几层的破坏状况与多层砖房相似，但破坏程度比房屋底层要轻得多。

4.3 砌体结构房屋抗震设计的一般规定

多层砌体房屋产生震害的原因可以分为两类：一类是在地震作用下墙体的抗剪承载力不足，墙体产生裂缝和出平面的错位，甚至局部塌落；另一类是砌体结构体系和构造措施存在缺陷，例如，内外墙之间、楼板与承重墙之间连接不足，房屋的整体抗震性能差，墙体发生出平面的倾倒等。在多层砌体房屋的抗震设计时，除了进行墙体抗震承载力验算外，还要注意合理的结构选型及结构布置，使多层砌体结构房屋达到"大震不倒"的抗震设防目标。

（1）平面、立面布置要规则。砌体结构房屋在设计时要尽量避免平面、立面上的局部突出。在平面上，纵横墙均应该拉通对齐；在立面上应该避免上重下轻的建筑布局。房屋的内横墙应该尽可能做到上下连续贯通，使地震作用能够直接传递。

房屋的平面最好为矩形。震害现象表明，房屋转角的破坏程度比其他部位重。对复杂的平面，可以通过设置防震缝将其分成几个独立单元。

实践证明，防震缝是减轻地震对房屋破坏的有效措施之一。《建筑结构抗震设计》（GB 50011—2010）要求，当抗震设防烈度为8度和9度，并且有下列情况之一时宜设置防震缝，将房屋分成若干体形简单、结构刚度均匀的独立单元。

1）房屋立面高差在6m以上。

2）房屋有错层，且楼板高差大于层高的1/4。

3）各部分结构刚度、质量截然不同。

防震缝应该沿房屋全高设置，两侧均应该设置墙体或者柱，基础可以不设置防震缝。防震缝可以与沉降缝、伸缩缝考虑三缝合一，沉降缝、伸缩缝应该符合防震缝的要求。防震缝的宽度可以根据房屋的高度和设防烈度确定，一般不宜小于70～100mm。

楼梯间不宜设置在房屋的尽端和转角处。不应在房屋转角处设置转角窗。烟道、风道、垃圾道等不应削弱墙体；当墙体被削弱时，应该对墙体采取加强措施，不宜采用无竖向配筋的附墙烟囱及出屋面的烟囱。不应该采用无锚固的钢筋混凝土预制挑檐。

（2）多层砌体房屋的总高度和层数限值。根据国内外的地震经验，多层砌体房屋的层数和高度与震害成正比，因此，在多层砌体房屋抗震设计中，控制房屋的层数和总高度是十分重要的。

1）一般情况下，房屋的层数和总高度不应该超过表4.1的规定。

2）对医院、教学楼等横墙比较少、跨度比较大的多层砌体房屋，宜采用现浇钢筋混凝土楼盖、屋盖。总高度应该比表4.1的规定降低3m，层数相应减少一层；各层横墙很少的多层砌体房屋，还应该再减少一层。

横墙较少是指同一楼层内开间大于4.2m的房间占该层总面积的40%以上；其中，开间不大于4.2m的房间占该层总面积不到20%，且开间大于4.8m的房间占该层总面积的50%以上为横墙很少。

3）设防烈度为6、7度时，横墙较少的丙类多层砌体房屋，当按照规定采取加强措施并满足抗震承载力要求时，其高度和层数应允许仍按照表4.1的规定采用。

表 4.1 房屋的层数和总高度限值（m）

房屋类别		最小抗震墙厚度（mm）	烈度和设计基本地震加速度										
			6		7				8				9
			0.05g		0.10g		0.15g		0.20g		0.30g		0.40g
			高度	层数	高度	层数	高度	层数	高度	层数	高度	层数	高度	层数
多层砌体房屋	普通砖	240	21	7	21	7	21	7	18	6	15	5	12	4
	多孔砖	240	21	7	21	7	18	6	18	6	15	5	9	3
	多孔砖	190	21	7	18	6	15	5	15	5	12	4	—	
	小砌块	190	21	7	21	7	18	6	18	6	15	5	9	3
底部框架—抗震墙砌体房屋	普通砖	240	22	7	22	7	19	6	16	5	—		—	
	多孔砖	240	22	7	22	7	19	6	16	5	—		—	
	多孔砖	190	22	7	19	6	16	5	13	4	—		—	
	小砌块	190	22	7	22	7	19	6	16	5	—		—	

注　1. 房屋的总高度指室外地面到主要屋面板板顶或檐口的高度，半地下室从地下室室内地面算起，全地下室和嵌固条件好的半地下室应允许从室外地面算起；对带阁楼的坡屋面应算到山尖墙的 1/2 高度处。

　　2. 室内外高差大于 0.6m 时，房屋总高度应允许比表中数据适当增加，但增加量应该少于 1m。

　　3. 乙类的多层砌体房屋仍按该地区设防烈度查表，其层数应减少一层且总高度应降低 3m，不应该采用底部框架—抗震墙砌体房屋。

　　4. 本表小砌块砌体房屋不包括配筋混凝土小型空心砌块砌体房屋。

4）采用蒸压灰砂砖和蒸压粉煤灰砖的砌体房屋，当砌体的抗剪强度仅达到普通黏土砖砌体的 70% 时，房屋的层数应该比普通砖房减少一层，总高度应该减少 3m；当砌体的抗剪强度达到普通黏土砖砌体的取值时，房屋层数和总高度的要求同普通砖房屋。

5）多层砌体承重房屋的层高，不应该超过 3.6m。底部框架—抗震墙砌体房屋的底部，层高不应该超过 4.5m；当底层采用约束砌体抗震墙时，底层的层高不应该超过 4.2m，当使用功能确有需要时，采用约束砌体等加强措施的普通砖房屋，层高不应该超过 3.9m。

（3）房屋的高宽比。当房屋的高宽比较大时，地震时容易发生整体弯曲破坏。多层砌体房屋不做整体弯曲验算，但是为了保证房屋的稳定性和抗弯性能，房屋总高度和总宽度的最大比值应满足表 4.2 的要求。

表 4.2 房 屋 最 大 高 宽 比

烈度	6	7	8	9
最大高宽比	2.5	2.5	2.0	1.5

注　1. 单面走廊房屋的总宽度不超过走廊宽度。

　　2. 建筑平面接近正方形时，其高宽比宜适当减小。

（4）抗震横墙的间距。抗震横墙的多少直接影响到房屋的空间刚度。横墙数量多、间距小，结构的空间刚度就大，抗震性能就好；反之，结构抗震性能就差。同时，横墙间距的大小还与楼盖传递水平地震力的需求相联系。横墙间距过大时，楼盖刚度可能不足以传递水平地震力到相邻墙体。因此，为了保证结构的空间刚度、保证楼盖具有足够能力传递水平地震力给墙体的水平刚度，多层砌体房屋的抗震横墙间距不应超过表 4.3 中的规定值。

表 4.3　　　　　　　　　　　**房屋抗震横墙最大间距（m）**

房屋类别		烈　度			
		6 度	7 度	8 度	9 度
多层砌体房屋	现浇或装配整体式钢筋混凝土楼、屋盖	15	15	11	7
	装配整体式钢筋混凝土楼、屋盖	11	11	9	4
	木屋盖	9	9	4	—
底部框架—抗震墙砌体房屋	上部各层	同多层砌体房屋			—
	底层或底部两层	18	15	11	—

　　注　1. 多层砌体房屋的顶层，除木屋盖外的最大横墙间距应允许适当放宽，但应采取相应的加强措施。

　　　　2. 多孔砖抗震墙厚度为 190mm 时，最大横墙间距应比表中数值减少 3m。

　　（5）房屋的局部尺寸限值。为避免结构中出现抗震薄弱环节，防止因某些局部部位破坏引起房屋的倒塌，房屋中砌体墙段的局部尺寸限值宜符合表 4.4 的要求。

表 4.4　　　　　　　　　　　**房屋的局部尺寸限值（m）**

部　　位	6 度	7 度	8 度	9 度
承重窗间墙最小宽度	1.0	1.0	1.2	1.5
承重外墙尽端至门窗洞边的最小距离	1.0	1.0	1.2	1.5
非承重外墙尽端至门窗洞边的最小距离	1.0	1.0	1.0	1.0
内墙阳角至门窗洞边的最小距离	1.0	1.0	1.5	2.0
无锚固女儿墙（非出入口处）的最大高度	0.5	0.5	0.5	0.0

　　注　1. 局部尺寸不足时，应该采取局部加强措施弥补，且最小宽度不宜小于 1/4 层高和表列数据的 80%。

　　　　2. 出入口处的女儿墙应该有锚固。

　　（6）对结构材料的要求。烧结普通砖和烧结多孔砖的强度等级不应低于 MU7.5，其砌筑砂浆强度等级：砖墙体不应该低于 M2.5，砌块墙体不应该低于 M5；混凝土小型空心砌块的强度等级不应低于 MU5，混凝土中型砌块、粉煤灰中砌块不宜低于 MU10。构造柱、圈梁、混凝土小砌块芯柱实际达到的混凝土强度等级不宜低于 C15，混凝土中砌块芯柱混凝土强度等级不宜低于 C20。

4.4　多层砌体房屋抗震设计

　　多层砌体结构所受地震作用主要包括水平作用、垂直作用和扭转作用。一般说来，垂直地震作用对多层砌体结构所造成的破坏比例相对比较小，可以通过在平面布置中注意结构对称性来减少扭转影响。因此，对多层砌体结构的抗震计算，一般只要求进行横向和纵向水平地震作用条件下的房屋抗震承载力验算，计算要点是对薄弱区段的墙体进行抗剪强度的复核。

　　多层砌体结构的抗震验算，一般包括三个基本步骤：确立计算简图、分配地震剪力、对不利墙段进行抗震验算。

4.4.1　计算简图

　　确定地震作用下多层砌体结构房屋的计算简图，有以下假定：

　　（1）将水平地震作用在建筑物两个主轴方向分别进行抗震验算。

（2）地震作用下结构的变形为剪切型。

（3）房屋各层楼盖水平刚度无限大，各抗侧力构件在同一楼层标高处侧移相同。

多层砌体房屋地震作用计算时，以防震缝所划分的结构单元作为计算单元，把计算单元中各楼层重力荷载代表值集中在楼、屋盖标高处，简化为串联的多质点体系，如图 4.15 所示。各楼层质点重力荷载应该包括楼盖、屋盖上的重力荷载代表值及墙体上、下层各半的重力荷载。

计算简图中结构底部固定端标高的取法：对于多层砌体结构房屋，当基础埋置比较浅时，取为基础顶面；当基础埋置比较深时，可以取为室外地坪下 0.5m 处；当设有整体刚度很大的全地下室时，则取为地下室顶板顶部；当地下室整体刚度比较小或者为半地下室时，则应该取为地下室室内地坪处。

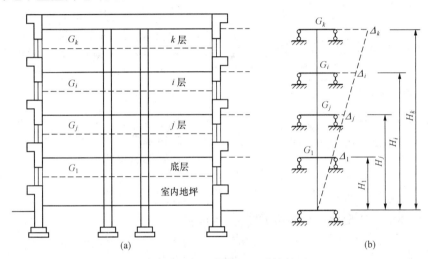

图 4.15　多层砌体房屋的计算简图

（a）多层砌体房屋；（b）计算简图

4.4.2　水平地震作用和楼层地震剪力计算

多层砌体结构房屋的质量与刚度沿高度分布一般比较均匀，并且以剪切变形为主，所以可以采用底部剪力法计算水平地震作用。

考虑到多层砌体房屋中纵向或者横向承重墙体的数量较多，房屋的侧向刚度很大，因而其纵向和横向基本周期比较短，一般均不超过 0.25s。《建筑结构抗震设计》（GB 50011—2010）规定：对于多层砌体房屋确定水平地震作用时，采用 $\alpha_1 = \alpha_{\max}$，$\alpha_{\max}$ 为水平地震影响系数最大值。结构底部总水平地震作用为

$$F_{EK} = \alpha_{\max} G_{eq} \tag{4.1}$$

各楼层水平地震作用标准值 F_i 为

$$F_i = \frac{G_i H_i}{\displaystyle\sum_{j=1}^{n} G_j H_j} F_{EK} \quad (i=1, 2, \cdots, n) \tag{4.2}$$

式中　F_i——第 i 层的水平地震作用标准值；

　G_i、G_j——集中于第 i、j 层的重力荷载代表值；

　H_i、H_j——第 i、j 层质点的计算高度。

作用于第 i 层的楼层地震剪力标准值 V_i 为 i 层以上的地震作用标准值之和，即

$$V_i = \sum_{j=i}^{n} F_j \tag{4.3}$$

对于突出屋面的屋顶间、女儿墙、烟囱等，其地震作用要考虑"鞭梢效应"影响，应乘以地震增大系数 3，但增大的部分不要往下传递。

4.4.3　楼层地震剪力在各墙体间的分配

在多层砌体房屋中，墙体是主要抗侧力构件。沿某一水平方向作用的楼层地震剪力 V_i 由同一层墙体中与该方向平行的各墙体共同承担，通过屋盖和楼盖将其传给各墙体。因此，楼层地震剪力在各墙体间的分配取决于楼盖、屋盖的水平刚度和各墙体的抗侧力刚度等因素。

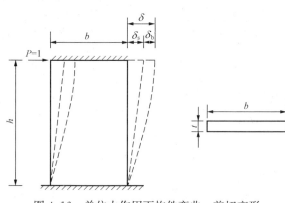

图 4.16　单位力作用下构件弯曲、剪切变形

（1）墙体的抗侧力刚度。设某墙体如图 4.16 所示，墙体高度、宽度和厚度分别为 h、b 和 t。当其顶端作用有单位侧向力时，产生侧移 δ，称为该墙体的侧移柔度。如果只考虑墙体的剪切变形，其侧移柔度为

$$\delta_s = \frac{\xi h}{AG} = \frac{\xi h}{btG} \tag{4.4}$$

如果只考虑墙体的弯曲变形，其侧移柔度为

$$\delta_b = \frac{h^3}{12EI} = \frac{1}{Et}\left(\frac{h}{b}\right)^3 \tag{4.5}$$

式中　h——墙体高度；

b、t——墙体的宽度、厚度；

$\quad I$——墙体水平截面惯性矩；

$\quad E$——砌体弹性模量；

$\quad A$——墙体水平截面面积；

$\quad \xi$——截面剪应力分布不均匀系数，对矩形截面取 $\xi = 1.2$；

$\quad G$——砌体剪切弹性模量，一般取 $G = 0.4E$。

墙体抗侧力刚度 K 是侧移柔度的倒数。当 $1 \leqslant h/b \leqslant 4$ 时，应同时考虑弯曲、剪切变形的构件，其侧移刚度为

$$K = \frac{1}{\delta} = \frac{1}{\delta_b + \delta_s} = \frac{Et}{\dfrac{h}{b}\left[\left(\dfrac{h}{b}\right)^2 + 3\right]} \tag{4.6}$$

当 $h/b < 1$ 时，应只考虑剪切变形的墙体，其侧移刚度为

$$K = \frac{1}{\delta_s} = \frac{Et}{3\dfrac{h}{b}} \tag{4.7}$$

当 $h/b > 4$ 时，由于侧移柔度很大，可以不考虑其刚度，取 $K = 0$。

对小开口墙段，为避免计算的复杂性，按照毛墙面计算的刚度乘以洞口影响系数。洞口影响系数根据开洞率确定，按照表 4.5 采用。

表 4.5　　　　　　　　　　　　　　**墙 段 洞 口 影 响 系 数**

开洞率	0.10	0.20	0.30
影响系数	0.98	0.94	0.88

注　1. 开洞率为洞口水平截面面积与墙段水平毛截面面积之比，相邻洞口之间净宽小于 500mm 的墙段视为洞口。

　　2. 洞口中线偏离墙段中线大于墙段长度的 1/4 时，表中影响系数值折减 0.9；门洞的洞顶高度大于层高 80% 时，表中数据不适用。窗洞高度大于 50% 层高时，按门洞对待。

（2）横向楼层水平地震剪力的分配。按照楼盖水平刚度的不同，横向水平地震剪力采用不同的分配方法。

1）刚性楼盖房屋。对于抗震横墙最大间距满足表 4.3 的现浇及装配整体式钢筋混凝土楼盖房屋，当受横向水平地震作用时，可以认为楼盖在其平面内没有变形，看成刚性楼盖，如图 4.17 所示。此时各抗震横墙所分担的水平地震剪力与其抗侧力刚度成正比。因此，宜按照同一层各横墙抗侧力刚度的比例分配。设第 i 层共有 m 道横墙，其中第 j 道横墙承受的地震剪力为 V_j，则

$$V_{ij} = \frac{K_{ij}}{\sum\limits_{j=1}^{m} K_{ij}} V_i \tag{4.8}$$

式中　K_{ij}——第 i 层第 j 道横墙的侧移刚度。

如果只考虑剪切变形，且同一层墙体材料及高度均相同，则将式（4.7）代入式（4.8），经简化后可得

$$V_{ij} = \frac{A_{ij}}{\sum\limits_{j=1}^{m} A_{ij}} V_i \tag{4.9}$$

式中　A_{ij}——第 i 层第 j 片墙体的净横截面面积。

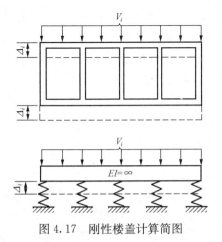

图 4.17　刚性楼盖计算简图

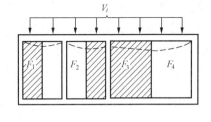
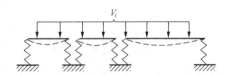

图 4.18　柔性楼盖计算简图

2）柔性楼盖房屋。对于木楼盖等柔性楼盖房屋，由于本身刚度小，在地震剪力作用下，楼盖平面变形除平移外还有弯曲变形，可以将其视为水平支承在各抗震横墙上的多跨简支

梁，如图 4.18 所示。各横墙所承担的地震作用为该墙两侧各横墙之间各一半面积的楼盖上重力荷载所产生的地震作用。各横墙所承担的地震剪力，可以按照各墙所承担的重力荷载比例进行分配，即

$$V_{ij} = \frac{G_{ij}}{G_i} V_i \qquad (4.10)$$

式中　G_{ij}——第 i 层楼盖上、第 j 道墙与左右两侧相邻横墙之间各一半楼盖面积（从属面积）上所承担的重力荷载之和；

G_i——第 i 层楼盖上所承担的总重力荷载。

当楼层上重力荷载均匀分布时，上述计算可以进一步简化为按照各墙体从属面积的比例进行分配，即

$$V_{ij} = \frac{A_{ij}^{\mathrm{f}}}{A_i^{\mathrm{f}}} V_i \qquad (4.11)$$

式中　A_{ij}^{f}——第 i 层楼盖、第 j 道墙体的从属面积；

A_i^{f}——第 i 层楼盖总面积。

3）中等刚度楼盖房屋。采用小型预制板的装配式钢筋混凝土楼盖房屋，其楼盖刚度介于刚性楼盖和柔性楼盖之间。《建筑结构抗震设计》（GB 50011—2010）建议采用前述两种分配算法的平均值计算地震剪力，即

$$V_{ij} = \frac{1}{2} \left[\frac{K_{ij}}{\sum\limits_{j=1}^{m} K_{ij}} + \frac{G_{ij}}{G_i} \right] V_i \qquad (4.12)$$

当墙高相同，所用材料相同并且楼盖上重力荷载分布均匀时，可以采用

$$V_{ij} = \frac{1}{2} \left(\frac{A_{ij}}{A_i} + \frac{A_{ij}^{\mathrm{f}}}{A_i^{\mathrm{f}}} \right) V_i \qquad (4.13)$$

同一种建筑物中各层采用不同的楼盖时，应该根据各层楼盖类型分别按照上述三种方法分配楼层地震剪力。

（3）纵向水平地震剪力的分配。房屋纵向尺寸一般比横向大很多。纵墙的间距在一般砌体房屋中也比较小。因此，不论哪种楼盖，在房屋纵向的刚度都比较大，可以按照刚性楼盖考虑，即纵向楼层地震剪力可以按照各纵墙侧移刚度比例进行分配。

（4）同一道墙各墙段间的水平地震剪力分配。对于同一道墙体，门窗洞口之间各墙肢所承担的地震剪力可以按照各墙肢的侧移刚度比例再进行分配。设第 j 道墙上共划分出 s 个墙肢，则第 r 墙肢分配的地震剪力为

$$V_{jr} = \frac{K_{jr}}{\sum\limits_{r=1}^{s} K_{jr}} V_{ij} \qquad (4.14)$$

式中　K_{jr}——第 j 墙体第 r 墙肢的侧移刚度。

4.4.4 墙体抗震抗剪承载力验算

（1）普通砖、多孔砖墙体的截面抗震抗剪设计值。地震时砌体结构墙体墙段承受竖向压力和水平地震剪力的共同作用，强度不足时一般发生剪切破坏。《建筑结构抗震设计》（GB 50011—2010）规定，各类砌体沿阶梯形截面破坏的抗剪强度设计值按照式（4.15）计算

$$f_{\mathrm{vE}} = \xi_{\mathrm{N}} f_{\mathrm{v}} \qquad (4.15)$$

f_{vE}——砌体沿阶梯形截面破坏的抗震抗剪强度设计值；

f_v——非抗震设计的砌体抗剪强度设计值；

ξ_N——砌体抗震抗剪强度的正应力影响系数，可以按照表 4.6 采用。

表 4.6　　　　　　　　　　砌体强度的正应力影响系数

砌体类别	σ_0/f_v							
	0.0	1.0	3.0	5.0	7.0	10.0	12.0	≥16.0
普通砖、多孔砖	0.80	0.99	1.25	1.47	1.65	1.90	2.05	—
小砌块	—	1.23	1.69	2.15	2.57	3.02	3.32	3.92

注　σ_0 为对应于重力荷载代表值的砌体截面平均压应力。

当墙体或墙段所分配的地震剪力明确后，可以选择从属面积比较大的或者竖向应力比较小的墙段进行截面抗震承载力验算。

（2）普通砖、多孔砖墙体的截面抗震受剪承载力，应该按照下列规定验算。

1）一般情况下，按照式（4.16）验算，即

$$V \leqslant \frac{f_{vE}A}{\gamma_{RE}} \tag{4.16}$$

式中　V——墙体地震剪力设计值，为地震剪力标准值的 1.3 倍；

f_{vE}——砖砌体沿阶梯形截面破坏的抗震抗剪强度设计值；

A——墙体横截面面积，多孔砖取毛截面面积；

γ_{RE}——承载力抗震调整系数，一般承重墙体 $\gamma_{RE}=1.0$，两端均有构造柱约束的承重墙体 $\gamma_{RE}=0.9$，自承重墙体 $\gamma_{RE}=0.75$。

2）水平配筋普通砖、多孔砖墙体的截面抗震抗剪承载力按式（4.17）验算，即

$$V \leqslant \frac{1}{\gamma_{RE}}(f_{vE}A + \zeta_s f_{yh}A_{sh}) \tag{4.17}$$

式中　f_{yh}——水平钢筋抗拉强度设计值；

A_{sh}——层间墙体竖向截面的总水平钢筋面积，其配筋率应该不小于 0.07% 且不大于 0.17%；

ζ_s——钢筋参与工作系数，可以按照表 4.7 采用。

表 4.7　　　　　　　　　　钢 筋 参 与 工 作 系 数

墙体高宽比	0.4	0.6	0.8	1.0	1.2
ζ_s	0.10	0.12	0.14	0.15	0.12

当按照式（4.16）、式（4.17）验算不满足要求时，可以计入基本均匀设置于墙段中部、截面不小于 240mm×240mm（墙厚 190mm 时为 240mm×190mm）且间距不大于 4m 的构造柱对受剪承载力的提高作用，按照下列简化方法验算

$$V \leqslant \frac{1}{\gamma_{RE}}\left[\eta_c f_{vE}(A-A_c) + \zeta_c f_t A_c + 0.08 f_{yc}A_{sc} + \zeta_s f_{yh}A_{sh}\right] \tag{4.18}$$

式中　A_c——中部构造柱的横截面总面积（对横墙和内纵墙，$A_c>0.15A$ 时，取 0.15A，对外纵墙，$A_c>0.25A$ 时，取 0.25A）；

f_t——中部构造柱的混凝土轴心抗拉强度设计值；

A_{sc}——中部构造柱的纵向钢筋截面总面积（配筋率不小于 0.6%，大于 1.4% 时取 1.4%）；

f_{yh}、f_{yc}——墙体水平钢筋、构造柱钢筋抗拉强度设计值；

ζ_c——中部构造柱参与工作系数，居中设一根时取 0.5，多于一根时取 0.4；

η_c——墙体约束修正系数，一般情况取 1.0，构造柱间距不大于 3.0m 时取 1.1；

A_{sh}——层间墙体竖向截面的总水平钢筋面积，无水平钢筋时取 0。

3）混凝土小砌块墙体的截面抗震抗剪承载力。混凝土小砌块墙体的截面抗震受剪承载力应按照式（4.19）验算，即

$$V \leqslant \frac{1}{\gamma_{RE}} \left[f_{vE}A + (0.3f_t A_c + 0.05f_y A_s) \zeta_c \right] \tag{4.19}$$

式中 f_t——芯柱混凝土轴心抗拉强度设计值；

A_c——芯柱截面总面积；

A_s——芯柱钢筋截面总面积；

f_y——芯柱钢筋抗拉强度设计值；

ζ_c——芯柱参与工作系数，按照表 4.8 采用。

注：当同时设置芯柱和构造柱时，构造柱截面可作为芯柱截面，构造柱钢筋可作为芯柱钢筋。

表 4.8 芯柱参与工作系数

填孔率 ρ	$\rho < 0.15$	$0.15 \leqslant \rho < 0.25$	$0.25 \leqslant \rho < 0.5$	$\rho \geqslant 0.5$
ζ_c	0.0	1.0	1.10	1.15

注 填孔率指芯柱根数（含构造柱和填实孔洞数量）与孔洞总数之比。

4.5 多层砌体房屋抗震构造措施

对于多层砌体结构，防倒塌是抗震设计的重要问题。而多层砌体结构房屋的抗倒塌，主要通过抗震构造措施来提高房屋的变形能力，加强结构的整体性，确保抗震设计目标的实现，弥补抗震计算的不足。

4.5.1 设置钢筋混凝土构造柱

在多层砌体结构中设置钢筋混凝土构造柱或者芯柱，可以使砌体的抗剪强度提高10%～30%，大大增强房屋的变形能力。在墙体开裂后，构造柱与圈梁所形成的约束体系可以有效地限制墙体的散落，使开裂墙体以滑移、摩擦等方式消耗地震能量，还能保持一定的承载力，确保房屋不致倒塌。

（1）构造柱的设置。

1）构造柱的设置位置。一般情况下，对多层普通砖、多孔砖房构造柱的设置部位应参照表 4.9 的要求采用。

2）外廊式和单面走廊式的多层房屋，应该根据房屋增加一层的层数，按表 4.9 的要求设置构造柱，且单面走廊两侧的纵墙均应该按外墙处理。

3）横墙较少的房屋，应该根据房屋增加一层的层数，按表 4.9 的要求设置构造柱。当

横墙较少的房屋为外廊式或单面走廊式时，应该按照 2) 款中的要求设置构造柱；但 6 度不超过四层、7 度不超过三层和 8 度不超过二层时，应该按照增加二层的层数对待。

表 4.9 多层砖砌体房屋构造柱设置要求

房屋层数				设置部位	
6 度	7 度	8 度	9 度		
四、五	三、四	二、三		楼、电梯间四角，楼梯斜梯段上下端对应的墙体处；外墙四角和对应转角；错层部位横墙与外纵墙交接处；大房间内外墙交接处；较大洞口两侧	隔 12m 或单元横墙与外纵墙交接处；楼梯间对应的另一侧内横墙与外纵墙交接处
六	五	四	二		隔开间横墙（轴线）与外墙交接处；山墙与内纵墙交接处
七	六层及以上	五层及以上	三层及以上		内墙（轴线）与外墙交接处；内墙的局部较小墙垛处；内纵墙与横墙（轴线）交接处

注 较大洞口，内墙指不小于 2.1m 的洞口；外墙在内外墙交接处已设置构造柱时应该允许适当放宽，但洞侧墙体应该加强。

4) 各层横墙很少的房屋，应按增加二层的层数设置构造柱。

5) 采用蒸压灰砂砖和蒸压粉煤灰砖的砌体房屋，当砌体的抗剪强度仅达到普通黏土砖砌体的 70% 时，应该根据增加一层的层数按 1) ～4) 款的要求设置构造柱；但 6 度不超过四层、7 度不超过三层和 8 度不超过二层时，应该按照增加二层的层数对待。

(2) 构造柱的构造。构造柱最小截面尺寸可以采用 180mm×240mm（墙厚 190mm 时为 180mm×190mm），纵向钢筋宜采用 4ϕ12，箍筋间距不宜大于 250mm，且在柱上下端应适当加密。在设防烈度为 6、7 度超过六层、8 度超过五层和 9 度时，构造柱纵筋宜采用 4ϕ14，箍筋间距不应大于 200mm；房屋四角的构造柱应该适当加大截面及配筋。

构造柱的施工，应要求先砌墙、后浇柱，墙、柱连接处宜砌成马牙槎，沿墙高每隔 500mm 设 2ϕ6 水平钢筋和 ϕ4 分布短筋平面内点焊组成的拉结网片或者 ϕ4 点焊钢筋网片，每边伸入墙内不宜小于 1m。6、7 度时底部 1/3 楼层，8 度时底部 1/2 楼层，9 度时全部楼层，上述拉结钢筋网片应该沿墙体水平通长设置。

构造柱与圈梁连接处，构造柱的纵筋应该在圈梁纵筋内侧穿过，保证构造柱纵筋上下贯通。构造柱可以不单独设置基础，但应该伸入室外地面下 500mm，或者与埋深小于 500mm 的基础圈梁相连。

房屋高度和层数接近表 4.1 的限值时，纵、横墙内构造柱间距还应该符合下列要求：

1) 横墙内的构造柱间距不宜大于层高的 2 倍；下部 1/3 楼层的构造柱间距适当减小。

2) 当外纵墙开间大于 3.9m 时，应该另设加强措施。内纵墙的构造柱间距不宜大于 4.2m。

4.5.2 设置钢筋混凝土芯柱

对多层混凝土小砌块房屋，应该按照表 4.10 的要求设置钢筋混凝土芯柱。

多层小砌块房屋芯柱截面不宜少于 120mm×120mm，芯柱混凝土强度等级不应低于 Cb20。芯柱的竖向插筋应该贯通墙身且与圈梁连接；插筋不应少于 1ϕ12；对 6、7 度超过五层、8 度超过四层和 9 度时，插筋不应该少于 1ϕ14。芯柱也应伸入室外地面下 0.5m 或与埋深小于 0.5m 的基础圈梁相连。

为提高墙体抗震承载力而设置的芯柱，宜在墙体内均匀布置，最大净距不宜大于 2.0m。多层小砌块房屋墙体交接处或者芯柱与墙体连接处应该设置拉结钢筋网片，网片可以采用直径为 4mm 的钢筋点焊而成，沿墙高间距不大于 600mm，并应该沿墙体水平通长设置。6、7 度时底部 1/3 楼层，8 度时底部 1/2 楼层，9 度时全部楼层，上述拉结钢筋网片沿墙高间距不大于 400mm。

表 4.10 多层小砌块房屋芯柱设置要求

房屋层数				设置部位	设置数量
抗震设防烈度					
6 度	7 度	8 度	9 度		
四、五	三、四	二、三		外墙转角，楼、电梯间四角，楼梯斜梯段上下端对应的墙体处；大房间内外墙交接处；错层部位横墙与外纵墙交接处；隔 12m 或单元横墙与外纵墙交接处	外墙转角，灌实 3 个孔，内外墙交接处，灌实 4 个孔；楼梯斜梯段上下端对应的墙体处，灌实 2 个孔
六	五	四		同上；隔开间横墙（轴线）与外纵墙交接处	
七	六	五	二	同上；各内墙（轴线）与外纵墙交接处；内纵墙与横墙（轴线）交接处和洞口两侧	外墙转角，灌实 5 个孔；内外墙交接处，灌实 4 个孔；内墙交接处，灌实 4~5 个孔；洞口两侧各灌实 1 个孔
	七	六层及以上	三层及以上	同上；横墙内芯柱间距不大于 2m	外墙转角，灌实 7 个孔；内外墙交接处，灌实 5 个孔；内墙交接处，灌实 4~5 个孔；洞口两侧各灌实 1 个孔

注　外墙转角、内外墙交接处、楼电梯间四角等部位，应该允许采用钢筋混凝土构造柱替代部分芯柱。

4.5.3 设置圈梁

设置圈梁是多层砌体结构房屋的一种经济有效的抗震措施，其主要作用是：①加强房屋的整体性。增强纵横墙的连接，由于圈梁的约束作用，减小了预制板散开以及墙体出平面倒塌的危险性，使纵、横墙能保持为一个整体的箱形结构，充分发挥各片墙体的平面内抗剪强度，有效抵御来自各方向的水平地震作用；②圈梁是楼盖的边缘构件，通过箍住楼（屋）盖，来提高楼盖的水平刚度，增强楼盖的整体性；可以限制墙体斜裂缝的开展和延伸，使墙体裂缝只在两道圈梁之间的墙段之间发生，墙体的抗剪强度可以充分发挥，还提高了墙体的稳定性；圈梁也可以减轻地震时地基不均匀沉陷对房屋的影响，减轻和防止地震时的地表裂缝将房屋撕裂。

（1）圈梁的设置。多层黏土砖、多孔砖房的现浇混凝土圈梁设置应该符合下列要求：

1）装配式钢筋混凝土楼、屋盖或木楼、屋盖的砖房，应该按照表 4.11 的要求设置圈梁；纵墙承重时，抗震横墙上的圈梁间距应该比表 4.11 的要求适当加密。

2）现浇或者装配整体式钢筋混凝土楼、屋盖与墙体有可靠连接的房屋，应该允许不另设圈梁，但楼板沿抗震墙体周边均应加强配筋，并应该与相应的构造柱钢筋可靠连接。

（2）圈梁构造。圈梁要求闭合，遇到有洞口时圈梁要上下搭接。圈梁宜与预制板设在同一标高处或者紧靠板底；圈梁在表 4.11 要求的间距内没有横墙时，应该利用梁或者板缝中配筋替代圈梁；圈梁的截面高度不应该小于 120mm，配筋应该符合表 4.12 的要求。

表 4.11　　　　　　　　多层砖砌体房屋现浇钢筋混凝土圈梁设置要求

墙　类	抗震设防烈度		
	6、7 度	8 度	9 度
外墙及内纵墙	屋盖处及每层楼盖处	屋盖处及每层楼盖处	屋盖处及每层楼盖处
内横墙	屋盖处及每层楼盖处；屋盖间距不应大于 4.5m；楼盖处间距不应大于 7.2m；构造柱对应部位	屋盖处及每层楼盖处；各层所有横墙，且间距不应大于 4.5m；构造柱对应部位	屋盖处及每层楼盖处；各层所有横墙

砌块房屋采用装配式钢筋混凝土楼盖时，每层均要设置圈梁。现浇钢筋混凝土圈梁应该在设防烈度基础上提高一度后按照表 4.11 的相应要求设置。

6～8 度区的砖拱楼、木屋盖房屋，各层所有墙体均应该设置圈梁。

当地基为液化土、软弱黏性土、新近填土或者严重不均匀土时，为加强基础整体性和刚性而设置的基础圈梁，其截面高度不应该小于 180mm，配筋不应该少于 $4\phi12$。

表 4.12　　　　　　　　多层砖砌体房屋圈梁配筋要求

配　筋	烈　度		
	6、7 度	8 度	9 度
最小纵筋	$4\phi10$	$4\phi12$	$4\phi14$
箍筋最大间距（mm）	250	200	150

4.5.4　加强结构各部位的连接

（1）纵横墙连接。对 7 度时层高超过 3.6m 或长度大于 7.2m 的大房间以及 8 度和 9 度时外墙转角及内外墙交接处，当未设构造柱时，应沿墙高每隔 0.5m 配置 $2\phi6$ 的拉结钢筋，且每边伸入墙内的长度不小于 1m。

后砌的非承重砌体隔墙应沿墙高每隔 0.5m 配置 $2\phi6$ 的钢筋与承重墙或者柱拉结，并且每边伸入墙内的长度不小于 0.5m。设防烈度为 8 度和 9 度时，长度大于 5.0m 的后砌非承重砌体隔墙的墙顶，还应该与楼板或者梁拉结。

混凝土小砌块房屋墙体交接处或者芯柱与墙体连接处应该沿墙高每隔 0.6m 设置 $\phi4$ 点焊钢筋网片，网片每边伸入墙内不宜小于 1m。

（2）楼板间及楼板与墙体的连接。对房屋端部大房间的楼板，以及设防烈度为 6 度时房屋的屋盖和 7～9 度时房屋的楼、屋盖，应加强钢筋混凝土预制板之间的拉结，以及板与梁、墙和圈梁的拉结。

现浇钢筋混凝土楼板或屋面板伸进纵、横墙内的长度不应该小于 120mm。对装配式钢筋混凝土楼板或者屋面板，当圈梁没有设在板的同一标高时，板端伸进外墙的长度不应该小于 120mm，板端伸进内墙的长度不应该小于 100mm 或者采用硬架支模连接，在梁上不应该小于 80mm 或者采用硬架支模连接。

　　当板的跨度大于 4.8m 并与外墙平行时，靠外墙的预制板侧边应与墙或者圈梁拉结。对装配式楼板应该要求坐浆，以增强与墙体的黏结。

　　楼、屋盖的钢筋混凝土梁或者屋架应与墙、柱（包括构造柱）或者圈梁可靠连接；设防烈度为 6 度时，梁与砖柱的连接不应削弱柱截面，独立砖柱顶部应在两个方向均有可靠连接；设防烈度为 7～9 度时不得采用独立砖柱。跨度不小于 6m 大梁的支承构件应该采用组合砌体等加强措施，并满足承载力要求。

4.5.5　加强楼梯间的整体性

　　楼梯间的震害往往比较重，而地震时，楼梯间是疏散人员和进行救灾的要道。因此，要重视楼梯抗震构造措施。

　　顶层楼梯间横墙和外墙应该沿墙高每隔 500mm 设 $2\phi6$ 通长钢筋和 $\phi4$ 分布短钢筋平面内点焊组成的拉结网片或 $\phi4$ 点焊网片；设防烈度为 7～9 度时其他各层楼梯间墙体应在休息平台或者楼层半高处设置 60mm 厚的钢筋混凝土带或者配筋砖带，配筋砖带不少于 3 皮，每皮的配筋不少于 $2\phi6$，其砂浆强度等级不应低于 M7.5 且不低于同层墙体的砂浆强度等级，纵向钢筋不应该少于 $2\phi10$。

　　楼梯间及门厅内墙阳角处的大梁支承长度不应该小于 500mm，并且应该与圈梁连接。装配式楼梯段应该与平台板的梁可靠连接，设防烈度为 8、9 度时不应该采用装配式楼梯段；不应该采用墙中悬挑式踏步或者踏步竖肋插入墙体的楼梯，不应该采用无筋砖砌栏板。

　　突出屋顶的楼、电梯间，构造柱应伸到顶部，并与顶部圈梁相连，内外墙交接处应沿墙高每隔 500mm 设置 $2\phi6$ 通长拉结钢筋和 $\phi4$ 分布短筋平面内点焊组成的拉结网片或者 $\phi4$ 点焊网片。

4.6　底部框架砌体结构房屋抗震设计的一般规定

　　临街的商品住宅、办公楼、写字楼等建筑，通常在底层或底部两层设置商店、餐厅或金融服务机构等，而在房屋的上部为多层砌体结构，在下部为钢筋混凝土框架—抗震墙结构，以满足使用功能对大空间的需求。

　　底部框架砌体结构房屋在城市改造和城市功能分布中，是避免商业服务网点过分集中的较好形式。具有比多层钢筋混凝土框架房屋造价低和便于施工等优点

　　（1）结构方案与结构布置。底部框架—抗震墙砌体房屋的结构布置应该符合下列要求：

　　1）上部砌体墙体与底部的框架梁、抗震墙，除楼梯间附近的个别墙段外均应该对齐。构造柱或者芯柱宜与框架柱上下贯通。

　　2）房屋的底部，应该沿纵横两方向设置一定数量的抗震墙，并应该均匀地对称布置。6 度且总层数不超过四层的底层框架—抗震墙砌体房屋，应该允许采用嵌砌于框架之间的约束普通砖砌体或者小砌块砌体的砌体抗震墙，但应该计入砌体墙对框架的附加轴力和附加剪力并进行底层的抗震验算，且同一方向不应该同时采用钢筋混凝土抗震墙和约束砌体抗震墙；其余情况，8 度时应该采用钢筋混凝土抗震墙，6、7 度时应该采用钢筋混凝土抗震墙或配筋小砌块砌体抗震墙。

　　3）底层框架—抗震墙砌体房屋的纵横两个方向，第二层计入构造柱影响的侧向刚度与底层侧向刚度的比值，6、7 度时不应该大于 2.5，8 度时不应该大于 2.0，且均不应该小

于 1.0。

4）底部两层框架—抗震墙砌体房屋纵横两个方向，底层与底部第二层侧向刚度应该接近，第三层计入构造柱影响的侧向刚度与底部第二层侧向刚度的比值，6、7 度时不应该大于 2.0，8 度时不应该大于 1.5，且均不应该小于 1.0。

5）底部框架—抗震墙砌体房屋的抗震墙应该设置条形基础、筏形基础等整体性好的基础。

底层或者底部两层框架砌体房屋底层或者底部两层抗震墙的间距应该符合表 4.13 的要求。

表 4.13　　　　　　　　　　　　底层或底部两层抗震墙最大间距

烈度	6 度	7 度	8 度	9 度
最大间距（m）	18	15	11	—

（2）房屋的总高度和层数的限制。国内外震害表明，底部框架砌体结构房屋总高度越高，层数越多，震害越重。因此，《建筑结构抗震规范》（GB 50011—2010）规定，底部框架砌体结构房屋的总高度和层数，不宜超过表 4.1 的规定。底部框架砌体结构房屋的底部层高不应超过 4.5m。

（3）底部框架和钢筋混凝土墙的抗震等级。底部框架和钢筋混凝土墙的抗震等级，从内力调整和抗震措施两个方面来体现不同抗震等级要求，其具体抗震等级划分列于表 4.14。

表 4.14　　　　　　　　　　　　底部框架和混凝土抗震墙的抗震等级

烈度	6 度	7 度	8 度
框架	三	二	一
混凝土墙体	三	三	二

4.7　底部框架砌体结构房屋的抗震计算

4.7.1　水平地震作用及层间地震剪力计算

《建筑结构抗震规范》（GB 50011—2010）规定，对底层框架砌体结构房屋，当质量和刚度沿高度分布比较均匀的结构，可以采用底部剪力法，对于质量和刚度沿高度分布不均匀、竖向布置不规则的底部抗震墙砖房，还应该考虑水平地震作用下的扭转影响，采用底部剪力法计算时，按照式（4.20）～式（4.22）计算为

$$F_{EK} = \alpha_{max} G_{eq} \tag{4.20}$$

$$F_i = \frac{G_i H_i}{\sum\limits_{j=1}^{n} G_j H_j} F_{EK}(1 - \delta_n) \tag{4.21}$$

$$\Delta F = \delta_n F_{EK} \tag{4.22}$$

式中　δ_n——顶部附加地震作用系数，底部框架房屋 $\delta_n = 0$，多层内框架砖房，$\delta_n = 0.2$；

　　　F_{EK}——结构总水平地震作用标准值；

　　　α_{max}——水平地震影响系数最大值；

G_{eq}——结构等效总重力荷载；

G_i——集中于 i 质点的重力荷载代表值。

房屋层间地震剪力按照式（4.3）计算为

$$V_i = \sum_i^n F_i + \Delta F_n \tag{4.23}$$

式中　V_i——第 i 层层间地震剪力；

　　　F_i——第 i 层质点的地震作用。

上部砖房部分水平地震剪力的分配同多层砌体砖房，而底部框架和抗震墙的剪力分配就需要考虑两道设防的思路来进行分配。

4.7.2　底部框架—抗震墙房屋的底层剪力设计值及分配

（1）底层剪力。为了减轻底部的薄弱程度，《建筑结构抗震规范》（GB 50011—2010）规定，底层框架砌体结构房屋的底层地震剪力设计值应该取底部剪力法所得底层地震剪力乘以放大系数 ξ_V，即

$$V_1 = \xi_V \alpha_{\max} G_{eq} \tag{4.24}$$

式中　V_1——乘以放大系数后的底层剪力；

　　　ξ_V——地震剪力放大系数，与第二层和底层侧向刚度比 γ 有关，可取

$$\xi_V = \sqrt{\gamma} \tag{4.25}$$

按式（4.25）算得，当 $\xi_V < 1.2$ 时，取 $\xi_V = 1.2$；当 $\xi_V > 1.5$ 时，取 $\xi_V = 1.5$。

同理，对于底部两层框架砌体结构房屋，底层与第二层框架的纵向和横向地震剪力设计值，均应乘以放大系数 ξ_V，其值根据侧向刚度比值的大小在 1.2～1.5 范围内选用。

（2）底层剪力分配。底层框架中的框架柱与抗震墙的剪力分配，按照两道防线来设计。地震时，抗震墙开裂前的侧向刚度最大。因此，在弹性阶段，不考虑框架柱承担地震剪力，底层或者底部两层纵向和横向地震剪力设计值全部由该方向的抗震墙承担，并按照各抗震墙的侧向刚度比例分配。

对于底部框架柱承担的剪力，根据试验研究结果，在地震作用下，底部的钢筋混凝土抗震墙在层间位移角为 1/1000 左右时，混凝土出现开裂；在层间位移角为 1/500 左右时，其刚度降低到弹性刚度的 30%；底层的砖填充墙在层间位移角为 1/500 左右时已出现对角裂缝，其刚度已降低到弹性刚度的 20%，而钢筋混凝土框架在层间位移 1/500 左右时还处于弹性阶段；这就说明在底层抗震墙开裂后将会进行塑性内力重分布。所以，《建筑结构抗震规范》（GB 50011—2010）规定，计算底部框架承担的地震剪力设计值时，把底层框架视为第二道防线，各抗侧力构件采用有效侧移刚度进行分配。有效侧移刚度的取值为：框架刚度不折减，钢筋混凝土墙取 0.3 倍的弹性刚度，砖墙取 0.2 倍的弹性刚度。底层框架承担的地震剪力可以按照下式计算

$$V_{j(1)} = \frac{K_{fj}}{\sum K_{fj} + 0.3 \sum K_{cwj} + 0.2 \sum K_{bwj}} V_1 \tag{4.26}$$

式中　$V_{j(1)}$——第 j 榀框架承担的地震剪力；

　　　K_{fj}——第 j 榀框架的弹性刚度；

　　　K_{cwj}——第 j 片混凝土墙的弹性刚度；

　　　K_{bwj}——第 j 片砖抗震墙的弹性刚度。

4.7.3　地震倾覆力矩的计算分配

底层框架砌体房屋及底部两层框架砌体房屋应是由两种不同承重和抗侧力体系构成，且上重下轻。因此，对底部两层框架及底层框架砌体房屋，应该考虑地震倾覆力矩对底部结构构件的影响。

（1）地震倾覆力矩的计算。在底层框架砌体房屋中，作用于整个房屋底层的地震倾覆力矩为

$$M_1 = \sum_{i=2}^{n} F_i (H_i - H_1) \tag{4.27}$$

式中　M_1——作用于房屋底层的地震倾覆力矩；

F_i——i 质点的水平地震作用标准值；

H_i——i 质点的计算高度；

H_1——底层框架的计算高度。

在底部两层框架砌体结构房屋中，作用于整个房屋第二层的地震倾覆力矩为

$$M_2 = \sum_{i=3}^{n} F_i (H_i - H_2) \tag{4.28}$$

式中　M_2——作用于整个房屋第二层的地震倾覆力矩；

H_2——底部二层的计算高度。

（2）地震倾覆力矩的分配。地震倾覆力矩使底部抗震墙产生附加弯矩和底部框架柱产生附加轴力。《建筑结构抗震规范》（GB 50011—2010）规定，可以近似地将倾覆力矩在底部框架和抗震墙之间按照侧移刚度比例分配。

一片抗震墙承担的倾覆力矩为

$$M_w = \frac{K'_w}{\sum K'_w + \sum K'_f} M_1 \tag{4.29}$$

一榀框架承担的倾覆力矩为

$$M_f = \frac{K'_f}{\sum K'_w + \sum K'_f} M_1 \tag{4.30}$$

$$K'_w = \frac{1}{\dfrac{h}{EI} + \dfrac{1}{C_\varphi I_\varphi}} \tag{4.31}$$

$$K'_f = \frac{1}{\dfrac{h}{E \sum A_i x_i^2} + \dfrac{1}{C_Z D \sum F_i x_i^2}} \tag{4.32}$$

式中　K'_w——底层一片抗震墙的平面转动刚度；

K'_f——一榀框架沿自身平面内转动刚度；

I、I_φ——抗震墙水平截面和基础底面的转动惯量；

C_Z、C_φ——地基抗压和抗弯刚度系数；

A_i、F_i——一榀框架中第 i 根柱子水平截面面积和基础底面积；

x_i——第 i 根柱子到所在框架中和轴的距离。

由倾覆力矩 M_i 在框架中产生的附加轴力为

$$N_{ci} = \pm \frac{A_i x_i}{\sum A_i x_i^2} M_f \tag{4.33}$$

4.7.4 底层框架砌体结构房屋中嵌砌于框架之间的砖抗震墙的抗震验算

（1）底层框架柱的轴向力和剪力，应计入砖抗震墙引起的附加轴向力和附加剪力，其值可以按照下列公式确定

$$N_f = V_w H_f / l \tag{4.34}$$
$$V_f = V_w \tag{4.35}$$

式中　V_w——墙体承担的剪力设计值，柱两侧有墙时可以取两者的较大值；

　　　　N_f——框架柱的附加轴向压力设计值；

　　　　V_f——框架柱的附加剪力设计值；

　　　　H_f——框架层高；

　　　　l——框架跨度（中心距）。

（2）嵌砌于框架之间的普通砖抗震墙及两端框架柱，其抗震承载力应该按照式（4.36）验算为

$$V \leqslant \frac{1}{\gamma_{REc}} \sum (M_{yc}^u + M_{yc}^l) / H_0 + \frac{1}{\gamma_{REw}} \sum f_{vE} A_{w0} \tag{4.36}$$

式中　V——嵌砌普通砖墙或小砌块墙及两端框架柱剪力设计值；

　　　　A_{w0}——砖墙或小砌块墙水平截面的计算面积，无洞口时取实际面积的 1.25 倍，有洞口时取截面净面积，但不计入宽度小于洞口高度 1/4 的墙肢截面面积；

M_{yc}^u、M_{yc}^l——底层框架柱上下端的正截面受弯承载力设计值，可以按照《混凝土结构设计规范》（GB 50010—2010）非抗震设计的有关公式取等号计算；

　　　　H_0——底层框架柱的计算高度，两侧均有砖墙取柱净高的 2/3，其余情况取柱净高；

　　　　γ_{REc}——底层框架柱承载力抗震调整系数，可以取 0.8；

　　　　γ_{REw}——嵌砌普通砖或者小砌块墙承载力抗震调整系数，可以取 0.9。

4.8　底部框架砌体结构房屋的抗震构造措施

底部框架砌体结构房屋的抗震构造措施，可以分为上部多层砖房和底部框架—抗震墙两个部分。

4.8.1　上部多层砖房部分的抗震构造措施

（1）钢筋混凝土构造柱。底部框架—抗震墙房屋的上部多层砖房，应根据房屋的总层数和房屋所在地区的设防烈度，按照多层砖房的要求设置，过渡层还应在底部框架柱对应位置设置构造柱。构造柱的截面尺寸，不宜小于 240mm×240mm，构造柱的纵筋不宜少于 $2\phi14$，箍筋间距不宜大于 200mm。过渡层构造柱的纵向钢筋，7 度时不宜少于 $2\phi16$，8 度时不宜少于 $6\phi16$。一般情况下，纵向钢筋应该锚入框架柱内，当纵筋锚入托墙梁内时，托墙梁的相应位置应该加强。构造柱应该与每层圈梁连接，或者与现浇板可靠连接。

（2）钢筋混凝土圈梁。过渡层的圈梁应沿横向和纵向每个轴线设置，圈梁应该闭合，遇到洞口应该上下搭接，圈梁宜与板在同一标高处；过渡层圈梁高度宜采用 240mm，配筋不少于 $6\phi10$，箍筋可以采用 $\phi6$，最大箍筋间距不宜大于 200mm，宜在圈梁端 500mm 范围内加密箍筋，顶层圈梁的截面高度宜采用 240mm，且不应该小于 180mm，配筋宜采用 $4\phi10$，箍筋可以采用 $\phi6$，最大箍筋间距不宜大于 200mm。其他楼层圈梁设置应该符合相应设防烈

度下多层砖房的要求。

4.8.2　底部框架—抗震墙部分的抗震构造措施

（1）底部钢筋混凝土托墙梁。托墙梁承担上部墙体的竖向荷载，其截面宽度不宜小于 300mm，截面高度不宜小于跨度的 1/10，且不宜大于梁跨度的 1/6；托墙梁的箍筋直径不应该小于 8mm，间距不应该大于 200mm，梁端在 1.5 倍梁高且不小于 1/5 梁净跨范围内，以及上部墙体的洞口处和洞口两侧各 500mm 且不小于梁高的范围内，箍筋间距不应该大于 100mm。

沿托墙梁高应设置腰筋，数量不应该少于 $2\phi14$，间距不应该大于 200mm；托墙梁的主筋和腰筋应该按照受拉钢筋的要求锚入柱内，且支座上部的纵向钢筋在柱内的锚固长度应该符合钢筋混凝土框支梁的有关要求。

（2）底部钢筋混凝土抗震墙的构造要求。底部钢筋混凝土抗震墙周边应该设置梁（或暗梁）和边框柱（或框架柱）组成的边框，边框梁的截面宽度不应该小于墙板厚度的 1.5 倍，截面高度不宜小于墙板厚度的 2.5 倍，边框柱的截面高度不宜小于墙板厚度的 2 倍。

抗震墙墙板的厚度不宜小于 160mm，且不应该小于墙板净高的 1/20。抗震墙竖向和横向分布钢筋的配筋率均不应该小于 0.25%，并应该采用双排布置。双排分布钢筋间拉筋的间距不应该大于 600mm，直径不应该小于 6mm。

（3）底部砖砌体抗震墙的构造要求。砖砌体抗震墙厚度不应该小于 240mm，砌筑砂浆强度等级不应该小于 M10，应该先砌墙后浇筑混凝土框架柱；沿框架柱每隔 500mm 配置 $2\phi6$ 拉结钢筋，并沿砖墙全长设置，在墙体的半高处还应该设置与框架柱相连的钢筋混凝土水平系梁，梁高可为 60mm；当墙长大于 5m 时，应该在墙中增设钢筋混凝土构造柱。

4.8.3　过渡楼层底板的构造要求

底层框架砌体结构房屋的底层和底部两层框架砌体结构房屋第二层的顶板成为底部框架砌体结构房屋过渡层的底板。该楼盖担负着传递上下不同间距墙体的水平地震作用和倾覆力矩等，受力比较复杂。《混凝土结构设计规范》（GB 50010—2010）要求，该层楼板采用现浇钢筋混凝土板，板厚不应小于 120mm，并且应该开洞、开小洞。当洞口尺寸大于 800mm 时，洞口四周应该设置边梁。

4.8.4　材料强度等级的要求

底部框架—抗震墙房屋的材料强度等级，应该符合下列要求：框架柱、混凝土墙和托墙梁混凝土等级不应该低于 C30；过渡层墙体的砌筑砂浆强度等级不应该低于 MU10，砖砌体砌筑砂浆强度的等级不应该低于 M10，砌块砌体砌筑砂浆强度的等级不应该低于 Mb10。

习　　　题

4.1　多层砌体结构房屋的震害现象有哪些规律？有哪些抗震薄弱环节？

4.2　抗震设计对于砌体结构房屋的结构方案与布置有哪些主要要求？

4.3　为什么要限制多层砌体结构房屋的总高度和层数？为什么要控制房屋的最大高宽比？

4.4　多层砌体结构房屋的概念设计包括哪些方面？

4.5　简述多层砌体结构房屋抗震设计计算的步骤。

4.6　多层砌体房屋的计算简图如何选取？地震作用如何确定？

4.7　在进行墙体抗震验算时，怎样选择和判断最不利墙段？

4.8　多层砌体结构房屋的抗震构造措施包括哪些方面？

4.9　圈梁和构造柱、芯柱对砌体结构的抗震作用是什么？有哪些相应的规定？

4.10　底部框架砌体结构房屋的结构方案和结构布置应注意哪些方面？

4.11　底层框架砌体结构房屋底层的层间地震剪力在抗震墙和柱之间是按什么原则分配的？

第5章　多层及高层钢筋混凝土房屋抗震设计

我国是一个多地震国家，而在大、中城市中大多数的多、高层建筑是采用钢筋混凝土结构。而钢筋混凝土结构有多种不同的结构体系，目前常用的有框架结构、抗震墙结构、框架－抗震墙结构、筒体结构等。因此，掌握多、高层钢筋混凝土结构的抗震设计方法是十分重要的。

5.1　震害特征及其分析

钢筋混凝土框架结构具有平面布置灵活，能提供大空间的优点，其优越的综合性能在城市建设中得到了广泛应用。钢筋混凝土框架结构房屋与砌体结构相比其抗震性能比较好，但如果没有采取抗震设防，或者由于抗震设计不合理，施工质量不良等原因，在地震中，也会出现比较严重的震害。

5.1.1　框架结构的震害

框架结构的震害主要是由于强度和延性不足引起的，一般规律是：柱的震害重于梁，角柱的震害重于内柱，短柱的震害重于一般柱，柱上端的震害重于下端，砌体填充墙比较容易破坏，结构布置不规则，震害会加重。

（1）框架柱的震害。在框架结构中柱子是竖向承重构件，出现破坏就会危及整幢房屋的安全。由于框架柱要承受比较大的竖向荷载，又要承受往复的水平地震作用，受力复杂并且本身延性比较差，因此，如果没有合理的抗震设计，框架柱就容易发生比较严重的震害。柱子常见的震害如下。

1）剪切破坏。柱子在反复水平地震剪力的作用下，出现斜裂缝或者 X 形裂缝，裂缝宽度比较大，属于脆性破坏。柱子由于抗剪强度不足造成柱身的剪切破坏，如图 5.1 所示。

2）压弯破坏。柱子在轴力和变号弯矩的作用下，混凝土压碎剥落，主筋压曲成灯笼状，柱子轴压比过大，主筋不足，箍筋配置过少等都会导致这种破坏。破坏大多出现在梁底与柱顶交接处，是一种脆性破坏。若箍筋在施工时端部接口处弯曲角度不足，其端部接口仅锚固在柱混凝土保护层中，在地震的反复作用下，混凝土保护层剥落、箍筋拉断或者崩开，使柱混凝土和纵向钢筋约束失效，从而导致了柱子破坏，如图 5.2 所示。

3）弯曲破坏。在变号弯矩的作用下，柱子纵筋不足，使柱在离地面或者楼面 100～400mm 处产生周圈水平裂缝，如图 5.3 所示。裂缝宽度一般比较小，震害比较轻。

4）角柱破坏。角柱处于双向偏压状态，受结构整体扭转效应影响大，受力状态比较复杂，而受约束比其他柱小，因此，角柱的震害重于内柱，如图 5.4 所示。

5）框架中有错层或者不到顶的填充墙，使柱子变形受到约束，计算长度变小，使剪跨比变小，也会呈现剪切破坏，形成 X 形裂缝甚至脆断，如图 5.5 所示。

（2）框架梁的震害。框架梁的震害一般出现在与柱连接的端部。纵向梁的震害重于横向梁。梁破坏后果不如柱严重，一般只会引起结构的局部破坏而不会引起房屋倒塌。框架梁常见的震害如下：

1）斜截面破坏。由于抗剪强度不足，在梁端附近产生斜裂缝或者混凝土剪压破坏，这种破坏属于脆性破坏。

2）正截面破坏。在水平地震反复作用下，梁端产生较大的变号弯矩，导致贯通竖向裂缝，严重时将出现塑性铰，如图 5.6 所示。

图 5.1　玉树地震中结古镇某框架
房屋柱身剪切破坏

图 5.2　汶川地震中映秀镇某框架
教学楼柱顶压曲破坏

图 5.3　玉树地震中玉树州中心大酒店
框架柱环向水平裂缝

图 5.4　玉树地震中结古镇某框架
房屋角柱的震害

图 5.5　汶川地震中错层引起
的短柱剪切破坏

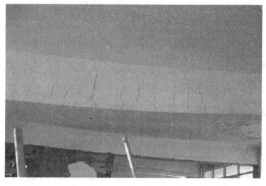

图 5.6　汶川地震中映秀镇某教学楼
框架梁出现贯通竖向裂缝

3）锚固破坏。当梁的主筋在节点内锚固长度不足，或者锚固构造不当，或者节点区混凝土碎裂时，钢筋与混凝土之间的黏结力遭到破坏，钢筋滑移，甚至从节点拔出。这种破坏属于脆性破坏。

（3）板。板出现的震害，有板四角的 45°斜裂缝，平行于梁的通长裂缝等。

（4）框架节点核心区的震害。在地震的反复作用下，框架节点主要承受剪力和压力，当节点核心区抗剪强度不足时，在剪压作用下导致核心区混凝土出现 X 形裂缝，混凝土保护层剪碎剥落，甚至挤压破碎。箍筋配置不足，柱纵向钢筋压曲外鼓，如图 5.7 所示。

图 5.7　汶川地震中绵阳市某大楼
框架节点内箍筋
过少引起的破坏

5.1.2　填充墙的震害

在填充墙开裂之前，框架与填充墙是共同工作的。由于填充墙的刚度比较大，吸收了较大的地震作用，而其抗剪强度比较低，因此，填充墙首先破坏，一般 7 度时即出现裂缝。填充墙的破坏消耗了一部分地震能量，在一定程度上保护了框架结构。填充墙的震害大部分是墙面产生斜裂缝或者 X 形裂缝，出现在房屋端部的窗间墙或者门窗洞口的边角部位，如图 5.8 所示。在窗口上下墙面上也常见水平裂缝。墙面高大而开洞面积又大时，有可能整片墙倒塌。9 度区以上填充墙出现大部分倒塌，空心砖填充墙的震害更严重。

框架与填充墙之间没有钢筋拉结，墙面开洞过大、过多，砂浆强度等级低，施工质量差，灰缝不饱满等因素，均会加重填充墙的震害。

5.1.3　抗震墙的震害

在强烈地震作用下，抗震墙的震害主要表现为墙肢之间连梁的剪切破坏。这主要是由于连梁为跨度小、高度大的深梁，在水平地震反复作用下形成 X 形裂缝，这种破坏为剪切型脆性破坏。如图 5.9 所示。特别是在房屋 1/3 高度处连梁破坏更为明显。高层建筑抗震墙破坏主要有以下类型：

图 5.8　汶川地震中都江堰市
某框架填充墙 X 形裂缝

图 5.9　汶川地震中都江堰市某大厦
抗震墙连梁 X 形裂缝

（1）墙的底部发生破坏，表现为受压区混凝土大片压碎剥落，钢筋压屈。

（2）墙体发生剪切破坏。

（3）抗震墙墙肢之间的连梁发生剪切破坏。墙肢之间是抗震墙结构的变形集中处，因此连梁很容易发生破坏。

5.1.4　结构布置不合理造成的震害

（1）结构平面不对称造成的震害。结构平面不对称有两种情况：①结构平面形状不对称，如 L、Z 形平面等；②结构平面形状对称但结构刚度分布不对称，这往往是楼梯间或者抗震墙布置不对称造成的。结构平面不对称会使结构的质量中心与刚度中心不重合，导致结构在水平地震作用下产生扭转和局部应力集中，如果不采取加强措施，则会造成严重的震害，如图 5.10 所示。

图 5.10　汶川地震中都江堰市某大楼呈 L 形平面的 7 层框架，一翼完全倒塌

（2）竖向刚度突变造成的震害。结构刚度沿竖向分布发生突变，地震时，在刚度突变处出现薄弱部位，产生较大的应力集中或者塑性变形集中。如果对薄弱部位没有采取相应的措施，就会产生过大变形甚至倒塌。一些高层建筑由于预留的防震缝宽度不足，在地震时，出现了房屋相互碰撞而引起损坏的现象。

5.1.5　场地影响产生的震害

场地、地基对上部结构造成的震害主要有两个方面：①地基失效导致房屋不均匀沉陷甚至倒塌。最典型的工程实例就是 1964 年日本新潟地震，因砂土液化造成一幢 4 层公寓大楼连同基础倾斜了 80°。②建造在软弱地基上的建筑物，有时即使地震烈度不高，但房屋的自振周期与场地地基土的自振周期接近时，发生类共振而导致房屋的严重破坏。例如，1972 年 12 月尼加拉瓜 6.5 级地震中，采用框—筒结构体系的 17 层美洲银行大楼震害轻微，而相邻的采用框架体系的 15 层中央银行大楼却遭到了严重破坏，主要原因是中央银行大楼的自振周期与地基的自振周期接近。

5.2　钢筋混凝土房屋抗震设计的一般规定

多层及高层钢筋混凝土房屋抗震设计的一般规定，是这类房屋抗震设计的指导原则，在进行抗震设计时要先满足这些规定，然后才能做进一步抗震计算。《建筑结构抗震设计》（GB 50011—2010）规定了各种结构体系的适用最大高度、抗震等级、防震缝的设置、抗震墙的设置、基础、填充墙等的要求。如果不能满足这些规定，就要采取有效的加强措施。

5.2.1　房屋最大适用高度

总结国内外震害调查和工程设计经验，从安全适用和经济合理方面综合考虑，现浇钢筋混凝土房屋的高度应有所限制。房屋适用的最大高度与房屋的结构类型、设防烈度、场地类别等因素有关。《建筑结构抗震设计》（GB 50011—2010）规定，乙、丙和丁类建筑的钢筋混凝土结构适用的最大高度应不超过表 5.1 的规定。

表 5.1　　　　　　　　　　　现浇钢筋混凝土房屋适用的最大高度（m）

结构类型		烈度				
		6	7	8（0.2g）	8（0.3g）	9
框架		60	50	40	35	24
框架—抗震墙		130	120	100	80	50
抗震墙		140	120	100	80	60
部分框支抗震墙		120	100	80	50	不应采用
筒体	框架—核心筒	150	130	100	90	70
	筒中筒	180	150	120	100	80
板柱—抗震墙		80	70	55	40	不应采用

注 1. 房屋高度指室外地面到主要屋面板板顶的高度（不包括局部突出屋顶部分）。

　　2. 框架—核心筒结构指周边稀柱框架与核心筒组成的结构。

　　3. 部分框支抗震墙结构指首层或底部两层框支层的结构，不包括仅个别框支墙的情况。

　　4. 表中框架，不包括异形柱框架。

　　5. 板柱—抗震墙结构指板柱、框架和抗震墙组成抗侧力体系的结构。

　　6. 乙类建筑可按该地区抗震设防烈度确定其适用的最大高度。

　　7. 超过表内高度的房屋，应该进行专门研究和论证，采取有效的加强措施。

5.2.2　结构的抗震等级

钢筋混凝土房屋应该根据抗震等级采取相应的抗震措施。钢筋混凝土房屋的抗震措施包括内力调整和抗震构造措施。地震烈度不同，房屋的重要性不同，抗震要求就不同；同样烈度下的不同体系，不同高度，抗震要求也不同；在同一结构体系中，次要抗侧力构件的抗震要求可以低于主要抗侧力构件的抗震要求，即抗震等级可以依据设防类别、结构类型、烈度和房屋高度四个因素确定。为了体现不同情况下抗震设计要求的差异，达到经济合理的目的，《建筑抗震设计规范》（GB 50011—2010）把抗震等级分为四级，其中一级代表最高的抗震设计要求。对丙类建筑在进行抗震强度验算和确定抗震构造措施前，应根据烈度、结构类型以及房屋高度，按表 5.2 确定结构的抗震等级。对甲、乙、丁类建筑，应该对各自设防烈度调整后，再按照表 5.2 确定抗震等级。

表 5.2　　　　　　　　　　　现浇钢筋混凝土房屋的抗震等级

结构类型		设防烈度									
		6		7			8			9	
框架结构	高度（m）	≤24	>24	≤24		>24	≤24		>24	≤24	
	框架	四	三	三		二	二		一	一	
	大跨度框架	三		二			一			一	
框架—抗震墙结构	高度（m）	≤60	>60	≤24	25～60	>60	≤24	25～60	>60	≤24	25～50
	框架	四	三	四	三	二	三	二	一	二	一
	抗震墙	三		三		二	二		一	一	

续表

结构类型		设防烈度									
		6		7			8			9	
抗震墙结构	高度（m）	≤80	>80	≤24	25～80	>80	≤24	25～80	>80	≤24	25～60
	抗震墙	四	三	四	三	二	三	二	一	二	一
部分框支抗震墙结构	高度（m）	≤80	>80	≤24	25～80	>80	≤24	25～80			
	抗震墙 一般部位	四	三	四	三	二	三	二			
	抗震墙 加强部位	三	二	三	二	一	二	一			
	框支层框架	二		二			一				
框架—核心筒结构	框架	三		二			一			一	
	核心筒	二		二			一			一	
筒中筒结构	外筒	三		二			一			一	
	内筒	三		二			一			一	
板柱—抗震墙结构	高度（m）	≤35	>35	≤35		>35	≤35		>35		
	框架、板柱的柱	三	二	二		二	二		一		
	抗震墙	二	二	二		一	二		一		

注　1. 建筑场地为Ⅰ类时，除 6 度外应该允许按照表内降低一度所对应的抗震等级采取抗震构造措施，但相应的计算要求不应该降低。

2. 接近或者等于高度分界时，应该允许结合房屋不规则程度及场地、地基条件确定抗震等级。

3. 大跨度框架指跨度不小于 18m 的框架。

4. 高度不超过 60m 的框架—核心筒结构按照框架—抗震墙的要求设计时，应该按照表中框架—抗震墙结构的规定确定其抗震等级。

《建筑结构抗震设计》（GB 50011—2010）规定，抗震等级的划分，应该符合下列规定。

（1）甲、乙类建筑应该按照规定提高一度确定其抗震等级。而房屋的高度超过表 5.2 相应规定的上界时，应该采取比一级更有效的抗震构造措施。

（2）设置少量抗震墙的框架结构，在规定的水平力作用下，底层框架部分承受的地震倾覆力矩大于结构总地震倾覆力矩的 50% 时，其框架的抗震等级应该按照框架结构确定，抗震墙的抗震等级可以与其框架的抗震等级相同，最大适用高度可比框架结构适当增加。框架部分承受的地震倾覆力矩可以按照式（5.1）计算，即

$$M_c = \sum_{i=1}^{n} V_{fi} h_i \tag{5.1}$$

式中　M_c——框架—抗震墙结构在基本振型地震作用下，框架部分承受的地震倾覆力矩；

　　　n——结构层数；

　　　V_{fi}——框架第 i 层层间地震剪力；

　　　h_i——第 i 层层高。

（3）裙房与主楼相连，除了应该按照裙房本身确定抗震等级外，相关范围不应该低于主楼的抗震等级；主楼结构在裙房顶板对应的相邻上下各一层应该适当加强抗震构造措施。裙房与主楼分离时，应该按照裙房本身确定抗震等级。

（4）当地下室顶板作为上部结构嵌固部位时，地下一层的抗震等级应该与上部结构相同，地下一层以下抗震构造措施的抗震等级可以逐层降低一级，但不应该低于四级。地下室中无上部结构的部分，抗震构造措施的抗震等级可以根据具体情况采用三级或者四级。

5.2.3 防震缝布置

对于体形复杂、平立面特别不规则的建筑结构，可以按照实际需要在适当部位设置防震缝，形成多个较规则的抗侧力结构单元。

防震缝应根据抗震设防烈度、结构材料种类、结构类型、结构单元的高度和高差情况，留有足够的宽度，其两侧上部结构应完全分开。当设置伸缩缝和沉降缝时，其宽度应该符合防震缝的要求。

《建筑结构抗震设计》（GB 50011—2010）规定，防震缝最小宽度应该符合下列要求。

（1）框架结构（包括设置少量抗震墙的框架结构）房屋的防震缝宽度，当高度不超过15m时不应该小于100mm；高度超过15m时，设防烈度为6、7、8度和9度分别每增加高度5、4、3m和2m，宜加宽20mm。

（2）框架—抗震墙结构房屋的防震缝宽度不应该小于（1）项规定数值的70%，抗震墙结构房屋的防震缝宽度不应该小于（1）项规定数值的50%，且均不宜小于100mm。

（3）防震缝两侧结构体系不同时，宜按照需要较宽防震缝的结构类型和较低房屋高度确定防震缝宽度。

（4）设防烈度为8、9度的框架结构房屋防震缝两侧结构层高相差较大时，防震缝两侧框架柱的箍筋应沿房屋全高加密，并可根据需要在防震缝两侧沿房屋全高各设置不少于两道垂直于防震缝的抗撞墙，如图5.11所示。抗撞墙的布置宜避免加大扭转效应，其长度可以不大于1/2层高，抗震等级可以与框架结构相同；框架构件的内力应该按照设置和不设置抗撞墙两种计算模型的不利情况取值。

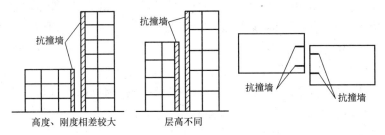

图5.11 抗撞墙的布置

5.2.4 结构布置

多层和高层钢筋混凝土房屋结构布置时，力求传力途径简单而直接，结构的平面布置和竖向布置使质量和刚度均匀、对称，质量中心与刚度中心重合或者接近，减少扭转和应力集中，避免竖向产生过大的刚度突变，避免形成薄弱层。结构布置除了要满足上述原则外，还要遵守下列规定：

（1）框架结构和框架—抗震墙结构中，框架和抗震墙均应双向设置，柱中线与抗震墙中线、梁中线与柱中线之间偏心距大于柱宽的1/4时，应该计入偏心的影响。

甲、乙类建筑以及高度大于24m的丙类建筑，不应该采用单跨框架结构；高度不大于24m的丙类建筑不宜采用单跨框架结构。

（2）框架—抗震墙和板柱—抗震墙结构及框支层中，抗震墙之间没有大洞口的楼、屋盖的长宽比，不宜超过表 5.3 的规定；超过时，应该计入楼盖平面内变形的影响。

表 5.3　　　　　　　　　　　　　　　　抗震墙之间楼、屋盖的长宽比

楼、屋盖类型		设防烈度			
		6	7	8	9
框架—抗震墙	现浇或叠合楼、屋盖	4	4	3	2
	装配整体式楼、屋盖	3	3	2	不应采用
板柱—抗震墙结构的现浇楼、屋盖		3	3	2	—
框支层的现浇楼、屋盖		2.5	2.5	2	—

（3）采用装配式楼、屋盖时，应该采取措施保证楼、屋盖的整体性及其与抗震墙的可靠连接。装配整体式楼、屋盖采用配筋现浇面层加强时，其厚度不应该小于 50mm。

（4）框架—抗震墙结构中的抗震墙设置，宜符合下列要求：

1）抗震墙宜贯通房屋全高。

2）楼梯间宜设置抗震墙，但不宜造成较大的扭转效应。

3）抗震墙的两端（不包括洞口两侧）宜设置端柱或者与另一方向的抗震墙相连。

4）房屋较长时，刚度较大的纵向抗震墙不宜设置在房屋的端开间。

5）抗震墙洞口宜上下对齐，洞边距端柱不宜小于 300mm。

一、二级抗震墙的洞口连梁，跨高比不宜大于 5，且梁截面高度不宜小于 400mm。

（5）抗震墙结构和部分框支抗震墙结构中的抗震墙设置，应该符合下列要求：

1）抗震墙的两端（不包括洞口两侧）宜设置端柱或者与另一方向的抗震墙相连；框支部分落地墙的两端（不包括洞口两侧）应该设置端柱或者与另一方向的抗震墙相连。

2）较长的抗震墙宜设置跨高比大于 6 的连梁形成洞口，将一道抗震墙分成长度较均匀的若干墙段，各墙段的高宽比不宜小于 3。

3）墙肢的长度沿结构全高不宜有突变；抗震墙有较大洞口时，以及一、二级抗震墙的底部加强部位，洞口宜上下对齐。

4）矩形平面的部分框支抗震墙结构，其框支层的楼层侧向刚度不应该小于相邻非框支层楼层侧向刚度的 50%，框支层落地抗震墙间距不宜大于 24m，框支层的平面布置宜对称，且宜设抗震筒体，底层框架部分承担的地震倾覆力矩，不应该大于结构总地震倾覆力矩的 50%。

5.2.5　抗震墙加强部位

由于在水平荷载作用下抗震墙的弯矩和剪力均在底部为最大，故需要加强抗震墙的底部。加强部位包括底部塑性铰范围及其上部的一定范围，在此范围内要增加边缘构件箍筋和墙体横向钢筋等必要的抗震加强措施，以避免脆性的剪切破坏，改善整个结构的抗震性能。抗震墙底部加强部位的范围，应该符合下列要求。

（1）底部加强部位的高度，应该从地下室顶板算起。

（2）部分框支抗震墙结构的抗震墙，其底部加强部位的高度，可以取框支层加框支层以

上两层的高度及落地抗震墙总高度的 1/10 两者的较大值。其他结构的抗震墙，房屋高度大于 24m 时，底部加强部位的高度可取底部两层和墙体总高度的 1/10 两者的较大值；房屋高度不大于 24m 时，底部加强部位可以取底部一层。

（3）当结构计算嵌固端位于地下一层的底板或者以下时，底部加强部位宜向下延伸到计算嵌固端。

5.2.6　对基础和地下室的要求

框架单独柱基有下列情况之一时，宜沿两个主轴方向设置基础系梁。

（1）一级框架和Ⅳ类场地的二级框架。

（2）各柱基础底面在重力荷载代表值作用下的压应力差别比较大。

（3）基础埋置较深，或者各基础埋置深度差别较大。

（4）地基主要受力层范围内存在软弱黏性土层、液化土层或者严重不均匀土层。

（5）桩基承台之间。

框架—抗震墙结构、板柱—抗震墙结构中的抗震墙基础和部分框支抗震墙结构的落地抗震墙基础，应该有良好的整体性和抗转动的能力。

主楼与裙房相连且采用天然地基，除应该满足地基承载力要求外，在多遇地震作用下主楼基础底面不宜出现零应力区。

地下室顶板作为上部结构的嵌固部位时，应该符合下列要求：

（1）地下室顶板应该避免开设大洞口；地下室在地上结构相关范围的顶板应该采用现浇梁板结构，相关范围可以从地上结构（主楼、有裙房时含裙房）周边外延不大于 20m。相关范围以外的地下室顶板宜采用现浇梁板结构；其楼板厚度不宜小于 180mm，混凝土强度等级不宜小于 C30，应该采用双层双向配筋，且每层每个方向的配筋率不宜小于 0.25%。

（2）结构地上一层的侧向刚度，不宜大于相关范围地下一层侧向刚度的 0.5 倍；地下室周边宜有与其顶板相连的抗震墙。

（3）地下室顶板对应于地上框架柱的梁柱节点除应该满足抗震计算要求外，尚应该符合下列规定之一：

1）地下一层柱截面每侧纵向钢筋不应该小于地上一层柱对应纵向钢筋的 1.1 倍，且地下一层柱上端和节点左右梁端实配的抗震受弯承载力之和应该大于地上一层柱下端实配的抗震受弯承载力的 1.3 倍。

2）地下一层梁刚度比较大时，柱截面每侧的纵向钢筋面积应该大于地上一层对应柱每侧纵向钢筋面积的 1.1 倍；同时梁端顶面和底面的纵向钢筋面积均应该比计算增大 10% 以上。

（4）地下一层抗震墙墙肢端部边缘构件纵向钢筋的截面面积，不应该少于地上一层对应墙肢端部边缘构件纵向钢筋的截面面积。

5.2.7　对楼梯间的要求

楼梯宜采用现浇钢筋混凝土楼梯。对于框架结构，楼梯间的布置不应该导致结构平面特别不规则；楼梯构件与主体结构整浇时，应考虑楼梯构件对地震作用及其效应的影响，并应进行楼梯构件的抗震承载力验算；宜采取构造措施，减少楼梯构件对主体结构刚度的影响。楼梯间两侧填充墙与柱之间应加强拉结。

5.3　框架结构的抗震计算与抗震构造措施

在框架结构中，框架柱是竖向承重构件，也是抗侧力构件。由于框架柱的截面尺寸比较小，使框架结构的抗侧移刚度比较小，在水平荷载作用下框架结构的侧移比较大，并且以剪切变形为主。所以，要使框架结构具有比较好的抗震性能，必须把框架结构设计成延性结构。

结构的延性好耗散地震能量的能力就强。延性是指极限变形与屈服变形之比，延性有截面、构件和结构三个层次。对钢筋混凝土结构来说，截面的延性取决于破坏形式，是剪切破坏还是弯曲破坏，弯曲破坏时截面的延性取决于受压区高度，受压区高度越小，截面的转动就越大、截面延性越好；结构的延性取决于构件的延性以及各构件之间的强度对比。框架结构的主要承重构件是梁和柱，由于框架柱要承受较大的轴向压力，柱截面的受压区高度比较大，因此框架柱的延性总比框架梁的延性差，框架结构应该主要通过框架梁的弯曲塑性变形来耗散地震能量。框架结构的两种破坏机制，如图 5.12 所示。

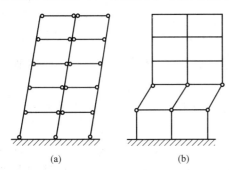

图 5.12　框架结构的两种破坏机制

(a) 梁破坏机制；(b) 柱破坏机制

在竖向非地震荷载作用下，可以用调幅法来考虑框架梁的塑性内力重分布。对现浇钢筋混凝土框架，调幅系数取 0.8～0.9；对装配式钢筋混凝土框架，调幅系数取 0.7～0.8。梁端弯矩调幅后，跨中弯矩应该相应增加，并且调幅后的跨中弯矩不应小于简支情况下跨中弯矩的 50%。而无论对水平地震作用引起的内力还是对竖向地震作用引起的内力均不应该进行调幅。

5.3.1　框架结构的抗震计算内容

框架结构的抗震设计内容及其步骤如下：

(1) 结构自振周期和振型计算。

(2) 地震作用计算。一般应在建筑结构的两个主轴方向分别考虑水平地震作用，各方向的水平地震作用全部由该方向抗侧力框架结构承担。除了质量和刚度分布明显不对称的结构应该考虑双向水平地震作用下的扭转影响外，其他情况可以采用调整地震作用效应的方法考虑扭转的影响。

可以采取底部剪力法、振型分解反应谱法或者时程分析法等方法计算框架结构的水平地震作用。各类建筑结构的抗震计算，应该采用下列方法。

1) 对于高度不超过 40m，以剪切变形为主的，且质量和刚度沿高度分布比较均匀的结构以及近似于单质点体系的结构，可以采用底部剪力法等简化方法。

2) 除 1) 款外的建筑结构，宜采用振型分解反应谱法。

3) 特别不规则的建筑，甲类建筑和《建筑结构抗震设计》（GB 50011—2010）限定的高度范围内的高层建筑，应该采用时程分析法进行多遇地震下的补充计算，可以取多条时程曲线计算结果的平均值与振型分解反应谱法计算结果的较大值。

(3) 地震作用效应计算。框架结构在地震作用下所引起的内力和位移的计算。

用手算方法计算框架内力时，框架结构的水平地震作用一般简化为作用在框架节点处的水平力，且假定同一楼层各柱柱端的侧移相等，忽略框架梁的变形。在工程中一般采用反弯点法和 D 值法来计算水平地震作用下框架结构的内力。

（4）竖向荷载作用下框架内力计算。竖向荷载作用下框架内力的近似计算方法有分层法和弯矩分配法。

（5）地震作用效应与其他荷载效应的组合。通过前面不同荷载作用下框架内力的分析，可以得到不同荷载作用下框架结构构件的荷载作用效应。对结构构件进行截面设计时，需要根据可能出现的最不利情况进行荷载组合，以获得构件控制截面上的最不利内力作为设计依据。

（6）根据抗震设计要求进行结构内力调整。对于钢筋混凝土框架结构，为了在不同程度上体现"强柱弱梁、强剪弱弯、强节点弱构件"等概念设计，实现框架结构在地震作用下的梁铰型破坏机制，需要对结构构件按照抗震等级的不同，对某些构件截面组合的设计内力做出调整。

（7）结构构件抗震承载力验算。为了达到三水准设防、二阶段设计的要求，需要对框架结构构件进行多遇地震作用下强度验算和结构弹性侧移验算，必要时，还要进行罕遇地震作用下结构薄弱层弹塑性侧移验算。

5.3.2　水平地震作用的分配和内力计算

（1）水平地震作用的分配。要把作用在各层的地震作用分配给各柱或者各榀抗侧力平面结构，通常需要假定楼屋盖在其平面内的刚度为无穷大，各柱或者各榀抗侧力平面结构在楼层屋盖处的水平变形是协调的。可以根据各柱或者各榀抗侧力平面结构的抗侧刚度进行地震作用引起的层剪力的分配。

《建筑结构抗震设计》（GB 50011—2010）规定，结构的楼层水平地震剪力，应按照下列原则分配：

1）现浇和装配整体式混凝土楼、屋盖等刚性楼盖建筑，宜按抗侧力构件等效刚度的比例分配。

2）木楼盖、木屋盖等柔性楼盖建筑，宜按抗侧力构件从属面积上重力荷载代表值的比例分配。

3）普通预制装配式混凝土楼盖、屋盖等半刚性楼盖、屋盖的建筑，可以取上述两种分配结果的平均值。

4）计入空间作用、楼盖变形、墙体弹塑性变形和扭转的影响时，可以按照规范有关规定对上述分配结果做适当调整。

当用底部剪力法计算时，一般不考虑结构的扭转影响，把层剪力按各柱的刚度分配给各柱，从而也得到各榀框架的地震作用。

例如，求得结构第 i 层的地震剪力 V_i 后，再把按该层各柱的刚度进行分配，得到该层第 j 柱所承受的地震剪力 V_{ij} 为

$$V_{ij} = \frac{D_{ij}}{\sum_{i=1}^{n} D_{ij}} V_i \qquad (5.2)$$

式中　D_{ij}——第 i 层第 j 根柱的抗侧刚度。

（2）水平地震作用下框架内力的计算。用计算机进行框架结构的静力计算，把框架结构上的地震作用作为静力荷载，或者动力计算采用时程分析法，可以直接得到各杆的内力。

在初步设计时，当计算层数比较少并且较为规则的框架结构在水平地震作用下的内力时，可以采用近似方法：反弯点法和 D 值法。

1）反弯点法。框架在水平荷载作用下，节点将同时产生转角和侧移。当梁的线刚度 $k_b = \dfrac{EI_b}{l}$ 和柱的线刚度 $k_c = \dfrac{EI_c}{l}$ 之比大于 3 时，节点转角 θ 很小，它对框架的内力影响不大。因此，为了简化计算，通常可以忽略不计，即假定 $\theta = 0$。实际上，这就把框架横梁简化成线刚度无穷大的刚性梁。这样处理可以使计算简化，而其误差一般不超过 5%。

采用上述假定后，在柱的 1/2 高度处截面弯矩为零，框架首层柱常取其 2/3 高度处截面弯矩为零。柱的弹性曲线在该处改变凸凹方向，故此处称为反弯点，反弯点距柱底的距离称为反弯点高度。框架结构底层柱反弯点高度为 $\dfrac{2}{3}H$，H 为柱高，其他各层柱反弯点高度为 $\dfrac{1}{2}H$。

多层框架结构在水平地震作用下内力计算方法。现将框架从第 i 层反弯点处切开。设作用在该层的总剪力为 V_i，则 $V_i = \sum\limits_i^n F_i$，根据水平力的平衡条件 $\sum X = 0$，得

$$V_i = \sum V_{ij} \tag{5.3}$$

式中　V_{ij}——第 i 层第 j 根柱所分配的剪力，其值为

$$V_{ij} = \frac{12k_{ij}}{h^2}\Delta_{ij} = d_{ij}\Delta_{ij} \tag{5.4}$$

$$d_{ij} = \frac{12k_{ij}}{h^2}$$

式中　d_{ij}——柱的侧移刚度，表示柱端产生相对水平位移（$\Delta_{ij}=1$）时，在柱内产生附加的剪力。

因为同一层各柱的相对水平位移相同，设为 Δ_i，于是

$$\Delta_i = \Delta_{ij} = \frac{V_i}{\sum\limits_{j=1}^n d_{ij}} \tag{5.5}$$

将上式代入式（5.4），得

$$V_{ij} = \frac{d_{ij}}{\sum\limits_{j=1}^n d_{ij}} V_i \tag{5.6}$$

式（5.6）说明，各柱所分配的剪力与该柱的侧移刚度成正比，楼层剪力按照各柱刚度分配给各柱。

求出各柱的剪力后，根据已知各柱的反弯点高度，可以求出各柱的弯矩。求出所有柱的弯矩后，考虑各节点的力矩平衡，对每个节点，由梁端弯矩之和等于柱弯矩之和，可以求出梁端弯矩之和 $\sum M_b$。把 $\sum M_b$ 按与该节点相连的梁的线刚度进行分配，即某梁所分配到的弯矩与该梁的线刚度成正比，就可以求出该节点各梁的梁端弯矩。规则框架在水平力作用下的典型弯矩图如图 5.13 所示。

2）D 值法。反弯点法中的梁刚度为无穷大的假定，使反弯点法的应用受到限制，一般

只适用于梁柱线刚度比大于 3 的情形。如不满足这个条件，柱的侧移刚度和反弯点位置都将随框架节点转角大小而改变。这时，再采用反弯点法求框架内力，就会产生较大的误差。

一般情况下，柱的侧移刚度还与梁的线刚度有关；柱的反弯点高度也与梁柱线刚度比、上下层梁的线刚度比、上下层的层高变化等因素有关。为了近似地考虑框架节点转动对柱的侧移刚度和反弯点高度的影响，在反弯点法的基础上考虑上

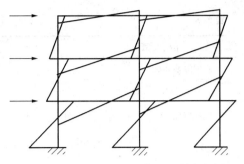

图 5.13　框架在水平力作用下的弯矩图

述因素，对柱的侧移刚度和反弯点高度进行修正，并且柱的侧移刚度以 D 表示，故得名 D 值法。由于 D 值法是目前分析框架内力比较简单、精确度比较高的一种近似方法，因此在工程中得到广泛采用。

D 值法计算框架内力的步骤可以总结为以下几个步骤：

a. 计算各层柱的侧移刚度 D。修正后的柱侧移刚度 D 可以表示为

$$D = \alpha \frac{12 i_c}{h^2} \qquad (5.7)$$

式中　i_c、h——柱的侧移刚度和高度；

α——考虑柱上下端节点弹性约束的修正系数，α 的计算公式汇总于表 5.4。

在表 5.4 中，$k_{b1} \sim k_{b6}$ 为梁的线刚度；k_c 为柱的线刚度。在计算梁的线刚度时，要考虑楼板对梁的刚度有利影响，即板作为梁的翼缘参加工作。在工程上，为了简化计算，通常，梁均先按照矩形截面计算其惯性矩，然后乘以表 5.5 中的放大系数，来考虑楼板或楼板上的现浇层对梁刚度的影响。

表 5.4　　　　　　　　　　　　　　　　　α 值计算公式表

楼层	边柱	中柱	a
一般层	$\overline{K} = \dfrac{k_{b1} + k_{b3}}{2 k_c}$	$\overline{K} = \dfrac{k_{b1} + k_{b2} + k_{b3} + k_{b4}}{2 k_c}$	$a = \dfrac{\overline{K}}{2 + \overline{K}}$
首层	$\overline{K} = \dfrac{k_{b5}}{k_c}$	$\overline{K} = \dfrac{k_{b6} + k_{b6}}{k_c}$	$a = \dfrac{0.5 + \overline{K}}{2 + \overline{K}}$

表 5.5   框架梁截面惯性矩放大系数

结构类型	中框架	边框架
现浇整体梁板结构	2.0	1.5
装配整体式叠合梁	1.5	1.2

注 中框架是指梁两侧有楼板的框架；边框架是指梁一侧有楼板的框架。

b. 计算各根柱所分配的剪力。已知第 i 层层间地震剪力 V_i，各柱所分配的剪力为

$$V_{ij} = \frac{D_{ij}}{\sum\limits_{i=1}^{n} D_{ij}} V_i \tag{5.8}$$

$$V_i = \sum\limits_{i}^{n} F_i$$

式中　V_{ij}——框架第 i 层第 j 根柱所分配的地震剪力；

　　　D_{ij}——第 i 层第 j 根柱的侧移刚度；

　　$\sum\limits_{j=1}^{n} D_{ij}$——第 i 层柱的侧移刚度之和；

　　　V_i——第 i 层地震剪力。

c. 确定柱子反弯点高度。D 值法的反弯点高度按照下式确定

$$h' = (y_0 + y_1 + y_2 + y_3)h \tag{5.9}$$

式中　y_0——标准反弯点高度比，其值根据框架总层数 m、所在层数 n 和梁柱线刚度比 $\overline{K}$，由附表 3.2 查得；

　　　y_1——某层上下梁线刚度不同时，该层柱反弯点高度比修正值，当 $k_{b1}+k_{b2}<k_{b3}+k_{b4}$ 时，令

$$\alpha = \frac{k_{b1}+k_{b2}}{k_{b3}+k_{b4}} \tag{5.10}$$

根据比值 α_1 和梁柱线刚度比 $\overline{K}$，由附表 3.3 查得，这时反弯点上移，故 y_1 取正值，如图 5.14（a）所示，当 $k_{b1}+k_{b2}>k_{b3}+k_{b4}$ 时，则令

$$\alpha_1 = \frac{k_{b3}+k_{b4}}{k_{b1}+k_{b2}} \tag{5.11}$$

由附表 3.3 查得。这时反弯点下移，故 y_1 取负值，如图 5.14（b）所示。

　　　y_2——上层高度 $h_上$ 与该层高度 h 不同时，如图 5.15 所示，反弯点高度比修正值，其值根据 $\alpha_2 = \dfrac{h_上}{h}$ 和 $\overline{K}$ 的数值由附表 3.4 查得；

　　　y_3——下层高度 $h_下$ 下与该层高度 h 不同时，如图 5.15 所示。

反弯点高度比修正值，其值根据 $\alpha_3 = \dfrac{h_下}{h}$ 和 $\overline{K}$ 的数值由附表 3.4 查得。

d. 根据已求得的各柱剪力和反弯点高度，可以求得各柱的弯矩。然后，可用与反弯点法相同的方法求出梁端弯矩，从而求得梁端的剪力和柱轴力等。

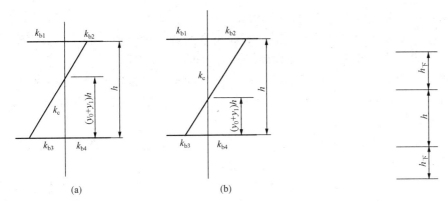

图 5.14　梁的线刚度对反弯点高度的影响　　　图 5.15　上下层高与该层不同时对反弯点高度的影响

5.3.3　框架结构内力调整

框架结构抗震设计必须遵守三条原则："强柱弱梁、强剪弱弯、强节点弱构件"。这三条原则就是框架结构内力调整的依据，内力调整是在框架结构内力组合之后、构件截面强度验算之前进行的。

（1）"强柱弱梁"原则。试验和分析结果表明，框架结构的变形能力与框架的破坏机制密切相关。如果把框架设计成强柱弱梁型，使梁先于柱屈服，柱子除底层柱根部可能屈服外均基本处于弹性状态，这样，整个框架将成为总体机制，有较大的内力重分布和耗能能力，极限层位移增大，抗震性能好。反之，如果把框架设计成强梁弱柱型，则柱子先出现塑性铰，而梁处于弹性状态，就形成楼层机制。随着地面运动的不同，塑性变形集中可能在不同的楼层出现，楼层机制耗能少，延性差。

因此，框架结构必须按"强柱弱梁"原则设计，即要使梁端的塑性铰先出、多出，尽量减少或推迟柱端塑性铰的出现，特别是要避免在同一层各柱的两端都出现塑性铰而形成薄弱层。由于在强震作用下的结构构件不存在强度储备，梁端实际达到的弯矩与其受弯承载力是相等的，柱端实际达到的弯矩也与其偏压下的承载力相等。因此，所谓"强柱弱梁"是指节点处梁端实际受弯承载力 M_{by}^a 和柱端实际受弯承载力 M_{cy}^a 之间满足下列不等式

$$M_{cy}^a > M_{by}^a \tag{5.12}$$

由于地震的复杂性，楼板内钢筋的影响和钢筋屈服强度的超强等因素，上述不等式难以通过精确的计算机真正实现。《建筑结构抗震设计》（GB 50011—2010）采用增大柱端弯矩设计值的方法，在梁端实配钢筋不超过计算配筋 10% 的前提下，将上述承载力不等式转为内力设计值的关系式，并使不同抗震等级的柱端弯矩设计值有不同程度的差异。《建筑结构抗震设计》（GB 50011—2010）的规定只在一定程度上减缓柱端的屈服。

《建筑结构抗震设计》（GB 50011—2010）规定，一、二、三级框架的梁柱节点处，除框架顶层和柱轴压比小于 0.15 者及框支梁与框支柱的节点外，柱端组合的弯矩设计值应符合下式要求

$$\sum M_c = \eta_c \sum M_b \tag{5.13}$$

一级框架结构及 9 度的一级框架应符合下式要求

$$\sum M_c = 1.2 \sum M_{bua} \tag{5.14}$$

式中　$\sum M_c$——节点上下柱端截面顺时针或逆时针方向组合的弯矩设计值之和，上下柱端

的弯矩设计值可以按照弹性分析分配；

$\sum M_b$——节点左右梁端截面逆时针或顺时针方向组合的弯矩设计值之和，一级框架节点右梁端均为负弯矩时，绝对值较小的弯矩应该取零；

$\sum M_{bua}$——节点左右梁端截面逆时针或顺时针方向实配的正截面抗震受弯承载力所对应的弯矩值之和，根据实配钢筋面积（计入梁受压筋和相关楼板钢筋）和材料强度标准值确定；

η_c——柱端弯矩增大系数，对框架结构，一、二、三、四级可以分别取 1.7、1.5、1.3、1.2，其他结构类型中的框架，一级取 1.4，二级取 1.2，三、四级取 1.1。

当框架底部若干层的柱反弯点不在楼层范围内时，说明该若干个层的框架梁相对较弱，为避免在竖向荷载和地震共同的作用下变形集中，压曲失稳，柱端界面组合的弯矩设计值也乘以上述柱端弯矩增大系数。

即使对于"强柱弱梁"的总体机制，在底层的柱底截面也会出现塑性铰。如果该部位过早出现塑性铰，将影响整个框架强柱弱梁塑性铰机制的发展。此外，底层柱的反弯点位置具有较大的不确定性。因此，增大底层柱配筋，可以推迟其塑性铰出现的时间，有利于提高框架的变形内力，《建筑结构抗震设计》（GB 50011—2010）还规定：一、二、三级框架结构的底层，柱下端截面组合的弯矩设计值，应该分别乘以增大系数 1.7、1.5、1.3 和 1.2。底层柱的纵向钢筋宜按上下端的不利情况配置。

（2）"强剪弱弯"原则。防止梁、柱在弯曲屈服之前出现剪切破坏是抗震概念设计的要求，它意味着构件的受剪承载力要大于构件弯曲时实际达到的剪力，即构件的受剪承载力与按照实际配筋面积和材料强度标准值计算的承载力之间要满足下列不等式

$$梁\qquad\qquad V_{bu} > (M_{bu}^l + M_{bu}^r)/l_{bn} + V_{Gb} \qquad\qquad (5.15)$$

$$柱\qquad\qquad V_{cu} > (M_{cu}^b + M_{cu}^t)/H_{cn} \qquad\qquad (5.16)$$

由于地震的复杂性、楼板的影响和钢筋屈服强度的超强等因素，上述原则难以通过精确的计算真正实现。为了简化计算与方便设计，《建筑结构抗震设计》（GB 50011—2010）在配筋不超过计算配筋 10% 的前提下，将承载力不等式转为内力设计表达式，采用不同的剪力增大系数，使强减弱弯的程度有所差别。该系数同样考虑了材料实际强度和钢筋实际面积这两个因素的影响，对柱还考虑了轴向力的影响，并简化计算。

对框架梁，《建筑结构抗震设计》（GB 50011—2010）规定的强剪弱弯措施是：一、二、三级的框架梁，梁端截面组合的剪力设计值按照下式调整

$$V = \eta_{vb}(M_b^l + M_b^r)/l_n + V_{Gb} \qquad\qquad (5.17)$$

一级框架结构及 9 度时的一级框架结构还应符合下式要求

$$V = 1.1(M_{bua}^l + M_{bua}^r)/l_n + V_{Gb} \qquad\qquad (5.18)$$

式中　　V——梁端截面组合的剪力设计值；

l_n——梁的净跨；

V_{Gb}——梁在重力荷载代表值（9 度时高层建筑还应该包括竖向地震作用标准值）作用下，按照简支梁分析的梁端截面剪力设计值；

M_b^l、M_b^r——分别为梁左右端逆时针或顺时针方向组合的弯矩设计值，一级框架两端弯矩均为负弯矩时，绝对值较小的弯矩应该取零；

M_{bua}^l、M_{bua}^r——分别为梁左右端逆时针或顺时针方向实配的正截面抗震受弯承载力所对应的

弯矩值，根据实配钢筋面积（计入梁受压筋和相关楼板钢筋）和材料强度标准值确定；

η_{vb}——梁端剪力增大系数，一级取 1.3，二级取 1.2，三级取 1.1。

对框架柱，《建筑结构抗震设计》（GB 50011—2010）规定的"强剪弱弯"措施是：一、二、三、四级的框架柱和框支柱组合的剪力设计值应按照下式调整

$$V = \eta_{vc}(M_c^b + M_c^t)/H_n \tag{5.19}$$

一级框架结构及 9 度的一级框架应该符合

$$V = 1.2(M_{cua}^b + M_{cua}^t)/H_n \tag{5.20}$$

式中　　V——柱端截面组合的剪力设计值；

$\quad\quad\quad H_n$——柱的净高；

M_c^t、M_c^b——分别为柱的上下端截面顺时针或者逆时针方向截面组合的弯矩设计值，应是已做"强柱弱梁"调整后的柱端弯矩值；

M_{cua}^t、M_{cua}^b——分别为偏心受压柱的上下端顺时针或者逆时针方向实配的正截面抗震受弯承载力所对应的弯矩值，根据实配钢筋面积、材料强度标准值和轴压力等确定；

$\quad\quad\eta_{vc}$——柱剪力增大系数，对框架结构，一、二、三、四级可以分别取 1.5、1.3、1.2、1.1，对其他结构类型中的框架，一级取 1.4，二级取 1.2，三、四级取 1.1。

因为框架结构的角柱受力比较复杂，并对抵抗结构扭转起到重要作用，所以《建筑结构抗震设计》（GB 50011—2010）还规定：一、二、三级框架的角柱，经"强柱弱梁、强剪弱弯"调整后的组合弯矩设计值、剪力设计值尚应乘以不小于 1.10 的增大系数。

（3）"强节点弱构件"原则。节点核心区是保证框架承载力和延性的关键部位，《建筑结构抗震设计》（GB 50011—2010）规定：对一、二级框架的节点核心区应该进行抗震验算；三、四级框架节点核心区，可以不进行抗震验算，但应该符合抗震构造措施的要求。为避免三级到二级承载力的突然变化，三级框架高度接近二级框架高度的下限时，明显不规则或者场地、地基条件不利时，可以采用二级并进行节点核心区受剪承载力的验算。

"强节点弱构件"的具体措施是增大节点核心区的组合剪力设计值。一、二级框架梁节点核心区组合的剪力设计值，应该按照下列公式计算：

1）顶层中间节点和端节点。

a. 一级抗震等级的框架结构和设防烈度为 9 度的一级抗震等级框架

$$V_j = \frac{1.15\sum M_{bua}}{h_{bo} - a_s'} \tag{5.21}$$

b. 其他情况

$$V_j = \frac{\eta_{jb}\sum M_b}{h_{bo} - a_s'} \tag{5.22}$$

2）其他层顶层中间节点和端节点。

a. 一级抗震等级的框架结构和设防烈度为 9 度的一级抗震等级框架

$$V_j = \frac{1.15\sum M_{bua}}{h_{b0} - a_s'}\left(1 - \frac{h_{b0} - a_s'}{H_c - h_b}\right) \tag{5.23}$$

b. 其他情况

$$V_j = \frac{\eta_{jb}\sum M_b}{h_{b0} - a_s'}\left(1 - \frac{h_{b0} - a_s'}{H_c - h_b}\right) \tag{5.24}$$

式中　V_j——梁柱节点核心区组合的剪力设计值；

　　　h_{b0}——梁截面的有效高度，节点两侧梁截面高度不等时可采用平均值；

　　　a'_s——梁受压钢筋合力点至截面近边的距离；

　　　H_c——柱的计算高度，可以采用节点上、下柱反弯点之间的距离；

　　　h_b——梁的截面高度，节点两侧梁截面高度不等时可以采用平均值；

　　　η_{jb}——节点剪力增大系数，对于框架结构，一级取 1.5，二级取 1.35，三级取 1.2，对于其他结构中的框架，一级取 1.35，二级取 1.20，三级取 1.10；

　　$\sum M_b$——节点左、右两侧的梁端逆时针或者顺时针方向组合弯矩设计值之和，一级抗震等级框架节点左右梁端均为负弯矩时，绝对值较小的弯矩应该取零；

　$\sum M_{bua}$——节点左、右两端梁端逆时针或者顺时针方向实配的正截面抗震受弯承载力所对应的弯矩值之和，根据实配钢筋面积（计入纵向受压钢筋）和材料强度标准值确定。

5.3.4　框架结构截面抗震验算

钢筋混凝土结构按照上述三原则调整地震作用效应后，在地震作用的不利组合下，可以按照《建筑结构抗震设计》（GB 50011—2010）和《混凝土结构设计规范》（GB 50010—2010）的有关要求进行构件截面抗震验算。

（1）按照抗剪要求复核框架梁、柱截面尺寸。为了防止构件截面的剪压比过大，在箍筋屈服前混凝土过早地发生剪切破坏，必须限制构件的剪压比，同时限制构件的最小截面尺寸。《建筑结构抗震设计》（GB 50011—2010）规定，钢筋混凝土结构的梁、柱、抗震墙和连梁，其截面组合的剪力设计值应符合下列要求：

跨高比大于 2.5 的梁和连梁及剪跨比大于 2 的柱和抗震墙

$$V \leqslant \frac{1}{\gamma_{RE}}(0.20 f_c b h_0) \tag{5.25}$$

上式还可以表达为 $\dfrac{V}{f_c b h_0} \leqslant \dfrac{0.20}{\gamma_{RE}}$，不等式的左边是剪力设计值与混凝土截面抗压强度之比，称为剪压比，所以式（5.25）又称为剪压比控制条件。

跨高比不大于 2.5 的连梁、剪跨比不大于 2 的柱和抗震墙、部分框支抗震墙结构的框支柱和框支梁以及落地抗震墙的底部加强部位

$$V \leqslant \frac{1}{\gamma_{RE}}(0.15 f_c b h_0) \tag{5.26}$$

剪跨比应该按照下式计算

$$\lambda = M^c/(V^c h_0) \tag{5.27}$$

式中　λ——跨剪比，应该按照柱端或墙端截面组合的弯矩计算值 M^c，对应的截面组合剪力计算值 V^c 及截面有效高度 h_0 确定，并取上下端计算结果的较大值，反弯点位于柱高中部的框架柱可以按照柱净高与 2 倍柱截面高度之比计算；

　　　V——按照规范调整后的梁端、柱端或墙端截面组合的剪力设计值；

　　　f_c——混凝土轴心抗压强度设计值；

　　　b——梁、柱截面宽度或抗震墙墙肢截面宽度，圆形截面柱可以按照面积相等的方形截面柱计算；

　　h_0——截面有效高度，抗震墙可以取墙肢长度。

　　（2）框架梁、柱截面抗震承载力验算。框架结构梁与柱的截面抗震承载力验算与非抗震设计时承载力验算基本相同，差别只是在抗震验算的公式中要考虑承载力抗震调整系数。梁和柱截面抗震验算的一般表达式是

$$S \leqslant R / \gamma_{\text{RE}} \tag{5.28}$$

其中 S 是按照上述三原则调整后的内力设计值，R 是构件承载力设计值，γ_{RE} 是承载力抗震调整系数。为了能与无地震作用的组合内力进行比较，便于选择控制内力值，可以将 γ_{RE} 移到不等式的左边，即

$$\gamma_{\text{RE}} S \leqslant R \tag{5.29}$$

这样，在截面设计时，可以不再考虑承载力的调整。

　　钢筋混凝土框架梁按照受弯构件进行截面承载力的验算，框架柱按照偏心受压或偏心受拉构件进行截面承载力的验算，框架梁、柱均需要按照《混凝土结构设计规范》（GB 50010—2010）的要求进行设计。此外，抗震设计时还必须遵守《建筑结构抗震设计》（GB 50011—2010）的规定。

　　要使框架柱具有较好的抗震性能，应该确保框架柱有足够的承载力和必要的延性。为此，框架柱的抗震设计除了应该按照"强柱弱梁、强剪弱弯"的原则调整内力以及按剪压比要求抗震截面尺寸外，还应该遵循以下五个原则。

　　1）控制最小截面尺寸和截面高宽比。柱截面尺寸过小会使框架侧移刚度不足、侧移过大，截面高宽比过大将导致框架结构两个方向的侧移刚度相差较大，且不利于柱短边方向的稳定。

　　2）控制剪跨比。剪跨比是反映柱（或抗震墙）截面所承受的弯矩与剪力相对大小的一个参数，按图 5.16 及图中公式进行计算。

　　图中，h_i 是第 i 层柱（或抗震墙）的反弯点高度，d 是沿计算方向的柱（或抗震墙）截面宽度。试验研究表明，剪跨比是影响钢筋混凝土柱破坏形态的最重要因素。剪跨比 $\lambda > 2$ 时，称为长柱，多发生弯曲破坏，但仍需要配置足够的抗剪箍筋；剪跨比 $\lambda \leqslant 2$ 时，称为短柱，多发生剪切破坏，但当提高混凝土等级并配有足够的抗剪箍筋后，可以出现有延性的剪

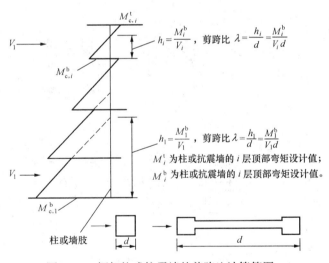

图 5.16　框架柱或抗震墙的剪跨比计算简图

切受压破坏；剪跨比小于 1.5 时，称为极短柱，一般都会发生剪切斜拉破坏，几乎没有延性。因此，设计框架结构时应该避免极短柱，规范要求：框架柱剪跨比宜大于 2。

　　3）控制轴压比。轴压比是指组合的轴向压力设计值 N 与柱的全截面面积 A_c 和混凝土轴心抗压强度设计值 f_c 的比值，表示为

$$\mu = \frac{N}{f_c A_c} \tag{5.30}$$

　　轴压比是影响框架柱延性和破坏形态的另一个重要参数。试验研究表明，随着轴压比增大，柱延性降低、耗能能力减小，而且轴压比对短柱影响更大。在柱截面中，多数是对称配筋的，由极限状态下截面内力平衡条件可知，轴压比实际上反映了柱截面中混凝土受压区相对高度 x/h_0 的大小，轴压比限值的实质是大偏心受压与小偏心受压的界限，当 $x/h_0 > \xi_b$ 时，就会出现小偏心脆性破坏。因此，规范控制框架轴压比的意义，就在于尽量使柱处于大偏心受压状态，避免出现脆性小偏心受压破坏。

　　4）柱内纵向钢筋配置要求。试验表明，柱的屈服位移角主要受纵向受拉钢筋配筋率支配，并大致随纵向受拉钢筋配筋率的增大而增大。为了避免在地震作用下柱过早进入屈服，并获得较大的屈服变形，要求柱的纵向钢筋配置不小于最小配筋率。

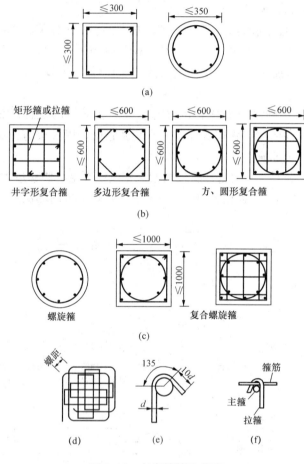

图 5.17　各类箍筋示意图

（a）普通箍；（b）复合箍；（c）螺旋箍；（d）连续符合螺旋箍（用于矩形截面柱）；（e）箍筋的弯钩；（f）拉筋与主筋和箍筋连接

　　柱纵向钢筋的绑扎接头应避开柱端的箍筋加密区。框架梁和柱的纵向钢筋接头，一级和二级抗震时的部位，以及三级抗震时的底层柱底处，宜采用焊接或机械连接，其他情况可以采用绑扎接头。绑扎接头的搭接长度，抗震等级为一、二级时，应该比非抗震设计的最小搭接长度增加 5 倍搭接钢筋直径。焊接或绑扎接头的位置宜避开梁端、柱端的箍筋加密区。

　　5）加强柱的横向约束。钢筋混凝土柱的横向约束一般由箍筋提供。箍筋的主要作用是约束混凝土的横向变形，从而提高混凝土的抗压强度和变形能力，并为纵向钢筋提供侧向支承，防止纵筋压屈；此外，箍筋还能承担柱剪力。常用的箍筋形式如图 5.17 所示。

　　（3）节点核心区的抗震验算。《建筑结构抗震设计》（GB 50011—2010）规定：一、二级框架的节点核心区，应该进行抗震受剪承载力验算；三、四级框架节点核心区，可以不进行抗震验算，但应该符合抗震构造措施的要求。

　　框架节点核心区是指框架梁、柱相交的部分。节点核心区混凝土处于压剪复合应力状态，如图 5.18 所示。在地震反复荷载作用下，节点震害多为 X 形裂缝。试验结果表明，节点核心区的破坏可分为两个阶段：第一阶段，随着反复荷载的增加，首先在角上出现微斜裂缝，并向中心发展，然后突然出现斜向贯通裂缝，使节点刚度迅速下降，这个阶段主要由混凝土承担剪力；第二阶段，随着荷载继续增加，节点核心区出现多条严重斜向裂缝，这是主要由箍筋承担剪力，直至箍筋达到屈服，在混凝土尚未剥落前，节点仍可以承担一定的荷载。

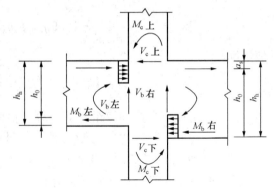

节点的抗震验算包括调整节点的剪力设计值、按照剪压比要求核算节点核心区截面尺寸以及节点核心区的抗剪承载力验算。

1）节点核心区截面尺寸的核算。节点核心区截面有效验算宽度，应该按照下列规定采用。

图 5.18 框架节点核心区受力示意图

a. 核心区截面有效验算宽度，当验算方向的梁截面宽度不小于该侧柱截面宽度的 1/2 时，可以采用该侧柱截面高度，当小于该侧柱截面高度的 1/2 时，可以采用下列两者的较小者

$$b_j = b_b + 0.5 h_c \tag{5.31}$$

$$b_j = b_c \tag{5.32}$$

式中 b_j——节点核心区的截面有效验算宽度；

b_b——梁截面宽度；

h_c——验算方向的柱截面高度；

b_c——验算方向的柱截面宽度。

b. 当梁、柱的中线不重合且偏心距不大于柱宽的 1/4 时，核心区的截面有效验算宽度可以采用 a. 项和下式计算结果的较小值

$$b_j = 0.5(b_b + b_c) + 0.25 h_c - e \tag{5.33}$$

式中 e——梁和柱中线偏心距。

为控制剪压比，节点核心区的剪力设计值应该符合下式要求

$$V_j \leqslant \frac{1}{\gamma_{RE}} (0.3 \eta_j \beta_c f_c b_j h_j) \tag{5.34}$$

式中 η_j——正交梁对节点的约束影响系数，当楼板为现浇，梁柱中线重合，四侧各梁截面宽度不小于该侧柱截面宽度的 1/2，且正交方向梁高不小于较高框架梁高度的 3/4 时，可以采用 1.50，9 度时宜采用 1.25，其他情况均采用 1.00；

b_j——框架节点核心区的截面有效验算宽度，当 $b_b \geqslant \dfrac{b_c}{2}$ 时，可取 b_c，当 $b_b < \dfrac{b_c}{2}$ 时，可取 $(b_b + 0.5 h_c)$ 和 b_c 中的较小值，当梁与柱的中线不重合且偏心距 $e \leqslant \dfrac{b_c}{4}$ 时，可以取 $(b_b + 0.5 h_c)$、$(0.5 b_b + 0.5 b_c + 0.25 h_c - e)$ 和 b_c 三者中的最小值，此处，b_b 为验算方向梁截面宽度，b_c 为该侧柱截面宽度；

h_j——节点核心区的截面高度，可以采用验算方向的柱截面高度 h_c；

γ_{RE}——承载力抗震调整系数，可以采用 0.85。

2）框架梁、柱节点核心区抗剪承载力验算。节点核心区截面受剪承载力，应该采用下列公式验算。

设防烈度为 9 度的一级抗震等级框架节点为

$$V_j \leqslant \frac{1}{\gamma_{RE}} \left(0.9 \eta_j f_t b_j h_j + f_{yv} A_{svj} \frac{h_{b0} - a_s'}{s} \right) \tag{5.35}$$

其他情况

$$V_j \leqslant \frac{1}{\gamma_{RE}} \left(1.1 \eta_j f_t b_j h_j + 0.05 \eta_j N \frac{b_j}{b_c} + f_{yv} A_{svj} \frac{h_{b0} - a_s'}{s} \right) \tag{5.36}$$

式中　N——对应于考虑地震组合剪力设计值的节点上柱底部的轴向力设计值，当 N 为压力时，取轴向压力设计值的较小值，且当 $N > 0.5 f_c b_c h_c$ 时，取 $0.5 f_c b_c h_c$，当 N 为拉力时，取 $N = 0$；

　　　　f_t——混凝土轴心抗拉强度设计值；

　　　A_{svj}——核心区有效验算宽度范围内同一截面验算方向箍筋各肢的全部截面面积；

　　　　s——箍筋间距；

　　　h_{b0}——框架梁截面有效高度，节点两侧梁截面高度不等时取平均值。

5.3.5　框架结构的抗震构造措施

（1）梁的构造措施。

1）梁的截面尺寸。

a. 梁的截面宽度不宜小于 200mm，截面高宽比不宜大于 4，净跨与截面高度之比不宜小于 4。

b. 采用宽扁梁时，楼屋盖应现浇，梁中线宜与柱中线重合。扁梁宜双向布置，扁梁的截面尺寸应符合下列要求，满足有关规范对挠度和裂缝宽度的规定

$$b_b \leqslant 2b_c \tag{5.37}$$

$$b_b \leqslant h_c + h_b \tag{5.38}$$

$$h_b \geqslant 16d \tag{5.39}$$

式中　b_c——柱截面宽度，圆形截面取柱直径的 0.8 倍；

　　b_b、h_b——梁截面宽度和高度；

　　　　d——柱纵筋直径。

2）梁的纵向钢筋配置。

a. 梁端截面的底面和顶面纵向钢筋配筋量的比值，除按照计算确定外，一级不应小于 0.5，二、三级不应小于 0.3。

b. 梁端纵向受拉钢筋配筋率不宜大于 2.5%。沿梁全长顶面、底面的配筋，一、二级不应少于 $2\phi14$，且分别不应该少于梁顶面和底面两端纵向钢筋中较大截面面积的 1/4；三、四级不应少于 $2\phi12$。

c. 一、二、三级框架梁内贯通中柱的每根纵筋直径，对框架结构不应该大于矩形截面柱在该方向截面尺寸的 1/20，或者纵向钢筋所在位置图形截面柱弦长的 1/20，对其他结构类型的框架不宜大于矩形截面柱在该方向截面尺寸的 1/20，或者纵向钢筋所在位置圆形截面柱弦长的 1/20。

d. 梁端计入受压钢筋的混凝土受压区高度和有效高度之比一级不应该大于 0.25，二、三级不应该大于 0.35。

3）梁端加密区箍筋配置。梁端加密区箍筋配置，应该符合下列要求。

a. 加密区的长度、箍筋直径、箍筋间距见表 5.6。

b. 梁端加密区的箍筋肢距，一级不宜大于 200mm 和 20 倍箍筋直径的较大值，二、三级不宜大于 250mm 和 20 倍箍筋直径的较大值，四级不宜大于 300mm。

（2）柱的构造措施。

1）柱的截面尺寸。

a. 柱截面的宽度和高度，四级或者不超过二层时不宜小于 300mm，一、二、三级且超过二层时不宜小于 400mm；圆柱的直径，四级或者不超过二层时不宜小于 350mm，一、二、三级且超过二层时不宜小于 450mm。

表 5.6　　　　　　**梁端箍筋加密区的长度、箍筋的最大间距、箍筋最小直径**

抗震等级	加密区长度 （采用较大值）（mm）	箍筋最大间距 （采用最小值）（mm）	箍筋最小直径（mm）
一	$2h_b$，500	$h_b/4$，$6d$，100	10
二	$1.5h_b$，500	$h_b/4$，$8d$，100	8
三	$1.5h_b$，500	$h_b/4$，$8d$，150	8
四	$1.5h_b$，500	$h_b/4$，$8d$，150	6

注　1. d 为纵向钢筋直径，h_b 为梁截面高度。

　　2. 箍筋直径大于 12mm，数量不少于 4 肢且肢距不大于 150mm 时，一、二级的最大间距应该允许适当放宽，但不得大于 150mm。

b. 剪跨比宜大于 2.0。

c. 截面长边与短边的边长比不宜大于 3。

2）轴压比的限值。柱轴压比不宜超过表 5.7 的规定；建造与Ⅳ类场地且较高的高层建筑，柱轴压比限值应适当减小。

表 5.7　　　　　　　　　　　**柱 轴 压 比 限 值**

结构类型	抗震等级			
	一级	二级	三级	四级
框架结构	0.65	0.75	0.85	0.90
框架—抗震墙、板柱—抗震墙、 框架—核心筒及筒中筒	0.75	0.85	0.90	0.95
部分框支抗震墙	0.6	0.7	—	

注　1. 轴压比指柱组合的轴压力设计值与柱的全截面面积和混凝土轴心抗压强度设计值乘积之比值；对抗震规范规定不进行地震作用计算的结构，可以取无地震作用组合的轴力设计值计算。

　　2. 表内限值适用于剪跨比大于 2、混凝土强度等级不高于 C60 的柱；剪跨比不大于 2 的柱，轴压比值应该降低 0.05；剪跨比小于 1.5 的柱，轴压比限值应该专门研究并采取特殊构造措施。

　　3. 沿柱全高采用井字复合箍且箍筋肢距不大于 200mm、间距不大于 100m、直径不小于 12mm，或沿柱全高采用复合螺旋箍、螺旋间距不大于 100mm、箍筋肢距不大于 200mm、直径不小于 12mm，或沿柱全高采用连续复合矩形螺旋箍、螺旋净距不大于 80mm、箍筋肢距不大于 200mm、直径不小于 10mm，轴压比限值均可增加 0.10；上述三种箍筋的最小配箍特征值均应该按照增大的轴压比由抗震规范确定。

　　4. 在柱的截面中部附加芯柱，其中另加的纵向钢筋的总面积不少于柱截面面积的 0.8%，轴压比值可增加 0.05，此项措施与注 3 的措施共同采用时，轴压比值可以增加 0.15，但箍筋的体积配箍率仍可以按照轴压比增加 0.10 的要求确定。

　　5. 柱轴压比不应大于 1.05。

3）柱纵向钢筋配置。

a. 框架柱截面宜采用对称配置。截面尺寸大于 400mm 的框架柱，纵向钢筋间距不宜大于 200mm。

b. 柱总配筋率不应该大于 5%；剪跨比不大于 2 的一级框架的柱，每侧纵向钢筋配筋率不宜大于 1.2%。边柱、角柱及抗震墙端柱在地震作用组合产生小偏心受拉时，柱内纵筋总截面面积应该比计算值增加 25%。

c. 柱截面纵向受力钢筋的最小总配筋率应符合表 5.8 要求，同时每一侧配筋率不应小于 0.2%；对建造与 IV 类场地且较高的高层建筑，表中的数值应增加 0.1%。

表 5.8　　　　　　　　　　　柱截面纵向钢筋的最小总配筋率　　　　　　　　　　　　%

类别	抗震等级			
	一级	二级	三级	四级
中柱和边柱	0.9（1.0）	0.7（0.8）	0.6（0.7）	0.5（0.6）
角柱、框支柱	1.1	0.9	0.8	0.7

注　1. 表中括号内数值用于框架结构的柱。

　　2. 钢筋强度标准值小于 400MPa 时，表中数值应增加 0.1，钢筋强度标准值为 400MPa 时，表中数值应增加 0.05。

　　3. 混凝土强度等级高于 C60 时，上述数值应相应增加 0.1。

4）柱的箍筋配置。

a. 柱箍筋加密区的范围，应该符合下列要求：

①柱子两端取截面高度（圆柱直径）、柱净高的 1/6 和 500mm 三者的最大值。

②底层柱的下端不小于柱净高的 1/3，当有刚性地面时，除柱端外尚应取刚性地面上下各 500mm。

③剪跨比不大于 2 的柱，因设置填充墙等形成的柱净高与柱截面高度之比不大于 4 的柱、框支柱和一级、二级框架柱的角柱，取全高。

b. 柱箍筋加密区的箍筋间距、直径和肢数。

①一般情况下，箍筋的最大间距和最小直径，应该按照表 5.9 取用。

表 5.9　　　　　　　　　　柱箍筋加密区的箍筋最大间距和最小直径

抗震等级	箍筋最大间距（采用较小值）（mm）	箍筋最小直径（mm）
一	6d，100	10
二	8d，100	8
三	8d，150（柱根 100）	8
四	8d，150（柱根 100）	6（柱根 8）

注　1. d 为柱纵筋最小直径。

　　2. 柱根指底层柱下端箍筋加密区。

②一级框架柱的箍筋直径大于 12mm 且箍筋肢距不大于 150mm 及二级框架柱的箍筋直径不小于 10mm 且肢距不大于 200mm 时，除柱根外最大间距允许采用 150mm；三级框架柱的截面尺寸不大于 400mm 时，箍筋最小直径允许采用 6mm；四级框架柱剪跨比不大于 2

时，箍筋直径不应小于 8mm。

③框支柱和剪跨比不大于 2 的柱，箍筋间距不应大于 100mm。

④柱箍筋加密区的箍筋肢距，一级不宜大于 200mm，二、三级不宜大于 250mm，四级不宜大于 300mm。至少每隔一根纵向钢筋宜在两个方向有箍筋或者拉筋约束；当采用拉筋复合箍筋时，拉筋宜紧靠纵向钢筋并勾住箍筋。

⑤柱箍筋加密区的体积配箍率应该符合下式要求

$$\rho_v \geqslant \lambda_v f_c / f_{yv} \tag{5.40}$$

式中　ρ_v——柱箍筋加密区的体积配箍率，一级不应该小于 0.8％，二级不应该小于 0.6％，三、四级不应该小于 0.4％，计算复合螺旋箍的体积配箍率时，其非螺旋箍的箍筋体积应乘以折减系数 0.80；

　　　　f_c——混凝土轴心抗压强度，强度等级低于 C35 时，应该按照 C35 计算；

　　　　f_{yv}——箍筋或者拉筋抗拉强度设计值；

　　　　λ_v——最小配箍特征值，按照规范要求采用。

⑥柱箍筋非加密区的体积配箍率不宜小于加密区的 50％；箍筋间距，一、二级框架柱不应大于 10 倍纵向钢筋直径，三、四级框架柱不应大于 15 倍纵向钢筋直径。

（3）框架节点的构造措施。框架节点的抗震构造要求有三方面：一是节点区的混凝土强度等级，二是节点区箍筋加密，三是梁、柱纵筋在节点区的锚固。

对于混凝土强度等级，一级框架的梁、柱、节点均不宜低于 C30，其他各类构件不应低于 C20。因为节点区混凝土所受剪力比梁端和柱端都大，所以要保证节点区的混凝土有较高的强度。当梁的混凝土等级比柱的低时，应该使节点区的混凝土等级与柱相同，而不是与梁相同，这点在施工时要做到。

对于节点区箍筋加密及梁、柱纵筋在节点区的锚固等构造要求，《建筑结构抗震设计》（GB 50011—2010）有如下规定：

1）框架梁柱节点核心区箍筋的最大间距和最小直径同框架柱端箍筋加密区的要求。

2）一、二、三级框架节点核心区配箍特征值分别不宜小于 0.12、0.10 和 0.08，且体积配箍率分别不宜小于 0.6％、0.5％和 0.4％。

3）柱剪跨比不大于 2 的框架节点核心区体积配箍率不宜小于核心区上、下柱端的较大体积配箍率。

4）梁柱纵筋在节点区的锚固。

a. 按照抗震设计要求的梁柱纵筋的基本锚固长度为

$$l_{abE} = \zeta_{aE} l_{ab} \tag{5.41}$$

受拉钢筋抗震锚固长度应按照下式计算

$$l_{aE} = \zeta_{aE} l_a \tag{5.42}$$

式中　ζ_{aE}——纵向受拉钢筋抗震锚固长度修正系数，对一、二级抗震等级取 1.15，对三级抗震等级取 1.05，四级抗震等级取 1.00；

　　　　l_{ab}——纵向受拉钢筋的基本锚固长度，按照《混凝土结构设计规范》（GB 50010—2010）的规定采用；

　　　　l_a——受拉钢筋的锚固长度，按照《混凝土结构设计规范》（GB 50010—2010）的规定采用。

当采用搭接连接时，纵向受拉钢筋的抗震搭接长度应该按下列公式计算

$$l_{lE} = \zeta_l l_{aE} \tag{5.43}$$

式中　ζ_l——纵向受拉钢筋的搭接长度修正系数，按照《混凝土结构设计规范》（GB 50010—2010）的规定采用。

b. 梁柱纵筋在节点区的锚固类型如图 5.19 所示。

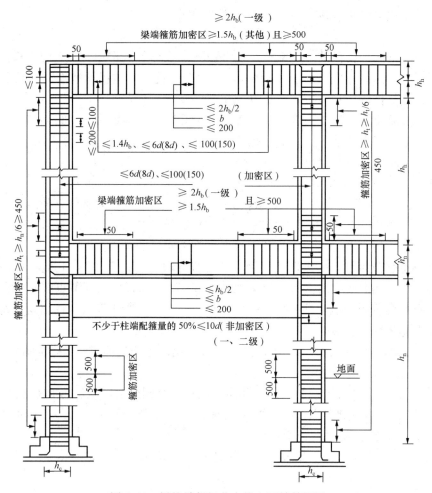

图 5.19　梁柱端部级节点核心区箍筋配置

（4）砌体填充墙与框架的连接构造措施。钢筋混凝土结构中的砌体填充墙，宜与柱脱开或采用柔性连接，并应该符合下列要求：

1）填充墙体在平面和竖向的布置，宜均匀对称，避开形成薄弱层或短柱。

2）砌体的砂浆强度等级不应该低于 M5，实心块体的强度等级不宜低于 MU2.5，空心块体的强度等级不宜低于 MU3.5，墙顶应该与框架梁密切结合。

3）填充墙应沿框架柱全高每隔 500mm 设 $2\phi 6$ 拉筋，拉筋伸入墙内的长度，设防烈度为 6、7 度时宜沿墙全长贯通，设防烈度为 8、9 度时宜沿全长贯通。

4）墙长大于 5m 时，墙顶与梁宜有拉结；墙长超过 8m 或者超过层高 2 倍时，宜设置钢筋混凝土构造柱；墙高超过 4m 时，墙体半高宜设置与柱连接且沿墙全长贯通的钢筋混凝土

水平系梁。

5.4 抗震墙结构的抗震设计

抗震墙结构一般有较好的抗震性能，但也要合理设计。抗震设计所遵循的一般原则，如平面布置要对称等，也适用于抗震墙设计。

5.4.1 抗震墙结构的设计要点

抗震墙是一种抗侧力的结构单元，它可以组成完全由抗震墙抵抗水平力的抗震墙结构。抗震墙具有较大的抗侧刚度，其抗震能力远比柔性的框架结构好。

抗震墙结构中的抗震墙设置，宜符合下列要求。

（1）较长的抗震墙宜开设洞口，将一道抗震墙分成长度较均匀的若干墙段，洞口连梁的跨高比宜大于 6，各墙段的高宽比不应小于 2。这主要是使构件有足够的弯曲变形能力。

（2）墙肢的长度沿结构全高不宜有突变；抗震墙有较大洞口时以及一、二级抗震墙的底部加强部位，洞口宜上下对齐。

（3）矩形平面的部分框支抗震墙结构，其框支层的楼层侧向刚度不应小于相邻非框支层侧向刚度的 50%；框支层落地抗震墙间距不宜大于 24m，框支层的平面尚宜对称，且宜设抗震筒体。

（4）部分框支抗震墙结构的抗震墙，其底部加强部位的高度，可以取框支层加框支层以上二层的高度及落地抗震墙总高度的 1/8 两者的较大值，且不大于 15m；其他结构的抗震墙，其底部加强部位的高度可以取墙肢总高度的 1/8 和底部二层两者的较大值，且不大于 15m。

5.4.2 抗震墙结构的地震作用计算

抗震墙结构的地震作用，可以视情况用底部剪力法、振型分解法或者时程分析法计算。主要是确定抗震墙结构的抗侧刚度，为此需要对抗震墙进行分类。

（1）抗震墙的分类。单片抗震墙按照其开洞大小呈现不同的特性。洞口的大小可以用洞口系数 ρ 表示，即

$$\rho = \frac{墙面洞口面积}{墙面不计洞口的总面积} \tag{5.44}$$

另外，抗震墙的特性还与连梁刚度与墙肢刚度之比及墙肢的惯性矩与总惯性矩之比有关，故再引入整体系数 α 和惯性比 I_A/I（或者称轴向变形影响系数 τ），其中 α 和 I_A 分别定义为

$$\alpha = H \sqrt{\frac{6}{\tau h \sum\limits_{j=1}^{m+1} I_j} \sum_{j=1}^{m+1} \frac{I_{bj} c_j^2}{\alpha_j^3}} \tag{5.45}$$

$$I_A = I - \sum_{j=1}^{m+1} I_j \tag{5.46}$$

$$\tau = \frac{I_A}{I} = \frac{\alpha_1^2}{\alpha^2}$$

式中 τ——轴向变形影响系数；

$\quad\quad \alpha_1^2$——没有考虑墙肢轴向变形的整体参数；

α^2——考虑墙肢轴向变形的整体参数，一般情况下 3～4 肢时取 0.8，5～7 肢时取 0.85，8 肢以上时取 0.95；

m——孔洞列数；

h——层高；

I_{bj}——第 j 孔洞连梁的折算惯性矩；

α_j——第 j 孔洞连梁计算跨度的一半；

c_j——第 j 孔洞两边墙肢轴线距离的一半；

I_j——第 j 墙肢的惯性矩；

I——抗震墙对组合截面形心的惯性矩。

第 j 孔洞连梁的折算惯性矩的计算公式为

$$I_{bj} = \frac{I_{bj0}}{1 + \dfrac{3E_c\mu I_{bj0}}{GA_{bj}\alpha_j^2}} \tag{5.47}$$

式中　I_{bj0}——连梁的抗弯惯性矩；

A_{bj}——连梁的截面面积；

μ——截面剪应力不均匀系数，矩形截面取 $\mu=1.2$；

E_c、G——分别为混凝土弹性模量和剪切弹性模量。

所以，抗震墙可以按照开洞情况、整体系数和惯性矩比分成以下几类。

1）整体墙。整体墙指没有洞口或者洞口很小的抗震墙，如图 5.20（a）所示，即当墙面上门窗、洞口等开孔面积不超过墙面面积的 15%（$\rho<0.15$），且孔洞间净距及孔洞至墙边净距大于孔洞长边。这时可以忽略洞口的影响，墙的应力可以按照平截面假定，用材料力学公式计算，其变形属于弯曲型。

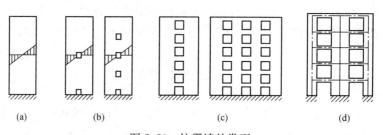

图 5.20　抗震墙的类型

（a）整体墙；（b）小开口整体墙；（c）联肢墙；（d）壁式框架

2）小开口整体墙。当 15%≤ρ<30%，α≥10，且 I_A/I≤ζ 时，为小开口整体墙，如图 5.20（b）所示，其中 ζ 值见表 5.10。可以按照平截面假定计算，但所得的应力应该加以修正。相应的变形基本属于弯曲型。

3）联肢墙（双肢墙和多肢墙）。当 30%≤ρ≤50%，1.0<α<10，且 I_A/I≤ζ 时，为联肢墙如图 5.20（c）所示，此时墙肢截面应力，不能用平截面假定得到的整体应力加上修正应力来解决，可以借助于微分方程来求解，它的变形已从弯曲型逐渐向剪切型过渡。

4）壁式框架。当洞口很大时，当 ρ>50%，α≥10，且 I_A/I>ζ 时，为壁式框架，如图 5.20（d）所示。壁式框架与普通框架的差别有两点：一是刚域的存在；二是杆件截面比较宽，剪切变形的影响不宜忽略。因此，在采用 D 值法进行计算时，原理和步骤与普通框架是一样的，但是需要进行一些修正。

5）大开口墙。当 $\alpha < 1.0$，墙肢间连梁很弱时，可以忽略其影响，按照各自独立的悬臂墙肢考虑。

（2）总体计算。用计算机程序计算当然是一般的方法。在特定的情况下，也可以采用下述近似方法计算。首先采用多质点模型计算地震作用沿竖向的分布，然后把地震作用分配给各榀抗侧力结构。一般假定楼板在其平面内的刚度为无穷大，在其平面外的刚度则为零。在下面的分析中，假定不考虑整体扭转作用。

表 5.10　　　　　　　　　　　　　　系数 ζ 的取值表

层数 α	8	10	12	16	20	$\geqslant 30$
10	0.887	0.938	0.974	1.000	1.000	1.000
12	0.862	0.915	0.950	0.994	1.000	1.000
14	0.853	0.901	0.933	0.976	1.000	1.000
16	0.844	0.889	0.924	0.963	0.989	1.000
18	0.831	0.881	0.913	0.953	0.978	1.000
20	0.832	0.875	0.906	0.945	0.970	1.000
22	0.828	0.871	0.901	0.939	0.964	1.000
24	0.825	0.867	0.897	0.935	0.959	0.989
26	0.822	0.864	0.893	0.931	0.956	0.986
28	0.820	0.861	0.889	0.928	0.953	0.982
$\geqslant 30$	0.818	0.858	0.885	0.925	0.949	0.979

对于层数不高，以剪切变形为主的抗震墙结构，可以用底部剪力法计算地震作用并分配给各片墙。

对以弯曲变形为主的高层抗震墙结构，可以采用振型分解法或者时程分析法得出作用于竖向各质点的水平地震作用。整个结构的抗弯刚度等于各片墙的抗弯刚度之和。

（3）等效刚度。单片墙的抗弯刚度可以采用一些近似公式计算。按弹性计算时，沿竖向刚度比较均匀的抗震墙的等效刚度采用下列方法计算。

1）整体墙。等效刚度 $E_c I_{eq}$ 的计算式为

$$E_c I_{eq} = \frac{E_c I_w}{1 + \dfrac{9 \mu I_w}{A_w H^2}} \tag{5.48}$$

式中　E_c——混凝土的弹性模量；

$\quad\quad I_{eq}$——等效惯性矩；

$\quad\quad H$——抗震墙的高度；

$\quad\quad \mu$——截面形状系数，对矩形截面取 1.2，I 形截面，$\mu =$ 全面积/腹板面积，T 形截面的 μ 值见表 5.11；

　　　　I_w——抗震墙水平截面的平均惯性矩，取有洞口和无洞口截面的惯性矩按层高的加
　　　　权平均值，即

$$I_w = \frac{\sum I_i h_i}{\sum h_i} \tag{5.49}$$

式中　I_i——抗震墙沿高度方向各段横截面惯性矩（有洞口时要扣除洞口的影响）；
　　　　h_i——相应段的高度。

　　式（5.48）中的 A_w 为抗震墙折算截面面积。对小洞口整截面墙取

$$A_w = \gamma_0 A = \left(1 - 1.25\sqrt{\frac{A_{eq}}{A_0}}\right) A \tag{5.50}$$

式中　A——墙截面毛面积；
　　　　A_{eq}——墙面洞口面积；
　　　　A_0——墙面总面积；
　　　　γ_0——洞口削弱系数。

表 5.11　　　　　　　　　　　　　**T 形截面剪应力不均匀系数 μ**

H/t \ B/t	2	4	6	8	10	12
2	1.383	1.496	1.521	1.511	1.483	1.445
4	1.441	1.876	2.287	2.682	3.061	3.424
6	1.362	1.097	2.033	2.367	2.698	3.026
8	1.313	1.572	1.838	2.106	2.374	2.641
10	1.283	1.489	1.707	1.927	2.148	2.370
12	1.264	1.432	1.614	1.800	1.988	2.178
15	1.245	1.374	1.519	1.669	1.820	1.973
20	1.228	1.317	1.422	1.534	1.648	1.763
30	1.214	1.264	1.328	1.399	1.473	1.549
40	1.208	1.240	1.284	1.334	1.387	1.442

　　注　B 为翼缘宽度；t 为抗震墙厚度；H 为抗震墙截面高度。

　　2）整体小开口墙其等效刚度为

$$E_c I_{eq} = \frac{0.8 E_c I_w}{1 + \dfrac{9\mu(0.8 I_w)}{\sum A_i H^2}} \tag{5.51}$$

式中　I_w——抗震墙水平截面的平均惯性矩；
　　　　$\sum A_i$——各墙肢截面面积之和。

　　3）联肢墙、壁式框架和框架—抗震墙。对这类抗侧力结构，可以将水平荷载视为倒三
角形分布或者均匀分布，然后按照下式之一计算其等效刚度

$$EI_{eq} = \frac{qH^4}{8u_1} \text{（均匀分布）} \tag{5.52}$$

$$EI_{eq} = \frac{11q_{max}H^4}{120u_2} \text{（倒三角形分布）} \tag{5.53}$$

式中　q 和 q_{max}——均布荷载值和倒三角分布荷载的最大值（kN/m）；

　　　u_1 和 u_2——均布荷载和倒三角形分布荷载产生的结构顶点水平位移。

5.4.3　地震作用的分配和内力计算

各质点的水平地震作用求出后，就可以求各楼层的剪力 V 和弯矩 M，从而该层第 i 片墙所承受的侧向力 F_i、剪力 V_i 和弯矩 M_i 分别为

$$F_i = \frac{I_i}{I_{eq}}F, \ V_i = \frac{I_i}{I_{eq}}V, \ M_i = \frac{I_i}{I_{eq}}M \tag{5.54}$$

式中　I_i——第 i 片墙的等效惯性矩；

　　　$\sum I_i$——第 i 层墙的等效惯性矩之和。

在上述计算中，一般可以不计矩形截面墙体在其弱轴方向的刚度。但弱轴方向的墙起到翼缘作用时，在弯矩分配中可以取适当的翼缘宽度。每侧有效翼缘的宽度 $b_i/2$ 可以取下列二者中的最小值：墙间距的一半，墙总高的 1/20，且每侧翼缘宽度不得大于轴线至洞口边缘的距离。采用式（5.46）时，如果各层混凝土的弹性模量不同，可以用 $E_{ci}I_i$ 代替 I_i。把水平地震作用分配到各抗震墙之后，就可以单独计算各抗震墙的内力。

（1）整体墙。对整体墙，可以作为竖向悬臂构件按照材料力学公式计算。

（2）小开口整体墙。对于小开口整体墙，截面应力分布已不是直线关系，但偏离直线不远，可以在按照直线分布的基础上加以修正。墙肢的弯矩由整体弯曲和局部弯曲两部分构成，局部弯矩不超过整体弯矩的 15%，按照如下公式计算。

第 j 墙肢的弯矩 M_j 为

$$M_j = 0.85M\frac{I_j}{I} + 0.15\frac{I_j}{\sum I_j}M \tag{5.55}$$

式中　M——外荷载在计算截面上所产生的总弯矩；

　　　I_j——第 j 墙肢的截面惯性矩；

　　　I——整个抗震墙截面对组合形心的总惯性矩。

第 j 墙肢轴力 N_j

$$N_j = 0.85M\frac{A_j y_j}{I} \tag{5.56}$$

式中　A_j——第 j 墙肢截面面积；

　　　y_j——第 j 墙肢截面形心至组合截面形心的距离。

（3）联肢墙。对双肢墙和多肢墙，可以把各墙肢间的作用连续化，列出微分方程求解。当开洞规则而又较大时，可以简化为杆件带刚域的壁式框架进行求解。

当规则开洞进一步大到连梁的刚度可以略去不计时，各墙肢又变成相对独立的单榀抗震墙了。

5.4.4　抗震墙截面设计

为了提高抗震墙的延性，以增加结构的变形能力，获得经济合理的效果，应该设法使塑性铰出现在墙的底部。《建筑结构抗震设计》（GB 50011—2010）规定，抗震墙各墙肢截面组合弯矩的设计值应该按照下列规定采用。

（1）墙肢剪力调整。抗震墙的剪力和弯矩最大值一般都在底部。为了使墙体在出现塑性铰之前不会发生剪切破坏，要按照"强剪弱弯"的要求调整内力。《建筑结构抗震设计》（GB 50011—2010）规定，一、二、三级的抗震墙底部加强部位，其截面组合的剪力设计值应该按照下式调整

$$V = \eta_{vw} V_w \tag{5.57}$$

设防烈度为 9 度时一级抗震等级剪力墙应符合下式要求

$$V = 1.1 \frac{M_{wua}}{M_w} V_w \tag{5.58}$$

式中　V——抗震墙底部加强部位截面组合的剪力设计值；

　　　　V_w——抗震墙底部加强部位截面组合的剪力计算值；

　　　M_{wua}——抗震墙底部截面按照实配纵向钢筋面积、材料强度标准值和轴力等计算的抗震受弯承载力所对应的弯矩值，有翼墙时应计入墙两侧各 1 倍翼墙厚度范围内的纵向钢筋；

　　　　M_w——考虑地震组合的抗震墙底部截面组合的弯矩设计值；

　　　η_{vw}——抗震墙剪力增大系数，一级取 1.6，二级取 1.4，三级取 1.2。

（2）墙肢弯矩调整。为了通过配筋方式使塑性铰区位于墙肢的底部加强部位，《建筑结构抗震设计》（GB 50011—2010）规定：一级抗震墙的底部加强部位及以上一层，应按墙肢底部截面组合弯矩设计值采用；其他部位墙肢截面的组合弯矩设计值应乘以增大系数，其值可以采用 1.2。此外，底部加强部位的纵向钢筋宜延伸到相邻上层的顶板处，以满足锚固要求并保证加强部位以上墙肢截面的受弯承载力不低于加强部位顶截面的受弯承载力。

若双肢抗震墙承受的水平荷载较大、竖向荷载较小，则内力组合后可能会出现一个墙肢的轴向力为拉力、另一个墙肢轴向力为压力的情况。双肢抗震墙的某个墙肢一旦出现全截面受拉开裂，其刚度就会严重退化，大部分地震作用就将转移到受压墙肢。因此，双肢墙不宜出现小偏心受拉。当任一墙肢为大偏心受拉时，另一墙肢的剪力设计值和弯矩设计值均应乘以增大系数 1.25；而地震是反复作用，实际上双肢墙的每个墙肢，都要按照增大后的内力配筋。

（3）抗震墙连梁的剪力调整和刚度折减。为了使连梁在发生弯曲屈服前不出现脆性的剪切破坏，保证连梁有较好的延性，在强震中能够消耗较多的地震能量，连梁剪力需要做"强剪弱弯"调整。

对于抗震墙中跨高比大于 2.5 的连梁，剪力调整方法与框架梁相同，一、二、三级的框架梁和抗震墙的连接，其梁端截面组合的剪力设计值应该按照下式进行调整。

1）设防烈度为 9 度的一级抗震等级框架连梁应符合下式要求

$$V_{wb} = 1.1(M_{lua}^l + M_{lua}^r) \frac{1}{l_n} + V_{Gb} \tag{5.59}$$

2）其他情况

$$V_{wb} = \eta_{vb}(M_b^l + M_b^r) \frac{1}{l_n} + V_{Gb} \tag{5.60}$$

式中　　　V_{wb}——连梁梁端截面组合的剪力设计值；

l_n——连梁的净跨；

V_{Gb}——考虑地震组合时的重力荷载代表值（9 度时高层建筑还应该包括竖向地震作用标准值）产生的剪力设计值，可以按照简支梁计算确定；

M_{bua}^l、M_{bua}^r——连梁左、右端顺时针或逆时针方向实配的正截面抗震受弯承载力所对应的弯矩值，应按实配钢筋面积（计入受压钢筋和相关楼板钢筋）和材料强度标准值并考虑承载力抗震调整系数计算；

M_b^l、M_b^r——考虑地震组合的剪力墙及筒体连梁左、右梁端弯矩设计值，应分别按顺时针方向和逆时针方向计算 M_b^l 与 M_b^r 之和，并取其较大值，对一级抗震等级，当两端弯矩均为负弯矩时，绝对值较小的弯矩值应取零；

η_{vb}——连梁剪力增大系数，对于普通箍筋连梁，一级抗震等级取 1.3，二级取 1.2，三级取 1.1，四级取 1.0，配置有对角斜筋的连梁 η_{vb} 取 1.0。

为了实现"强墙弱梁"，应该使抗震墙的连梁屈服早于墙肢屈服，为此，可以降低连梁弯矩之后进行配筋，从而使连梁抗弯承载力降低，较早出现塑性铰。降低连梁弯矩的方法有：

（1）在进行弹性内力分析时适当降低连梁刚度，将连梁刚度乘以折减系数 β_n，但折减系数不宜小于 0.50。考虑刚度折减后，如部分连梁尚不能满足剪压比限值，可以按照剪压比要求降低连梁剪力设计值及弯矩，并相应调整抗震墙的墙肢内力。

（2）用弹性分析所得的弯矩进行调幅，调幅系数可以取 0.80，一般是调整弯矩最大的一些连梁，调幅后要适当增加其他连梁及墙肢的内力。

（3）用极限平衡方法调整连梁及墙肢内力。应该限制连梁的调幅值，使连梁能够抵抗正常使用荷载和风荷载下的内力，保证连梁的钢筋不在这些内力下屈服。当抗震墙连梁内力由风荷载控制时，连梁刚度不宜折减。

5.4.5　抗震墙截面抗震验算

抗震墙墙肢和连梁调整后截面组合的剪力设计值都应该符合剪压比的限值要求。如果不能满足剪压比要求，则应该加大构件的截面尺寸或者提高混凝土强度等级，即

$$\lambda > 2.5,\ V \leqslant \frac{1}{\gamma_{RE}}(0.20\beta_c f_c b_w h_{w0}) \tag{5.61}$$

$$\lambda \leqslant 2.5,\ V \leqslant \frac{1}{\gamma_{RE}}(0.15\beta_c f_c b_w h_{w0}) \tag{5.62}$$

$$\lambda = \frac{M^c}{V^c h_{w0}}$$

式中　λ——抗震墙剪跨比；

M^c、V^c——抗震墙端部截面组合的弯矩和剪力设计值；

h_{w0}——抗震墙有效高度，可以取墙肢长度；

V——抗震墙墙肢截面的剪力设计值；

b_w——矩形截面墙肢的宽度或 I 形截面、T 形截面墙肢的腹板宽度；

h_w——墙肢截面的高度；

β_c——混凝土强度影响系数，当混凝土强度等级不超过 C50 时取 1.0，混凝土强度等级为 C80 时取 0.8，当混凝土强度等级在 C50 和 C80 之间时按线性内插法取值；

f_c——混凝土轴心抗压强度设计值；

γ_{RE}——承载力抗震调整系数，取 0.85。

抗震墙墙肢应满足轴压比的限制要求：一级和二级抗震墙，底部加强部位在重力荷载代表值作用下墙肢的轴压比，一级设防烈度为 9 度时不宜超过 0.4，一级设防烈度为 8 度时不宜超过 0.5，二级不宜超过 0.6。

连梁斜截面承载力按照下列公式验算

当 $l_0/h > 2.5$ 时，　　$V_{wb} \leqslant \dfrac{1}{\gamma_{RE}}\left(0.42 f_t b_b h_{b0} + f_{yv} \dfrac{A_{sv}}{S} h_{b0}\right)$　　　　　　(5.63)

当 $l_0/h \leqslant 2.5$ 时，　　$V_{wb} \leqslant \dfrac{1}{\gamma_{RE}}\left(0.38 f_t b_b h_{b0} + 0.9 f_{yv} \dfrac{A_{sv}}{S} h_{b0}\right)$　　　　　　(5.64)

5.4.6　抗震墙构造措施

（1）抗震墙的厚度。抗震墙的厚度，一、二级不应该小于 160mm 且不宜小于层高或者无支长度的 1/20，三、四级不应该小于 140mm 且不应该小于层高或者无支长度的 1/25；无端柱或翼墙时，一、二级不宜小于层高或无支长度的 1/16，三、四级不宜小于层高或无支长度的 1/20。底部加强部位的墙厚，一、二级不应该小于 200mm 且不应该小于层高的 1/16；无端柱或者翼墙时不应该小于层高的 1/12，三、四级不宜小于层高或无支长度的 1/16。

（2）抗震墙的钢筋。抗震墙厚度大于 140mm 时，竖向和横向分布钢筋应该双排布置；双排分布钢筋间拉筋的间距不应该大于 600mm，直径不应该小于 6mm；在底部加强部位，边缘构件以外的拉筋间距应该适当加密。

（3）抗震墙竖向、横向分布钢筋的配置。

1）一、二、三级抗震墙的竖向和横向分布钢筋最小配筋率均不应该小于 0.25%，四级抗震墙分布钢筋最小配筋率不应该小于 0.2%；钢筋间距不宜大于 300mm。

2）部分框支抗震墙结构的抗震墙的落地抗震墙底部加强部位，竖向及横向分布钢筋的配筋率均不应该小于 0.3%，钢筋间距不宜大于 200mm。

3）抗震墙竖向、横向分布钢筋的直径不宜大于墙厚的 1/10 且不应该小于 8mm；竖向钢筋直径不宜小于 10mm。

（4）抗震墙的轴压比。一、二、三级抗震墙在重力荷载代表值作用下墙肢的轴压比，一级时，9 度不宜大于 0.4，7、8 度不宜大于 0.5；二、三级时不宜大于 0.6。

当抗震墙墙肢长度不大于墙厚的 3 倍时，在重力荷载代表值作用下的轴压比，一、二级限值也按照上述要求，三级限值为 0.6，且均应该按照柱的要求进行设计，箍筋应该沿全高加密。

（5）抗震墙的边缘构件。抗震墙边缘构件的类型包括约束边缘构件和构造边缘构件。

约束边缘构件是用箍筋约束的暗柱、端柱和翼柱，其混凝土用箍筋约束，有比较大的变形能力。而构造边缘构件的混凝土约束比较差。

1）《建筑结构抗震设计》（GB 50011—2010）规定的抗震墙约束边缘构件和构造边缘构件的设置部位。

a. 对于抗震墙结构，底层墙肢底截面的轴压比不大于表 5.12 规定的一、二、三级抗震墙，墙肢两端可设置构造边缘构件。

抗震等级或烈度	一级（9度）	一级（7、8度）	二、三级
轴压比	0.1	0.2	0.3

表 5.12　　　　　　　　　抗震墙设置构造边缘构件的最大轴压比

b. 部分框支抗震墙结构，底层墙肢底截面的轴压比大于表 5.12 规定的一、二、三级抗震墙的底部加强部位及相邻上一层的墙肢两端应设置符合约束边缘构件要求翼墙或者端柱，洞口两侧应该设置约束边缘构件，不落地抗震墙应在底部加强部位及相邻上一层的墙肢两端设置约束边缘构件。

c. 一、二级抗震墙的其他部位和三、四级抗震墙，均应该设计构造边缘构件。

2）抗震墙约束边缘构件的构造要求

a. 约束边缘构件的形式可以是暗柱（矩形端）、端柱和翼墙，如图 5.21 所示。

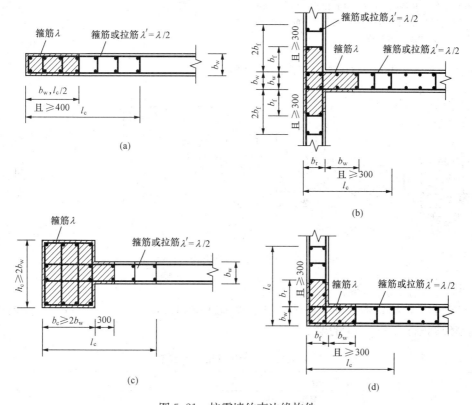

图 5.21　抗震墙约束边缘构件

（a）暗柱；（b）有翼墙；（c）有端柱；（d）转角墙（L形墙）

b. 约束边缘构件沿墙肢的长度 L_c 和配箍特征值应该符合表 5.13 要求，一、二级抗震墙约束边缘构件在设置箍筋范围内，即为图中阴影部分的纵向配筋率，分别不应该小于 1.2% 和 1.0%。

3）抗震墙构造边缘构件的构造要求。

a. 抗震墙构造边缘构件的范围，宜按照图 5.22 采用，矩形端取墙厚与 400mm 的较大者，有翼墙时为翼墙厚 300mm，有端柱时为端柱。

表 5.13　　　　　　　　抗震墙约束边缘构件的范围及配筋要求

项目		一级（9度）		一级（7、8度）		二、三级	
		$\lambda \leqslant 0.2$	$\lambda > 0.2$	$\lambda \leqslant 0.3$	$\lambda > 0.3$	$\lambda \leqslant 0.4$	$\lambda > 0.4$
l_c（暗柱）		$0.20h_w$	$0.25h_w$	$0.15h_w$	$0.20h_w$	$0.15h_w$	$0.20h_w$
l_c（翼墙或端柱）		$0.15h_w$	$0.20h_w$	$0.10h_w$	$0.15h_w$	$0.10h_w$	$0.15h_w$
λ_v		0.12	0.20	0.12	0.20	0.12	0.20
纵向钢筋（取较大值）		$0.012A_c$，$8\phi16$		$0.012A_c$，$8\phi16$		$0.010A_c$，$6\phi16$（三级 $6\phi14$）	
箍筋或拉筋沿竖向间距（mm）		100		100		150	

注　1. 抗震墙的翼墙长度小于其 3 倍墙厚或端柱截面边长小于 2 倍墙厚时，按照无翼墙、无端柱查表；端柱有集中荷载时，配筋构造按照端柱要求。

　　2. l_c 为约束边缘构件沿墙肢长度，且不小于墙厚和400mm；有翼墙或端柱时不应小于翼墙厚度或端柱沿墙肢方向截面高度加 300mm。

　　3. λ_v 为约束边缘构件的配筋特征值，体积配筋率可以按照抗震规范计算，并可以适当计入满足构造要求且在墙端有可靠锚固的水平分布钢筋的截面面积。

　　4. h_w 为抗震墙墙肢长度。

　　5. λ 为墙肢轴压比。

　　6. A_c 为图 5.21 中约束边缘构件阴影部分的截面面积。

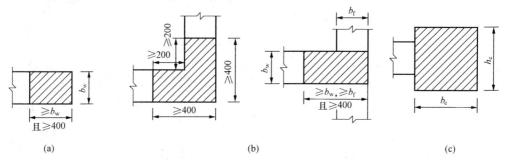

图 5.22　抗震墙的构造边缘构件范围

（a）暗柱；（b）翼柱；（c）端柱

　　b. 抗震墙构造边缘构件的配筋区分底部加强部位和其他部位，除应该满足受弯承载力要求外，还应该符合表 5.14 的要求。

表 5.14　　　　　　　　抗震墙构造边缘构件的配筋要求

抗震等级	底部加强部位			其他部位		
	纵向钢筋最小配筋量（取较大值）	箍筋、拉筋		纵向钢筋最小配筋量（取较大值）	箍筋	
		最小直径（mm）	沿竖向最大间距（mm）		最小直径（mm）	沿竖向最大间距（mm）
一	$0.010A_c$，$6\phi16$	8	100	$0.008A_c$，$6\phi14$	8	150
二	$0.008A_c$，$6\phi14$	8	150	$0.006A_c$，$6\phi12$	8	200
三	$0.006A_c$，$6\phi12$	6	150	$0.005A_c$，$4\phi12$	6	200
四	$0.005A_c$，$4\phi12$	6	200	$0.005A_c$，$4\phi12$	6	250

注　1. A_c 为边缘构件的截面面积。

　　2. 对其他部位，拉筋的水平间距不应大于纵筋间距的 2 倍，转角处宜设置箍筋。

　　3. 当端柱承受集中荷载时，其纵向钢筋、箍筋直径和间距应该满足框架柱的相应要求。

4）抗震墙的墙肢长度不大于墙厚 3 倍时，应该按照柱的要求进行设计，箍筋应沿全高加密。

5）连梁。

a. 一、二级抗震墙底部加强部位跨高比不大于 2，且墙厚不小于 200mm 的连梁，宜采用斜交叉构造配筋。

b. 顶层连梁的纵向钢筋锚固长度的范围内应该设置箍筋，其箍筋间距可以采用 150mm，箍筋、直径应该与连梁的箍筋直径相同。

5.5　框架—抗震墙结构的抗震设计

在框架—抗震墙结构中，抗震墙是竖向悬臂构件，在水平荷载作用下，其变形曲线是弯曲型的，凸向水平荷载面，层间变形下部楼层小、上部楼层大，如图 5.23（a）所示。在抗震墙结构中，所有抗侧力构件都是抗震墙，变形特性相同，侧移曲线类似，所以水平力在各片抗震墙之间按照其等效抗弯刚度 $E_c I_{eq}$ 分配。

框架的工作特点类似于竖向悬臂剪切梁，在水平荷载作用下，其变形曲线为剪切型，凹向水平荷载截面，层间变形下部楼层大、上部楼层小，如图 5.23（b）所示。在框架结构中，各框架的变形曲线类似，所以水平力在各框架之间按照其抗侧刚度 D 值分配。

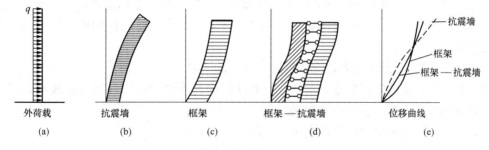

图 5.23　框架—抗震墙结构受力特点

在框架—抗震墙结构中，同一个结构单元内既有框架也有抗震墙，两种变形特性不同的结构通过平面内刚度很大的楼板连在一起共同工作，在每层楼板标高处位移相等。因此，在水平荷载作用下，框架—抗震墙结构的变形曲线是一条反 S 形曲线，如图 5.23（d）所示。在下部楼层，抗震墙侧移小，它拉着框架按弯曲型曲线变形，抗震墙承担大部分水平力；在上部楼层，抗震墙外倾，框架内收，框架拉抗震墙按剪切型曲线变形，抗震墙出现负剪力，框架除了负担外荷载产生的水平力外，还要把抗震墙拉回来，承担附加的水平力，因此，即使外荷载产生的顶层剪力很小，框架承受的水平压力却很大。

在框架—抗震墙结构中，沿竖向抗震墙与框架的剪力之比 λ 不是常数，而是随楼层标高变化，如图 5.24 所示。因此，水平力在框架与抗震墙之间的分配不能按固定的刚度比例进行，而必须通过协同工作计算来解决。

从受力特点来看，框架—抗震墙结构中的框架与纯框架结构有很大的不同，如图 5.24 所示。在纯框架结构中，框架的剪力是底部最大、顶部为零；而框架—抗震墙结构中的框架剪力却是底部为零，下面小、上面大，而且与框架—抗震墙结构的刚度特征值 λ 有关。纯框

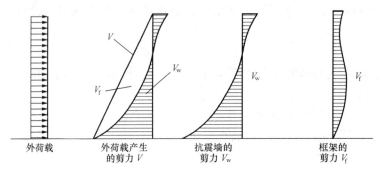

图 5.24　水平力在框架与抗震墙之间的分配

架结构的控制截面在下部楼层，而框架—抗震墙结构中的框架，控制截图在中部楼层甚至是顶部楼层。

5.5.1　框架—抗震墙结构的设计要点

（1）结构布置的要点。在结构布置方面，首先应遵守抗震设计一般规定，此外还应该注意以下几点。

1）要保证有足够的含墙率，使结构的刚度特征系数 λ 在 1.1～2.2 之间，结构基本自振周期宜为（0.06～0.08）n，n 为结构层数。

2）在结构平面上尽量使抗侧力构件对称布置，抗震墙设在结构周边，以减小结构扭转；纵向与横向抗震墙相连，以增大抗震墙的刚度；在立面上应该使结构刚度和质量均匀连续，以避免突变。

3）抗震墙的间距不能过大，应该符合表 5.3 的要求。

（2）主要承重构件截面初选。框架—抗震墙结构的主要承重构件有抗震墙和框架梁柱。其中，框架部分梁柱截面要求同纯框架结构。

框架—抗震墙结构中的抗震墙设置，宜符合下列要求：

1）抗震墙宜贯通房屋全高，且横向与纵向抗震墙宜相连。

2）抗震墙宜设置在墙面不需要开大洞口的位置。

3）房屋比较长时，刚度较大的纵向抗震墙不宜设置在房屋的端开间。

4）抗震墙洞宜上下对齐；洞边距端柱不宜小于 300mm。

5）一、二级抗震墙的洞口连梁，跨高比不宜大于 5，且梁截面高度不宜小于 400mm。

框架—抗震墙结构中的抗震墙基础和部分框支抗震墙结构的落地抗震墙基础，应该有良好的整体性和抗转动的能力。

框架—抗震墙结构采用装配式楼、屋盖时，应该采取措施保证楼、屋盖的整体性及其与抗震墙的可靠连接；采用配筋现浇面层加强时，厚度不宜小于 50mm。

（3）框架部分的抗震等级。框架—抗震墙结构中框架部分的抗震等级，应该根据框架部分所承担水平荷载的比例来确定。如果框架部分承担的水平荷载比较多，则按照纯框架结构确定其抗震等级，以保证框架有较强的抗震能力；否则，按照框架—抗震墙结构中的框架确定抗震等级。

5.5.2　框架—抗震墙结构的地震作用计算

《建筑结构抗震设计》（GB 50011—2010）规定，在一般情况下，应该沿结构两个主轴方向分别考虑水平地震作用,以进行截面承载力和变形验算。各方向的水平地震作用应全部由该方向抗侧力构件承担。地震作用的计算方法与框架结构相同,可以用底部剪力法、振型分解反应谱法、时程分析法等进行计算。

5.5.3 框架—抗震墙结构内力计算

(1) 基本假设和计算简图。框架—抗震墙结构在水平地震作用下的内力和侧移的分析,是个复杂的空间超静定问题。要精确计算是十分困难的。为了简化计算,通常把它简化成平面结构来解。计算时一般采用下面的假定:

1) 楼板在自身平面内的刚度为无穷大。

2) 结构的刚度中心与质量中心相重合,结构在水平地震作用下不发生扭转。

3) 在计算框架—抗震墙协同工作时,不考虑框架柱的轴向变形,但计算有洞口的抗震墙时,要考虑墙肢轴向变形的影响。

根据上面的假定,可以将房屋或者变形缝区段内所有与地震方向平行的抗震墙,包括有洞口的墙合并在一起,组成"总抗震墙",将所有这个方向的框架合并在一起组成"总框架"。总抗震墙和总框架之间,在楼板标高处用连杆连接,以代替楼板和连梁的作用,如图5.25、图 5.26 所示。这样就把一个复杂的高次超静定空间结构简化成平面结构。计算这种结构可以采用力、位移法、矩阵位移法或者微分方程法。当房屋层数比较少时,采用力法较为方便,而当层数比较多时,宜采用微分方程法。

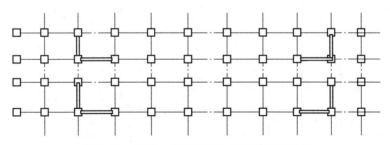

图 5.25 框架—抗震墙结构平面布置示意图

(2) 微分方程法及其解。总抗震墙的抗弯刚度为各抗震墙的抗弯刚度之和;总框架的抗弯刚度为各框架抗剪刚度之和,整个结构就成为一个弯剪型悬臂梁。

总抗震墙和总框架之间用无轴向变形的连系梁连接,连系梁模拟楼盖的作用。关于连系梁,根据实际情况,可以有两种假设:

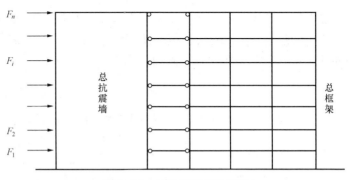

图 5.26 总抗震墙和总框架

1) 如果假定楼盖的平面外刚度为零,则连系梁可以进一步简化为连杆,如图 5.27 所示,称为铰接体系。

2) 如果考虑连系梁对墙肢的约束作用,则连系梁与抗震墙之间的连接可以视为刚接,如图 5.28 所示，称为刚接体系。

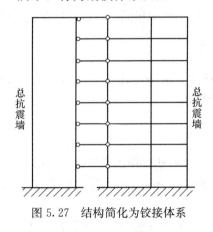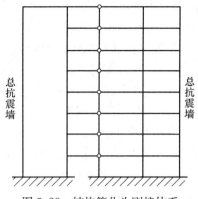

图 5.27　结构简化为铰接体系　　　　　图 5.28　结构简化为刚接体系

a. 铰接体系的计算。取坐标系如图 5.29 所示，把所有的量沿高度 x 方向连续化：作用在节点的水平地震作用连续化为外荷载 $p(x)$；总框架和总抗震墙之间的连杆连续化为薄片。沿此薄片切开，则在切开处总框架和总抗震墙之间的作用力为 $p_p(x)$；楼层处的水平位移连续化为 $u(x)$。

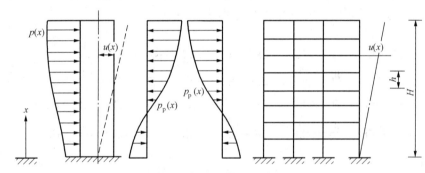

图 5.29　框架—抗震墙分析图

总框架沿高度方向以剪切变形为主，故对总框架使用剪切刚度 C_F。总抗震墙沿高度方向以弯曲变形为主，故对总抗震墙使用弯曲刚度 $E_c I_{eq}$。根据材料力学中荷载、内力和位移之间的关系，总框架部分的剪力 Q_F 可以表示为

$$Q_F = C_F \frac{du}{dx} \tag{5.65}$$

上式也隐含地给出了 C_F 的定义。按图 5.29 所示的符号与原则，总框架的水平荷载 p_p 为

$$p_p = -\frac{dQ_F}{dx} = -C_F \frac{d^2 u}{dx^2} \tag{5.66}$$

类似地，总抗震墙部分的弯矩 M_w（以左侧受拉为正）可以表示为

$$M_w = E_c I_{eq} \frac{d^2 u}{dx^2} \tag{5.67}$$

设墙的剪力以绕隔离体顺时针为正，则墙的剪力 Q_w 为

$$Q_w = -\frac{dM_w}{dx} = -E_c I_{eq} \frac{d^3 u}{dx^3} \tag{5.68}$$

设作用在墙上的荷载 p_w 以图 5.29 所示向右方向作用为正，则墙的荷载 $p_w(x)$ 可以表示为

$$p_w = -\frac{dQ_w}{dx} = E_c I_{eq} \frac{d^4 u}{dx^4} \qquad (5.69)$$

由图 5.29 可以知道，抗震墙的荷载为

$$p_w(x) = p(x) - p_p(x) \qquad (5.70)$$

把上式代入式（5.69），得

$$E_c I_{eq} \frac{d^4 u}{dx^4} = p(x) - p_p(x) \qquad (5.71)$$

把 p_p 的表达式（5.66）代入上式，得

$$E_c I_{eq} \frac{d^4 u}{dx^4} - C_F \frac{d^2 u}{dx^2} = p(x) \qquad (5.72)$$

式（5.72）即为总框架和总抗震墙协同工作的基本微分方程。求解此方程可以得结构的变形曲线 $u(x)$，然后由式（5.65）和式（5.68）即可以得到总框架和总抗震墙各自的剪力值。下面求解方程式（5.72），由

$$\lambda = H \sqrt{\frac{C_F}{E_c I_{eq}}} \qquad (5.73)$$

$$\xi = \frac{x}{H} \qquad (5.74)$$

其中 H 为结构的高度，则式（5.72）可以写为

$$\frac{d^4 u}{d\xi^4} - \lambda^2 \frac{d^2 u}{d\xi^2} = \frac{p(x) H^4}{E_c I_{eq}} \qquad (5.75)$$

参数 λ 称为结构刚度特征值，它与总框架的刚度和总抗震墙刚度之比有关。λ 值的大小对总抗震墙的变形状态和受力状态有重要的影响。

微分方程（5.75）就是总框架—总抗震墙结构的基本方程，其形式如同弹性地基梁的基本方程，总框架相当于总抗震墙的弹性地基，其弹簧常数为 C_F。方程式（5.75）的一般解为

$$u(x) = A sh\lambda\xi + B ch\lambda\xi + C_1 + C_2 \xi + u_1(\xi) \qquad (5.76)$$

式中　A、B、C_1、C_2——任意常数，其值应该由边界条件决定；

$\qquad\qquad u(x)$——微分方程的任意特解，由结构承受的荷载位移为零

$$\xi = 0 \text{ 处, } u(0) = 0 \qquad (5.77)$$

墙底部的转角为零

$$\xi = 0 \text{ 处, } \frac{du}{d\xi} = 0 \qquad (5.78)$$

墙顶部的弯矩为零

$$H = 0 \text{ 处, } \frac{d^2 u}{d\xi^2} = 0 \qquad (5.79)$$

在分布荷载作用下，墙顶部的剪力为零

$$\xi = H \text{ 处, } Q_F + Q_w = C_F \frac{du}{dx} - E_c I_{eq} \frac{d^3 u}{dx^3} = 0 \qquad (5.80)$$

在顶部集中水平力 p 作用下

$$\xi = H \text{ 处，} \quad Q_F + Q_w = C_F \frac{\mathrm{d}u}{\mathrm{d}x} - E_c I_{eq} \frac{\mathrm{d}^3 u}{\mathrm{d}x^3} = p \tag{5.81}$$

根据上述条件，即可以求出在相应荷载作用下的变形曲线 $u(x)$。

对于总抗震墙，由 u 的二阶导数可以求出弯矩，由 u 的三阶导数可以求出剪力；对于总框架，由 u 的一阶导数可以求出剪力。因此，总抗震墙和总框架内力及位移的主要计算公式为 u、M_w 和 Q_w 的表达式。

下面分别给出在三种典型水平荷载作用下的计算公式。

a）在倒三角形分布荷载作用下，设分布荷载的最大值为 q，则有

$$u = \frac{qH^4}{\lambda^2 E_c I_{eq}} \left[\left(1 + \frac{\lambda \operatorname{sh}\lambda}{2} - \frac{\operatorname{sh}\lambda}{\lambda} \right) \frac{\operatorname{ch}\lambda\xi - 1}{\lambda^2 \operatorname{ch}\lambda} + \left(\frac{1}{2} - \frac{1}{\lambda^2} \right) \left(\xi - \frac{\operatorname{sh}\lambda\xi}{\lambda} \right) - \frac{\xi^3}{6} \right]$$

$$M_w = \frac{qH^2}{\lambda^2} \left[\left(1 + \frac{\lambda \operatorname{sh}\lambda}{2} - \frac{\operatorname{sh}\lambda}{\lambda} \right) \frac{\operatorname{ch}\lambda\xi}{\operatorname{ch}\lambda} - \left(\frac{\lambda}{2} - \frac{1}{\lambda} \right) \operatorname{sh}\lambda\xi - \xi \right] \tag{5.82}$$

$$Q_w = -\frac{qH}{\lambda^2} \left[\left(1 + \frac{\lambda \operatorname{sh}\lambda}{2} - \frac{\operatorname{sh}\lambda}{\lambda} \right) \frac{\lambda \operatorname{sh}\lambda\xi}{\operatorname{ch}\lambda} - \left(\frac{\lambda}{2} - \frac{1}{\lambda} \right) \lambda \operatorname{ch}\lambda\xi - 1 \right]$$

b）在均布荷载 q 作用下，有

$$u = \frac{qH^4}{\lambda^4 E_c I_{eq}} \left[\left(\frac{1 + \lambda \operatorname{sh}\lambda}{\operatorname{ch}\lambda} \right) (\operatorname{ch}\lambda\xi - 1) - \lambda \operatorname{sh}\lambda\xi + \lambda^2 \xi \left(1 - \frac{\xi}{2} \right) \right]$$

$$M_w = \frac{qH^2}{\lambda^2} \left[\left(\frac{1 + \lambda \operatorname{sh}\lambda}{\operatorname{ch}\lambda} \right) \operatorname{ch}\lambda\xi - \lambda \operatorname{sh}\lambda\xi - 1 \right] \tag{5.83}$$

$$Q_w = -\frac{qH}{\lambda} \left[\lambda \operatorname{ch}\lambda\xi - \left(\frac{1 + \lambda \operatorname{sh}\lambda}{\operatorname{ch}\lambda} \right) \operatorname{sh}\lambda\xi \right]$$

c）在顶点水平集中力 p 作用下，有

$$u = \frac{pH^3}{E_c I_{eq}} \left[\frac{\operatorname{sh}\lambda}{\lambda^3 \operatorname{ch}\lambda} (\operatorname{ch}\lambda\xi - 1) - \frac{1}{\lambda^3} \operatorname{sh}\lambda\xi + \frac{1}{\lambda^2} \xi \right]$$

$$M_w = PH \left[\frac{\operatorname{sh}\lambda}{\lambda \operatorname{ch}\lambda} \operatorname{ch}\lambda\xi - \frac{1}{\lambda} \operatorname{sh}\lambda\xi \right] \tag{5.84}$$

$$Q_w = -P \left[\operatorname{ch}\lambda\xi - \frac{\operatorname{sh}\lambda}{\operatorname{ch}\lambda} \operatorname{sh}\lambda\xi \right]$$

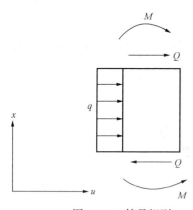

图 5.30　符号规则

式（5.82）～式（5.84）的符号规则如图 5.30 所示。根据上述公式，就可以就求得总框架和总抗震墙作为竖向构件的内力。

b. 刚接体系的计算。对于图 5.28 所示的有刚接连系梁的总框架—总抗震墙结构，如果将结构在连系梁的反弯点处切开，如图 5.31（b），则切口处作用有相互作用水平力 p_{pi} 和剪力 Q_i 束弯矩 M_i。p_{pi} 和 M_i 连续化后成为 $p_p(x)$ 和 $m(x)$，如图 5.31（d）所示。

刚接连系梁在总抗震墙内部的刚度可视为无限大，故总框架—总抗震墙刚接体系的连系梁是在端部带有刚域的梁，如图 5.32 所示。

对两端带刚域的梁，当梁两端均发生单位转角时，由结构力学可以得梁端的弯矩为

$$m_{12} = \frac{6EI(1 + a - b)}{l(1 - a - b)^3}$$

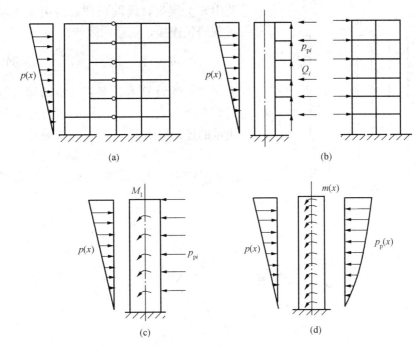

图 5.31 刚接体系的分析

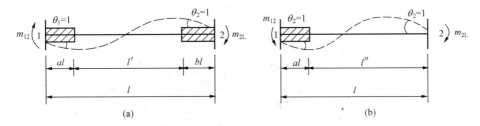

图 5.32 刚接体系中的连系梁是带刚域的梁

（a）双肢或多肢抗震墙的连系梁；（b）单肢抗震墙的连系梁

$$m_{21} = \frac{6EI(1+b-a)}{l(1-a-b)^3} \tag{5.85}$$

其中各符号的意义见图 5.32。在上式中，令 $b=0$，则得仅左端带有刚域的梁的相应弯矩为

$$m_{12} = \frac{6EI(1+a)}{l(1-a)^3}$$

$$m_{21} = \frac{6EI}{l(1-a)^2} \tag{5.86}$$

假定同一楼层内所有节点的转角相等，均为 θ，则连系梁端的约束弯矩为

$$M_{12} = m_{12}\theta$$

$$M_{21} = m_{21}\theta \tag{5.87}$$

把集中约束弯矩 M_{ij} 简化为沿结构高度的线分布约束弯矩 m'_{ij}，得

$$m'_{ij} = \frac{M_{ij}}{h} = \frac{m_{ij}}{h}\theta \tag{5.88}$$

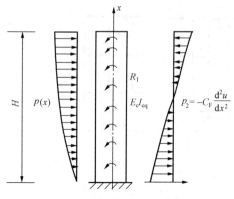

图 5.33　总抗震墙所受的荷载

其中 h 为层高，设同一楼层内由 n 个刚节点与总抗震墙相连接，则总的线弯矩 m 为

$$m = \sum_{i=1}^{n} (m'_{ij})_k = \sum_{i=1}^{n} \left(\frac{m_{ij}}{h} \theta \right)_k \qquad (5.89)$$

上式中 n 的计算方法是：每根两端有刚域的连系梁有 2 个节点，m_{ij} 是指 m_{12} 或 m_{21}；每根一端有刚域的连系梁有 1 个节点，m_{ij} 是指 m_{12}。

图 5.33 表示了总抗震墙上的作用力。由刚接连系梁约束弯矩在总抗震墙 x 高度的截面产生的弯矩为

$$M_m = -\int_x^H m \, dx \qquad (5.90)$$

相应的剪力和荷载分别为

$$Q_m = -\frac{dM_m}{dx} = -m = -\sum_{k=1}^{n} \left(\frac{m_{ij}}{h} \right)_k \frac{du}{dx} \qquad (5.91)$$

$$p_m = -\frac{dQ_m}{dx} = \sum_{k=1}^{n} \left(\frac{m_{ij}}{h} \right)_k \frac{d^2 u}{dx^2} \qquad (5.92)$$

称 Q_m 和 p_m 分别为等代剪力和等代荷载。

这样，总抗震墙部分所受的外荷载为

$$p_w(x) = p(x) - p_p(x) + p_m(x) \qquad (5.93)$$

把式 (5.69) 代入式 (5.93)，得

$$E_c I_{eq} \frac{d^4 u}{dx^4} = p(x) - p_p(x) + p_m(x) \qquad (5.94)$$

把式 (5.66) 和式 (5.92) 代入上式，得

$$E_c I_{eq} \frac{d^4 u}{dx^4} = p(x) + C_F \frac{d^2 u}{dx^2} + \sum_{k=1}^{n} \left(\frac{m_{ij}}{h} \right)_k \frac{d^2 u}{dx^2} \qquad (5.95)$$

把式 (5.95) 加以整理，即得连系梁刚接体系的总框架—总抗震墙结构协同工作的基本微分方程

$$\frac{d^4 u}{d\xi^4} - \lambda^2 \frac{d^2 u}{d\xi^2} = \frac{p(x) H^4}{E_c I_{eq}} \qquad (5.96)$$

$$\xi = \frac{x}{H} \qquad (5.97)$$

$$\lambda = H \sqrt{\frac{C_F + C_b}{E_c I_{eq}}} \qquad (5.98)$$

$$C_b = \sum \frac{m_{ij}}{h} \qquad (5.99)$$

其中，称 C_b 为连系梁的约束刚度。

上述关于连系梁的约束刚度的算法适用于框架结构从底层至顶层层高及杆件截面均不变的情况。当各层的 m_{ij} 有改变时，应取各层连系梁约束刚度关于层高的加权平均值作为连系梁的约束刚度

$$C_b = \frac{\sum \dfrac{m_{ij}}{h} h}{\sum h} = \sum \frac{m_{ij}}{H} \tag{5.100}$$

可见，式（5.75）和式（5.96）在形式上完全相同。因此前面得出的解，式（5.82）～式（5.84），完全可以用于刚接体系。但两者有如下不同：

a）两者的 λ 不同。后者考虑了连系梁约束刚度的影响。

b）内力计算不同。

在刚接体系中，由式（5.82）～式（5.84）计算的 Q_w 值不是总抗震墙的剪力。在刚接体系中，把由 u 微分三次得到的剪力，即由式（5.82）～式（5.84）中第三式求出的剪力，记作 Q'_w，则有

$$E_c I_{eq} \frac{\mathrm{d}^3 u}{\mathrm{d}x^3} = -Q'_w = -Q_w + m(x) \tag{5.101}$$

其中，Q'_w 即为由式（5.82）～式（5.84）求得的剪力，从而得墙的剪力为

$$Q_w(x) = Q'_w(x) + m(x) \tag{5.102}$$

由力的平衡条件可知，任意高度 x 处的总抗震墙剪力与总框架剪力之和应等于外荷载下的总剪力 Q_p

$$Q_p = Q'_w + m + Q_F \tag{5.103}$$

定义框架的广义剪力 $\overline{Q}_F$ 为

$$\overline{Q}_F = m + Q_F \tag{5.104}$$

显然有

$$\overline{Q}_F = Q_p - Q'_w \tag{5.105}$$

则有

$$Q_P = Q'_w + \overline{Q}_F \tag{5.106}$$

总结刚接体系的计算步骤如下：

a）按照刚接体系的 λ 值用式（5.82）～式（5.84）计算 u、M_w 和 Q'_w。

b）按照式（5.104）计算总框架的广义剪力 Q'_F。

c）按照总框架的抗侧刚度 C_F 和连系梁的总约束刚度的比例进行分配，得到框架总剪力 Q_F 和连系梁的总约束弯矩 m，即

$$Q_F = \frac{C_F}{C_F + \sum \dfrac{m_{ij}}{h}} \overline{Q}_F \tag{5.107}$$

$$m = \frac{\sum \dfrac{m_{ij}}{h}}{C_F + \sum \dfrac{m_{ij}}{h}} \overline{Q}_F \tag{5.108}$$

d）由式（5.102）计算总抗震墙的剪力。

（3）墙系和框架系的内力在各墙框架单元中的分配。在上述假定下，可以按照刚度进行分配。对于框架，第 i 层第 j 柱的剪力 Q_{ij} 为

$$Q_{ij} = \frac{D_{ij}}{\sum\limits_{k=1}^{m} D_{ik}} Q_F \tag{5.109}$$

对于抗震墙，第 i 片抗震墙的剪力 Q_i 为

$$Q_i = \frac{E_{ci}I_{eqi}}{\sum\limits_{k=1}^{n} E_{ck}I_{eqk}} Q_w \tag{5.110}$$

在上两式中，m 和 n 分别为柱和墙的个数。在计算中还可以考虑抗震墙剪切变形影响等因素。

5.5.4 内力调整

（1）框架—抗震墙结构中框架内力的调整。在框架—抗震墙结构中，抗震墙的抗侧刚度比框架的抗侧刚度大得多，抗震墙承担了大部分水平荷载，在强震作用下，抗震墙出现开裂刚度退化时，一部分地震力就向框架转移，框架受到的地震作用就会明显增加；另一方面，框架抗震墙结构的计算一般都采用了楼板在自身平面内刚度无限大的假定，但作为主要侧向支承的抗震墙间距比较大，实际上楼板是有变形的，并且在框架处的水平位移大于在抗震墙处的水平位移，因此，框架实际承受的水平力大于采用刚性楼板假定的计算结果。

由于框架—抗震墙结构中框架的受力特点（如图 5.23 所示），它的下部楼层计算剪力很小，其底部接近于零。显然，直接按照计算的剪力进行配筋是不安全的，必须予以适当的调整，使框架有足够的抗震能力和安全储备，成为框架—抗震墙结构的第二道防线。

抗震设计时，框架—抗震墙结构计算所得的框架楼层总剪力 V_f，即为框架柱剪力之和，应该按照下列方法调整：

1）规则建筑中的楼层按照下列方法调整框架的总剪力：$V_f \geqslant 0.2V_0$ 的楼层，不进行调整；$V_f < 0.2V_0$ 的楼层，设计时 V_f 取 $(1.5V_{fmax}, 0.2V_0)$ 的较小值，V_0 为地震作用下结构底部总剪力；V_{fmax} 为框架部分承受地震剪力中的最大值。

2）当墙柱数目比较下一层减少大于 30% 时，该层及以上各层框架地震剪力不应该小于按计算分析的该层框架地震剪力的 2 倍。

3）柱的轴力可以不调整。

（2）抗震墙内力调整。要使框架抗震墙结构具有较好的抗震性能，必须把其中的抗震墙和框架都按照延性要求进行设计。

（3）框架梁柱内力调整。在框架部分的抗震等级确定后，框架—抗震墙结构中框架部分的内力调整与纯框架结构相同，要做"强柱弱梁、强剪弱弯、强节点弱构件"调整，并且增大底层柱和角柱的设计内力。

5.5.5 框架—抗震墙结构截面抗震验算及构造措施

框架—抗震墙结构的截面抗震验算和构造措施的一些特别要求如下：

（1）抗震墙的厚度不应该小于 160mm 且不宜小于层高或者无支长度的 1/20，底部加强部位的抗震墙厚度不宜小于 200mm 且不宜小于层高或者无支长度的 1/16。

（2）抗震墙的周边应设置梁（或暗梁）和端柱组成的边框。

（3）有端柱时，墙体在楼盖处宜设置暗梁，暗梁的截面高度不宜小于墙厚和 400mm 的较大值；端柱的截面宜与同层框架柱相同，并应该符合有关框架构造配筋规定；抗震墙底部加强部位的端柱和紧靠抗震墙洞口的端柱宜按照柱箍筋加密区的要求沿全高加密箍筋。

（4）抗震墙的横向和竖向分布钢筋，配筋率均不应小于 0.25%，钢筋直径不宜小于 10mm，间距不宜大于 300mm，并应双排布置，双排分布钢筋间应设置拉筋，拉筋间距不应

大于 600mm。

（5）楼面梁与抗震墙平面外连接时，不宜支承在洞口连梁上；沿梁轴线方向宜设置与梁连接的抗震墙，梁的纵筋应该锚固在墙内；也可以在支承梁的位置设置扶壁柱或者暗柱，并应该按照计算确定其截面尺寸和配筋。

习　　题

5.1　多层及高层钢筋混凝土房屋有哪些结构体系？各自的特点和适用范围是什么？

5.2　多层及高层钢筋混凝土结构的震害有哪些？有哪些抗震薄弱环节？有哪些设计对策？

5.3　抗震概念设计在多层及高层钢筋混凝土结构设计时具体是如何体现的？

5.4　抗震设计为什么要限制各类结构体系的最大高度和高宽比？

5.5　多层及高层钢筋混凝土结构设计时为什么要划分抗震等级？是如何划分的？

5.6　框架结构、抗震墙结构和框架—抗震墙结构房屋的结构布置应该着重解决哪些问题？

5.7　框架结构、抗震墙结构和框架—抗震墙结构在水平力作用下的变形特点各是什么？

5.8　框架结构、抗震墙结构和框架—抗震墙结构的抗震计算采用了哪些假设？如何确定各自的计算简图？

5.9　如何合理选用框架结构、抗震墙结构和框架—抗震墙结构的抗震计算方法？各有哪些主要步骤？

5.10　如何计算在水平地震作用下框架结构的内力和位移？

5.11　如何设计结构合理的破坏机制？

5.12　如何进行内力组合？

5.13　为什么要进行内力调整？怎样调整？

5.14　什么是"强柱弱梁、强剪弱弯"原则？在设计中应如何体现？

5.15　如何保证框架梁柱节点的抗震性能？如何进行节点设计？

5.16　框架结构、抗震墙结构和框架—抗震墙结构的抗震设计有哪些主要构造措施？

5.17　多层及高层钢筋混凝土结构抗震设计对楼屋盖有哪些要求？

5.18　钢筋混凝土结构中的填充墙对主体结构抗震性能有哪些影响？

5.19　抗震墙的类型是怎样划分的？

5.20　框架—抗震墙结构协同工作体系如何进行结构分析？其内力分布有哪些特点？

5.21　某工程为8层现浇框架结构，如图5.34所示。梁截面尺寸为 $b \times h = 220\text{mm} \times 600\text{mm}$，柱截

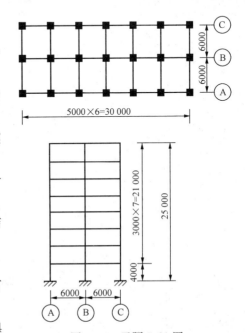

图 5.34　习题 5.21 图

面为 500mm×500mm，柱距为 5m。混凝土为 C30。设计烈度为 8 度，Ⅱ类场地，设计地震分组为第一组。集中在屋盖和楼盖处的重力荷载代表值分别为：顶层为 3600kN，2～7 层每层为 5400kN，底层为 6100kN。对应作用在屋盖上的均载为 8.683kN/m²，作用在楼盖 AB 轴间的均载为 14.16kN/m²，作用在楼盖 BC 轴间的均载为 12.11kN/m²，此处所列的均载均未计入梁和柱的自重。试计算在横向地震作用下横向框架的设计内力。

第6章　桥梁结构抗震设计

桥梁结构是现代交通线上的咽喉，在促进经济发展、增进区域文化交流等方面占有相当重要的地位；在发生地震时，桥梁是受灾最严重的结构之一。在汶川大地震中，四川省1657座公路桥梁中有724座遭受不同程度的破坏。桥梁的破坏会造成生命线的中断，会影响抗震救灾、阻碍灾后恢复与重建。下面先阐述桥梁结构的震害现象，再介绍桥梁结构的抗震计算及其需要采取的抗震构造措施。

6.1　桥梁结构震害现象及其分析

6.1.1　桥梁结构震害现象

据统计，地球上由于地震灾害而毁坏的桥梁数量，大大超过其他灾害而破坏的桥梁。全世界桥梁工程的专家、学者们都很重视桥梁的震害调查。而震害调查是抗震设计理论发展的基础，人类对桥梁震害认识的历史，就是桥梁抗震设计理论发展的历史。通过分析桥梁震害来建立合理的抗震设计方法，采取有效的抗震设防措施。

桥梁是由上部结构（桥跨结构和支座）、下部结构（桥台、桥墩、基础）和附属构造物（桥头搭板、锥形护坡、护岸、导流工程等）组成。下面将介绍桥梁上部结构、下部结构的震害现象。

（1）上部结构的震害。地震造成的桥梁破坏形式呈现多样性，但是上部结构遭受震害而被毁坏的情况比较少，在发现少数上部结构自身的震害中，主要是钢结构的局部屈曲破坏。

1）桥梁上部结构的梁体损伤。此震害在破坏性地震中较为常见，最严重的震害是落梁导致桥面垮塌。落梁破坏的主要原因是梁与桥墩（台）的相对位移过大，支座丧失了约束能力。地震中大桥发生落梁震害，如图6.1所示；大桥桥面垮塌，如图6.2所示；某大桥发生水平和竖向位移，如图6.3所示。

图6.1　汶川地震中映秀镇
百花大桥落梁震害

2）支座的震害。桥梁支座是桥梁结构体系中抗震性能比较薄弱的环节，在历次罕遇地震中，支座的震害现象都较为普遍。图6.4所示为大桥支座破坏引起的上部结构大转动。

另外，地震中支座的伸缩缝装置的破坏也比较常见。图6.5所示为地震中大桥伸缩缝破坏。

（2）下部结构的震害。下部结构的严重破坏是引起桥梁倒塌，导致难以修复的主要原因。下部结构的震害现象为墩（台）开裂、折断、倾斜、下沉及混凝土桥墩下部钢筋屈曲成灯笼状、混凝土开裂、压酥等。桥墩的倾斜有单向的、八字形的，桥墩的开裂大多发生在墩身的下部、墩顶与盖梁连接处、墩柱与横系梁连接处、墩柱截面变化处等。而台身与上部结构的碰撞破坏，以及桥台倾斜向后为桥台的震害特征。

图 6.6 所示为地震中大桥桥墩倾斜、承台梁破坏。图 6.7 所示为地震中大桥桥台破坏。

图 6.2　汶川地震中小渔洞
大桥桥面垮塌

图 6.3　汶川地震中北川某大桥
发生水平和竖向位移

图 6.4　汶川地震中小渔洞
大桥支座震害

图 6.5　汶川地震中紫坪铺水库
庙子坪大桥伸缩缝破坏

图 6.6　汶川地震中涪江大桥
桥墩倾斜、承台梁破坏

图 6.7　汶川地震中寿江
大桥桥台破坏

6.1.2　桥梁结构震害的原因

（1）地裂缝。地裂缝依据成因可以划分为构造地裂缝与重力地裂缝。地下断裂带错动在地表上形成构造地裂缝；由于地表土质松软及其不同地貌在地震作用下而形成重力地裂缝。

前者的走向与地下断裂带的走向一致，带长可以延续几千米甚至几十千米；后者的规模较小且走向与地下断裂带走向没有直接关系。地裂缝会使路面出现开裂、路基破坏。另外，对于土质松软的土层，在地震时会发生塌陷，从而造成路面下沉及桥梁墩台震陷、倾斜等；由于地震造成地基不均匀下沉，也会导致桥梁破坏。

（2）桥梁结构布局不合理。由于某些桥梁的结构布局不合理，导致结构受力不均衡，从而形成一些薄弱环节，使桥梁在地震中发生破坏。

（3）桥梁结构强度不足。如果桥梁在设计上没有考虑抗震设防，或者虽有所考虑，但对地震作用的大小估计不足，会导致桥梁产生强度破坏，例如桥梁结构出现裂缝、倒塌等现象。

（4）地基失稳或者失效。地震中地基或者土坡失稳会造成滑坡塌方现象，在山区公路、河岸更加容易发生。当地基失稳或者失效时，会造成路基路面断裂，桥台向河流中心滑动，从而导致桥梁破坏。

（5）桥梁结构丧失整体稳定性。桥梁是通过支座来连接上、下部结构的，如果所用支座大多数不符合抗震要求，在地震时桥梁结构先是上下跳动，再是左右摇晃，活动支座首先脱落、固定支座销钉被剪断，导致桥梁的上、下部结构之间的连接被破坏，从而丧失了整体稳定性。

6.1.3　桥梁震害的启示

总结桥梁震害可以得出：合理的结构形式和比较强的抗震能力，可以大为减轻甚至避免震害的产生。以下是有关桥梁抗震设计的注意事项：

（1）重视总体设计，选择比较理想的桥梁抗震结构体系。

（2）要设计成延性结构，避免出现脆性破坏。

（3）在局部构造设计上避免出现构造缺陷。

（4）研发有效的防落梁装置，提高桥梁支座的抗震性能。

（5）对斜弯桥、高墩桥梁或者桥墩刚度变化很大的桥梁，要进行空间动力时程分析。

（6）重视隔震、减震技术的运用，提高桥梁结构的抗震性能。

6.2　桥梁结构抗震设计的一般规定

6.2.1　桥梁抗震设计的基本要求

一般来说，在进行桥梁抗震设计时应该尽量符合如下要求：

（1）选择有利的地段布置线路和选定桥位。确定工程建设场地时，要掌握工程地质和地震活动情况的有关资料，还要根据工程实际需要做出综合评价，选择有利地段，避开不利地段与危险地段。

对抗震有利的地段，一般是指坚硬土或者开阔、平坦、密实、均匀的中硬土等地段；不利地段，一般是指孤突的山梁、高差比较大的台地边缘、软弱黏性土及其可液化土层等地段；危险地段是指发震断层及其邻近地段和地震时可能发生大规模滑坡、崩塌等地段。

布设路线及桥位宜避开下列地段：

1）地形陡峭、孤立、岩土松散、破碎的地段，地震时可能会发生滑坡、崩塌。

2）暗河、岩洞等岩溶地段和地下已经采空的矿穴地段，地震时可能发生塌陷。

3）河床内基岩具有倾斜河槽的构造软弱面被深切河槽所切割的地段。

4）公路旁有构造物，地震时可能发生倒塌而严重中断交通的地段。

当桥位无法避开发震断层时，宜将全部墩台布置在断层的同一盘（最好是下盘）。对河谷两岸在地震时可能发生滑坡、崩塌而造成堵河形成堰塞湖的地方，应该评估其堰塞湖溃决所影响的范围，合理确定路线的标高和选定桥位。当可能因为发生滑坡、崩塌而改变河流方向，影响岸坡和桥梁墩台以及路基的安全时，应该采取适当的防护措施。

（2）避免或者减轻由于地震作用引起的地基变形或者地基失效对公路造成的破坏。对可能发生的地基变形及地基失效应该引起足够重视，例如，松散的饱和砂土液化，会造成地基失效，使桥梁基础产生严重位移和下沉，从而会导致桥梁垮塌，所以应该采取适当设防措施。

（3）按照减轻震害和便于修复的原则，确定合理的设计方案。在确定路线的总走向和主要控制点时，应该尽量避开高烈度地区和震害危险性比较大的地段；在路线设计中，要善于利用地形，正确掌握标准，尽量采用浅挖低填的设计方案，以减少对自然平衡条件的破坏。对于地震区的桥型选择，可以按照以下原则进行。

1）设法减轻桥梁结构的自重和降低其重心，减小其地震作用和内力来提高稳定性。

2）力求桥梁结构质量中心与刚度中心重合，减小扭转引起的附加地震作用。

3）协调桥梁结构的长度和高度，减小各部分不同性质的振动所造成的危害。

4）加强地基处理，减小地基变形和防止地基失效。

（4）提高结构构件的强度和延性，以避免发生脆性破坏。桥梁墩柱应该具有足够的延性，可以利用塑性铰消耗地震能量。但是要充分发挥塑性铰部位的延性能力，必须防止墩柱发生脆性的剪切破坏。

（5）增强桥梁结构的整体性。

（6）提出保证桥梁工程施工质量的要求和措施。

6.2.2　桥梁结构的抗震设防类别

在进行桥梁结构抗震设计时，水平设计加速度反应谱最大值与抗震重要性系数有关，而重要性系数的取值又与桥梁抗震设防类别有关。《公路桥梁抗震设计细则》（JTG/TB 02-01—2008），考虑到公路桥梁的重要性和在抗震救灾中的作用，本着确保重点和节约投资的原则，将不同桥梁给予不同的抗震安全度。把桥梁分为 A、B、C、D 四个抗震设防类别。一般情况下，桥梁抗震设防分类应根据各类桥梁抗震设防类别的适用范围按照表 6.1 的规定确定。但对经济、国防、抗震救灾具有重要意义的桥梁或者破坏后修复困难的桥梁，可以经报请批准之后提高设防类别。

表 6.1　　　　　　　　　各类桥梁抗震设防类别适用范围

桥梁抗震设防类别	适用范围
A 类	单跨跨径超过 150m 的特大桥
B 类	单跨跨径不超过 150m 的高速公路、一级公路上的桥梁，单跨跨径不超过 150m 的二级公路上的特大桥、大桥
C 类	二级公路上的中桥、小桥，单跨跨径不超过 150m 的三、四级公路上的特大桥、大桥
D 类	三、四级公路上的中桥、小桥

6.2.3　桥梁结构的抗震设防目标

减轻桥梁工程的震害，最大限度地保障人民的生命财产安全，是桥梁抗震设计的目标。我国根据地震的不确定性、现有的技术条件和国家的经济条件及桥梁结构的分类，在考虑国家经济力量可以承受，并且能够保障人民生命财产的安全，确保桥梁结构设施基本完好的前提下，提出了桥梁抗震水平设防目标。《公路桥梁抗震设计细则》（JTG/TB 02-01—2008）规定，采用两水平设防、两阶段设计。第一阶段的抗震设计，采用弹性抗震设计，对应 E1 地震作用的抗震设计；通过第二阶段的抗震设计，对应 E2 地震作用的抗震设计，来保证结构具有足够的延性能力，通过验算来保证结构的延性性能大于延性需求。确保塑性铰只出现在预选位置，不出现剪切破坏等脆性破坏模式。通过采取抗震构造措施来保证结构有足够的位移能力。各抗震设防类别桥梁的抗震设防目标必须符合表 6.2 的规定。

A 类桥梁的抗震设防目标是中震不坏，E1 地震重现期约为 475 年；大震不倒，E2 地震重现期约为 2000 年；B、C 类桥梁的抗震设防目标是小震不坏，E1 地震重现期为 50～100 年；中震可修，重现期约为 475 年；大震不倒，E2 地震，重现期约为 2000 年；D 类桥梁的抗震设防目标是小震不坏，重现期约为 25 年。要注意对于 B、C 类桥梁，其抗震设计只要进行 E1 地震作用下的弹性抗震设计和 E2 地震作用下的延性抗震设计，满足这两个阶段的性能目标要求后，中震可修的目标即已达到。总之，对 A、B、C 类桥梁必须进行 E1 地震作用和 E2 地震作用下的抗震设计。而 D 类桥梁只需要进行 E1 地震作用下的抗震设计。对设防烈度为 6 度地区的 B、C、D 类桥梁，仅仅需要满足抗震构造措施要求。

表 6.2　　　　　　　　　　　　各抗震设防类别桥梁的抗震设防目标

桥梁抗震	设防目标	
设防类别	E1 地震作用	E2 地震作用
A 类	一般不受损伤或者不需修复可继续使用	可以发生局部轻微损伤，不需修复或者经简单修复可继续使用
B 类	一般不受损伤或者不需修复可继续使用	应该保证不致倒塌或者产生严重结构损伤，经临时加固后可以供维持应急交通使用
C 类	一般不受损伤或者不需修复可继续使用	应该保证不致倒塌或者产生严重结构损伤，经临时加固后可以供维持应急交通使用
D 类	一般不受损伤或者不需修复可继续使用	

6.2.4　桥梁结构的抗震设防标准

明确桥梁工程的抗震设防标准，实际上就是选择桥址场地地震作用概率水平。各类桥梁的抗震设防标准，应该符合下列规定。

（1）各类桥梁在不同抗震设防烈度下的抗震设防措施按照表 6.3 确定。

（2）各类桥梁的抗震重要性修正系数 C_i，按照表 6.4 确定。

6.2.5　选择良好的抗震结构体系

从抗震的角度来看，良好的桥梁结构体系应该包括如下要点：

（1）几何线形上是直桥，各墩高度相差不大。弯桥或者斜桥会使地震反应复杂化，而墩高不相等会引起桥墩刚度不相等，从而造成地震力的分配不均匀，影响整体桥梁结构的抗震性能。

表 6.3 各类公路桥梁抗震设防措施等级

桥梁分类 抗震设防烈度	6	7		8		9
	0.05g	0.1g	0.15g	0.2g	0.3g	0.4g
A	7	8	9	9	更高，需专门研究	
B	7	8	8	9	9	≥9
C	6	7	7	8	8	9
D	6	7	7	8	8	9

注　g 为重力加速度。

表 6.4 各类桥梁的抗震重要性修正系数 C_i

桥梁分类	E1 地震作用	E2 地震作用
A 类	1.0	1.7
B 类	0.43 (0.5)	1.3 (1.7)
C 类	0.34	1.0
D 类	0.23	—

注　高速公路和一级公路上的大桥、特大桥，其抗震重要性系数取 B 类对应括号内的值。

（2）结构布局上要求上部结构是连续的，伸缩缝尽量少用或不用；桥梁保持小跨径；在多个桥墩上布置弹性支座；各个桥墩的强度和刚度在各个方向都相同；基础建造在坚硬的场地上。要求上部结构是连续的，并尽可能少用伸缩缝，主要是为了避免出现落梁。像简支梁以及使用挂梁的桥梁，比较容易发生落梁，在地震区使用时应该考虑采用防止落梁的构造和装置。要求桥梁保持小跨径，主要是希望桥墩承受的轴压水平较低，从而达到更好的延性。要求弹性支座布置在多个桥墩上，目的是把地震力分散到尽量多的桥墩上。

在实际桥梁工程中，由于种种条件限制，如功能要求、路线走向以及桥址地质条件等，理想的抗震体系不容易做到。但是在抗震概念设计阶段，还是要考虑使桥梁结构符合上述原则。

6.3　桥梁结构抗震计算分析

在地震作用下桥梁会出现严重的破坏，世界各国都制定了本国的抗震设计规范以及需要采取的构造措施，来减轻桥梁震害使地震后便于修复，以期达到安全合理的抗震目标。

6.3.1　引言

早期，在桥梁抗震计算中是采用简化的静力法。20 世纪 50 年代后，采用动力反应谱理论，近年来，对重要结构物采用动力法的动态时程分析法。

反应谱理论没有反映许多实际的复杂因素，例如，大跨桥梁的地震波输入相位差，结构的非线性二次效应，地震振动的结构、基础、土的共同作用等问题。动态时程分析法可以考虑结构几何和物理非线性及各种减、隔震装置非线性性质（如桥梁特制橡胶支座、特种阻尼装置等），使非线性地震反应分析更加趋近成熟与完善。桥梁震害调查表明：造成桥梁破坏的主要原因是地震时桥梁所产生的沿桥轴线的纵向水平振动和横向水平振动。因此，桥梁结构地震反应的动态时程分析的输入方式主要是地震加速度时程的水平分量，而大悬臂结构或大跨柔性结构（如吊桥、斜拉桥）要考虑竖向分量的输入。输入形式一般采取同步单点输入，必要时可以考虑不同步（相位差）单点输入，或者同步、不同步多点输入。每个输入点的地震加速度时程可以是相同的或者不同的。

目前，大多数国家对桥梁结构的中小跨桥梁仍然采用反应谱理论计算，而对于重要、复杂、大跨的桥梁抗震计算都要求采用动态时程分析法。

《公路桥梁抗震设计细则》（JTG/TB 02-01—2008）从桥梁抗震设计角度，将单跨跨径不超过 150m 的混凝土桥梁、圬工或者混凝土拱桥等定义为常规桥梁；对于墩高超过 40m，墩身第一阶振型有效质量低于 60％，且结构进入塑性的高墩桥梁应该做专项研究。

根据在地震作用下动力响应特性的复杂程度，常规桥梁可以分为规则桥梁和非规则桥梁两类。表 6.5 限定范围内的桥梁属于规则桥梁，不在此表限定范围内的桥梁属于非规则桥梁，拱桥为非规则桥梁。

表 6.5　　　　　　　　　　　　　　规则桥梁的定义

参数	参数值				
单跨最大跨径	≤90m				
墩高	≤30m				
单墩高度与直径或宽度比	>2.5，且<10				
跨数	2	3	4	5	6
曲线桥梁圆心角 φ 半径 R	单跨 $\varphi<30°$ 且一联累计 $\varphi<90°$，同时曲梁半径 $R\geqslant20b$（b 为桥宽）				
跨与跨间最大跨长比	3	2	2	1.5	1.5
轴压比	<0.3				
跨与跨间桥墩最大刚度比	—	4	4	3	2
支座类型	普通板式橡胶支座、盆式支座（铰接约束）等。使用滑板支座、减隔震支座等属于非规则性桥梁				
下部结构类型	桥墩为单柱墩、双柱框架墩、多柱排架墩				
地基条件	不易液化、侧向滑移或易冲刷的场地，远离断层				

根据上述规则桥梁和非规则桥梁分类，各类桥梁的抗震分析计算方法可以按照表 6.6 确定。

表 6.6　　　　　　　　　　　　桥梁抗震分析可采用的计算方法

地震作用	B类		C类		D类	
	规则	非规则	规则	非规则	规则	非规则
E1	SM/MM	MM/TH	SM/MM	MM/TH	SM/MM	MM
E2	SM/MM	TH	SM/MM	TH	—	—

注　TH 代表线性和非线性时程计算方法；SM 代表单振型反应谱或功率谱方法；MM 代表多振型反应谱或功率谱方法。

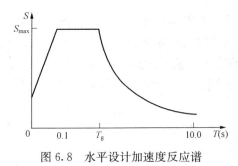

图 6.8　水平设计加速度反应谱

6.3.2　反应谱理论的计算方法

（1）设计加速度反应谱。

1）水平设计加速度反应谱。阻尼比为 0.05 的水平设计加速度反应谱，如图 6.8 所示，由下式确定：

$$R = \begin{cases} S_{\max}(5.5T + 0.45) & T < 0.1s \\ S_{\max} & 0.1s \leqslant T \leqslant T_g \\ S_{\max}(T_g/T) & T > T_g \end{cases}$$

(6.1)

式中　T_g——场地特征周期（s），按照场地位置在《中国地震动反应谱特征周期区划图》上查取，根据场地类别按照表 6.7 取值；

表 6.7　　　　　　　　　　　　**设计加速度反应谱特征周期调整表**

区划图上的特征周期（s）	场地类型划分			
	Ⅰ	Ⅱ	Ⅲ	Ⅳ
0.35	0.25	0.35	0.45	0.65
0.40	0.30	0.40	0.55	0.75
0.45	0.35	0.45	0.65	0.90

注　本表引自《中国地震动参数区划图》（GB 18306—2001）中表 C1。

　　T——结构自振周期；

　$S_{\max}$——水平设计加速度反应谱最大值，由式（6.2）确定

$$S_{\max} = 2.25 C_i C_s C_d A$$

(6.2)

　C_i——抗震重要性系数，按照表 6.4 取值；

　C_s——场地系数，按照表 6.8 取值；

表 6.8　　　　　　　　　　　　　　**场地系数 C_s 的数值**

场地类型 ＼ 地震基本烈度	6	7		8		9
	$0.05g$	$0.1g$	$0.15g$	$0.2g$	$0.3g$	$0.4g$
Ⅰ	1.2	1.0	0.9	0.9	0.9	0.9
Ⅱ	1.0	1.0	1.0	1.0	1.0	1.0
Ⅲ	1.1	1.3	1.2	1.2	1.0	1.0
Ⅳ	1.2	1.4	1.3	1.3	1.0	0.9

　C_d——阻尼调整系数；除有专门规定外，结构的阻尼比 ζ 应该取值 0.05，式（6.2）中的阻尼调整系数 C_d 取值 1.0，当结构的阻尼比按照有关规定取值不等于 0.05 时，阻尼调整系数 C_d 应该按照式（6.3）取值，当 C_d 小于 0.55 时，应该取 0.55，即

$$C_d = 1 + \frac{0.05 - \zeta}{0.06 + 1.7\zeta} \geqslant 0.55$$

(6.3)

A——水平向设计基本地震加速度峰值，按照表 6.9 取值。

表 6.9 抗震设防烈度和水平向设计基本地震加速度峰值 A

抗震设防烈度	6	7	8	9
A	$0.05g$	$0.10\,(0.15)\,g$	$0.20\,(0.30)\,g$	$0.40g$

注 g 为重力加速度。

2）竖向设计加速度反应谱。竖向设计加速度反应谱由水平向设计加速度反应谱乘以式（6.4）和式（6.5）中给出的竖向/水平向谱比函数 R。

基岩场地

$$R = 0.65 \tag{6.4}$$

土层场地

$$R = \begin{cases} 1.0 & T < 0.1\mathrm{s} \\ 1.0 - 2.5(T - 0.1) & 0.1\mathrm{s} \leqslant T \leqslant 0.3\mathrm{s} \\ 0.5 & T > 0.3\mathrm{s} \end{cases} \tag{6.5}$$

式中 T——结构的自振周期（s）。

（2）地震作用计算。规则桥梁水平地震作用的计算，采用反应谱方法计算时，分析模型中应考虑上部结构、支座、桥墩、基础等刚度的影响。

1）重力式桥墩地震作用。在地震作用下，规则桥梁重力式桥墩顺桥向和横桥向的水平地震作用，采用反应谱方法计算时，可以按照式（6.6）计算。其结构计算简图如图 6.9 所示

$$E_{ihp} = S_{h1} \gamma_1 X_{1i} G_i / g \tag{6.6}$$

$$\gamma_1 = \frac{\sum_{i=0}^{n} X_{1i} G_i}{\sum_{i=0}^{n} X_{1i}^2 G_i} \tag{6.7}$$

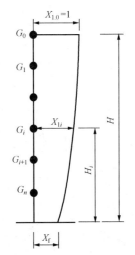

图 6.9 结构计算简图

式中 E_{ihp}——作用于桥墩质点 i 的水平地震作用（kN）；

S_{h1}——相应水平方向的加速度反应谱值，根据桥梁结构基本周期按照式（6.1）和式（6.2）确定；

γ_1——桥墩顺桥向或者横桥向的基本振型参与系数；

X_{1i}——桥墩基本振型在第 i 分段重心处的相对水平位移，对于实体桥墩，当 $H/B > 5$ 时，$X_{1i} = X_f + \dfrac{1 - X_f}{H} H_i$（一般适用于顺桥向），当 $H/B < 5$ 时，$X_{1i} = X_f + \left(\dfrac{H_i}{H}\right)^{1/3} (1 - X_f)$（一般适用于横桥向）；

X_f——考虑地基变形时，顺桥向作用于支座顶面或横桥向作用于上部结构质量重心上的单位水平力在一般冲刷线或基础顶面引起的水平位移与在支座顶面或上部结构质量重心处的水平位移之比值；

H_i——一般冲刷线或基础顶面至墩身各分段重心处的垂直距离（m）；

H——桥墩计算高度，即一般冲刷线或基础顶面至支座顶面或上部结构质量重心的

垂直距离（m）；

B——顺桥向或横桥向的墩身最大宽度（m），如图 6.10 所示；

$G_{i=0}$——桥梁上部结构重力（kN），对于简支梁桥，计算顺桥向地震作用时为相应于墩顶固定支座的一孔梁的重力，计算横桥向地震作用时为相邻两孔梁重力的一半；

$G_{i=1,2,3\cdots}$——桥墩墩身各分段的重力（kN）。

2）柱式墩地震作用。规则性桥梁的柱式墩，采用反应谱方法计算时，其顺桥向水平地震作用可以采用简化公式（6.8）计算。其计算简图如图 6.11 所示

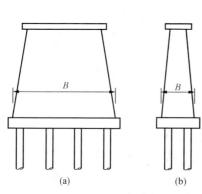

图 6.10　墩身最大宽度 B

（a）横桥向；（b）顺桥向

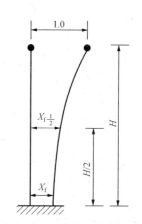

图 6.11　柱式墩计算简图

$$E_{htp} = S_{hl} G_t / g \tag{6.8}$$
$$G_t = G_{sp} + G_{cp} + \eta G_p$$
$$\eta = 0.16(X_f^2 + 2X_{f\frac{1}{2}}^2 + X_f X_{f\frac{1}{2}} + X_{f\frac{1}{2}} + 1)$$

式中　E_{htp}——作用于支座顶面处的水平地震作用（kN）；

G_t——支座顶面处的换算质点重力（kN）；

G_{sp}——桥梁上部结构的重力（kN），对于简支梁桥，为相应于墩顶固定支座一孔梁的重力，对于连续梁桥，为相邻两孔梁重力之和的一半；

G_{cp}——盖梁的重力（kN）；

G_p——墩身重力（kN），对于扩大基础，为基础顶面以上墩身的重力，对于桩基础，为一般冲刷线以上墩身的重力；

η——墩身重力换算系数；

$X_{f\frac{1}{2}}$——考虑地基变形时，顺桥向作用于支座顶面上的单位水平力在墩身计算高度 $H/2$ 处引起的水平位移与支座顶面处的水平位移之比；

g——重力加速度（m/s²）。

3）采用板式橡胶支座的规则桥梁的水平地震作用。《公路桥梁抗震设计细则》（JTG/TB 02 - 01—2008）规定：采用板式橡胶支座的规则桥梁，采用反应谱方法计算时，其顺桥向水平地震作用一般应该分别按照下列情况计算：

a. 全联简化模型是指采用同类型板式橡胶支座的连续梁桥或者桥面连续、顺桥向具有足够强度的抗震连接措施（即纵向连接措施的强度大于支座抗剪极限强度）的简支梁桥，其

水平地震作用可以按照下述简化方法计算:

a) 上部结构对板式橡胶支座顶面处产生的水平地震作用为

$$E_{ihs} = \frac{K_{itp}}{\sum\limits_{i=1}^{n} K_{itp}} S_{h1} G_{sp}/g \qquad (6.9)$$

$$K_{itp} = \frac{K_{is} K_{ip}}{K_{is} + K_{ip}}$$

$$K_{is} = \sum_{i=1}^{n_s} \frac{G_d A_r}{\sum t}$$

式中 E_{ihs}——上部结构对第 i 号墩板式橡胶支座顶面处产生的水平地震作用(kN);

K_{itp}——第 i 号墩组合抗推刚度(kN/m);

K_{is}——第 i 号墩板式橡胶支座抗推刚度(kN/m);

S_{h1}——相应水平方向的加速度反应谱值;

n_s——第 i 号墩板式橡胶支座数量;

G_d——板式橡胶支座动剪切模量(kN/m²),一般取 1200kN/m²;

A_r——板式橡胶支座面积(m²);

$\sum t$——板式橡胶支座橡胶层总厚度(m);

K_{ip}——第 i 号墩墩顶抗推刚度(kN/m);

G_{sp}——一联上部结构的总重力(kN)。

b) 墩身水平地震作用。实体墩由墩身自重在墩身质点 i 的水平地震作用为

$$E_{ihp} = S_{h1} \gamma_1 X_{1i} G_i/g \qquad (6.10)$$

柱式墩由墩身自重在板式支座顶面产生的水平地震作用为

$$E_{hp} = S_{h1} G_{tp}/g \qquad (6.11)$$

$$G_{tp} = G_{cp} + \eta G_p \qquad (6.12)$$

式中 G_{tp}——桥墩对板式橡胶支座顶面处的换算质点重力(kN)。

b. 单墩单梁模型是指采用板式橡胶支座的多跨简支梁桥,对刚性墩可按单墩单梁计算。

c. 耦联模型是指采用板式橡胶支座的多跨简支梁桥,对柔性墩应考虑支座与上、下部结构的耦联作用(一般情况下可以考虑 3~5 跨),按图 6.12 所示多质点模型进行计算。对于 n 跨的桥梁,该模型有 $2n+1$ 个质点,由于质点数量多要采用有限元方法计算。

采用板式橡胶支座的简支梁桥和连续梁桥,当横桥向设置有限制横桥向位移的抗震措施(如挡块)时,桥墩横桥向水平地震作用可以按照式(6.11)计算。

4) 桥台的水平地震作用,可以按照式(6.13)计算,即

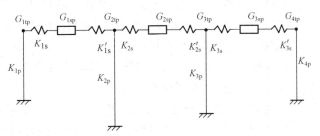

图 6.12 板式橡胶支座简支梁桥计算简图

G_{1tp}、G_{2tp}、G_{3tp}、G_{4tp}——桥墩对板式橡胶支座顶面处的换算质点重力(kN); G_{1sp}、G_{2sp}、G_{3sp}——上部结构重力(kN); K_{1p}、K_{2p}、K_{3p}、K_{4p}——墩顶抗推刚度(kN/m); K_{1s}、K'_{1s}、K_{2s}、K'_{2s}、K_{3s}、K'_{3s}——板式橡胶支座抗推刚度(kN/m)

$$E_{hau} = C_i C_s C_d A G_{au} / g \qquad (6.13)$$

式中 C_i、C_s、C_d——抗震重要性系数、场地系数和阻尼调整系数，分别按表 6.4、表 6.8 和式（6.3）取值；

A——水平向设计基本地震动加速度峰值，按表 6.9 取值；

E_{hua}——作用于台身重心处的水平地震作用（kN）；

G_{au}——基础顶面以上台身的重力（kN）。

a. 对于修建在基岩上的桥台，其水平地震作用可按式（6.12）计算值的 80% 采用。

b. 验算设有固定支座的梁桥桥台时，还应该计入由上部结构所产生的水平地震作用，其值按式（6.12）计算，但 C_{au} 取一孔梁的重力。

6.3.3 桥梁结构抗震验算

《公路桥梁抗震设计细则》（JTG/TB 02-01—2008）是采用强度和变形双重指标控制的抗震验算方法。

（1）一般规定。

1）在 E1 地震作用下，结构在弹性范围内工作，基本不损伤；在 E2 地震作用下，延性构件（墩柱）可能发生损伤，产生弹塑性变形，以耗散地震能量，但是延性构件（墩柱）的塑性铰区域应该具有足够的塑性转动能力。

2）梁桥基础、盖梁、梁体、墩柱的抗剪按照能力保护原则设计，在 E2 地震作用下基本不发生损伤。

3）在 E2 地震作用下，混凝土拱桥的主拱圈和基础基本不发生损伤；对系杆拱桥，其桥墩、支座和基础的抗震性能可以按照梁桥的要求进行抗震设计。

4）对于 D 类桥梁、圬工拱桥、重力式桥墩和桥台，可以只进行 E1 地震作用下结构的强度验算。

（2）B 类、C 类桥梁抗震验算。

1）顺桥向和横桥向 E1 地震作用效应和永久作用效应组合后，应该按照相关规定验算桥墩的强度。

2）对于计算长度与矩形截面计算方向的尺寸之比小于 2.5（或墩柱的计算长度与圆形截面直径之比小于 2.5）的矮墩，顺桥向和横桥向 E2 地震作用效应和永久作用效应组合后，应该按照相关规定验算桥墩的强度。

3）顺桥向和横桥向 E2 地震作用效应和永久荷载效应组合后，应该按照相关规定验算拱桥主拱圈、连接系和桥面系的强度。

4）对 B、C 类桥梁墩柱还应进行变形验算和支座验算。

（3）D 类桥梁、重力式桥墩、圬工拱桥、桥台强度验算。

1）顺桥向和横桥向 E1 地震作用效应和永久荷载效应组合后，应该按照相关规定验算重力式桥墩、桥台、圬工拱桥主拱及基础的强度、偏心、稳定性。

2）顺桥向和横桥向 E1 地震作用效应和永久荷载效应组合后，应该按照相关规定验算 D 类桥梁桥墩、横梁、盖梁和基础的强度。

3）D 类桥梁和重力式桥墩桥梁支座厚度验算。

a. 板式橡胶支座验算。

a）板式橡胶支座厚度验算

$$\sum t \geqslant \frac{X_{\mathrm{E}}}{\tan\gamma} = X_{\mathrm{E}} \tag{6.14}$$

$$X_{\mathrm{E}} = \alpha_{\mathrm{d}} X_{\mathrm{D}} + X_{\mathrm{H}} \tag{6.15}$$

式中 $\sum t$——橡胶层的总厚度（m）；

　　$\tan\gamma$——橡胶片剪切角正切值，取 $\tan\gamma = 1.0$；

　　X_{D}——在 E1 地震作用下，支座顶面相对于底面的水平位移（m）；

　　X_{H}——永久作用产生的支座顶面相对于底面的水平位移（m）；

　　α_{d}——支座调整系数，一般取 2.3。

　　b）板式橡胶支座的抗滑稳定性验算

$$\mu_{\mathrm{d}} R_{\mathrm{b}} \geqslant E_{\mathrm{hzh}} \tag{6.16}$$

$$E_{\mathrm{hzh}} = \alpha_{\mathrm{d}} E_{\mathrm{hze}} + E_{\mathrm{hzd}} \tag{6.17}$$

式中 μ_{d}——支座的摩阻系数，橡胶支座与混凝土表面的动摩阻系数采用 0.15，与钢板的动摩阻系数采用 0.10；

　　E_{hzh}——支座水平组合地震力（kN）；

　　R_{b}——上部结构重力在支座上产生的反力（kN）；

　　E_{hze}——在 E1 地震作用下橡胶支座的水平地震力（kN）；

　　E_{hzd}——永久作用产生的橡胶支座水平力（kN）；

　　α_{d}——支座调整系数，一般取 2.3。

　　b. 盆式支座的抗震验算。

　　a）活动盆式支座

$$X_{\mathrm{E}} \leqslant X_{\max} \tag{6.18}$$

$$X_{\mathrm{E}} = \alpha_{\mathrm{d}} X_{\mathrm{D}} + X_{\mathrm{H}} \tag{6.19}$$

　　b）固定盆式支座

$$E_{\mathrm{hzh}} \leqslant E_{\max} \tag{6.20}$$

$$E_{\mathrm{hzh}} = \alpha_{\mathrm{d}} E_{\mathrm{hze}} + E_{\mathrm{hzd}} \tag{6.21}$$

式中 $X_{\max}$——活动盆式支座容许滑动的水平位移（m）；

　　$E_{\max}$——固定盆式支座容许承受的水平地震力（kN）。

6.3.4 大跨度桥梁结构的抗震计算

《公路桥梁抗震设计细则》（JTG/TB 02-01—2008）对于大跨度桥梁，建议从方案的可行性研究开始就要对方案的抗震性能进行评估，即桥址区地震危险性分析；一旦设计方案成立，即把结构的抗震性能研究单独立项深入地进行专题研究，采用反应谱方法在方案设计阶段做大桥抗震性能比较粗略的评估；在初步或者技术设计阶段应该根据设计地震动参数进行结构空间非线性地震反应时程分析，以确保生命线工程的安全。以下是对于大跨度桥梁抗震计算中需要专门考虑的问题。

（1）确定设计概率水准。对于大跨度桥梁，应该采用两水平设防、两阶段设计的抗震设计思想。对 E2 地震作用的抗震设计阶段，抗震设防标准要按照重现期约为 2000 年设计，并且要引入延性抗震设计。

（2）输入地震动。通常桥梁结构的地震反应分析是假定所有桥墩底的地面运动是一致的，但由于地震机制、波的传播特征、地形、地质条件的不同，入射的地震波在空间上是有变化的。对于长跨桥梁，在桥长范围内，各墩基础类型和周围土质条件可能有比较大的差别，因此各墩地震波的幅值不相同，波形也有变化。欧洲规范在规定地震作用时考虑了空间变化的地震运动特征，并指出在下面两种情况下考虑地震运动的空间变化：①桥长大于200m，并且有地质上的不连续或者明显的不同地貌特征；②桥长大于600m。

如果斜拉桥、吊桥、拱桥的单跨越过大江，左右岸可能位于不同的场地土上，有可能是连续多跨拱桥或者连续梁桥，其几百米甚至几千米以上的桥墩处于不同的场地土上，由此出现各支承处输入地震波的不同，在地震反应分析中就要考虑多支承不同时的激振，简称多点激振。如果场地土情况变化不大，也可能因为地震波沿桥纵轴向先后到达的时间差，也要考虑各支承输入地震波的相位差，简称行波效应。地震波的相位差也是多点激振另一形式。对于多跨梁式桥，行波效应会带来各个桥墩墩顶纵向位移的相位差，会增加落梁的危险性，但一般不至于在上部结构中产生内力和损害。而对多孔连续拱桥就会造成破坏，因为拱桥的上部结构对于墩台的水平位移很敏感。我国一些比较长的并且没有中间制动墩的多孔连续拱桥的震害有可能是由相位差原因所造成。

大跨度桥梁的地面运动的空间变化特性，包括行波效应、部分相干效应以及局部场地效应，对抗震分析影响比较大，而且也非常复杂，对不同类型的桥梁可能得到完全不同的结果，因此，在抗震分析时应该进行多点非一致激振，即采用非一致地震动输入，尤其是在进行时程分析时，各个桥墩的地震动输入是不相同的，以反映地震动场的空间变异性和空间相关性。

（3）地震反应分析。大跨度桥梁的地震反应分析可以采取时程分析法、多振型反应谱法或者功率谱法。时程分析结果应该与多振型反应谱法相互校核，线性时程分析结果不应该小于反应谱法结果的80%。

1）低频设计反应谱。大跨桥梁大多是柔性结构，第一阶振型的周期比较长。在地震反应中，第一阶振型的贡献很大，为使用反应谱法进行大跨度桥梁的抗震计算，首先要解决地震动长周期反应谱问题。提供的反应该谱曲线频谱应该包括含第一阶自振周期在内的长周期成分。

2）振型组合。在大跨桥梁的地震反应中其高阶振型的影响比较显著。采用反应谱法进行地震反应分析时，应该充分考虑高阶振型的影响，即所计算的振型阶数要包括所有贡献比较大的振型。进行多振型反应谱法分析时，应该根据结构特点，考虑足够多的振型，要求采用较为成熟的 CQC 法进行振型组合。

6.4　桥梁结构抗震延性设计

钢筋混凝土桥梁结构的抗震设计必须考虑结构进入弹塑性变形阶段之后的动力特性和抗震性能。世界上各国针对钢筋混凝土桥梁在地震作用下的延性抗震设计方法进行了大量的试验和理论研究，其研究成果已经应用在一些新规范中，例如，欧洲规范和新西兰规范中都规定对桥梁采用延性抗震设计方法。《公路桥梁抗震设计细则》（JTG/TB 02 - 01—2008）也包括了桥梁延性抗震设计的有关规定。

延性抗震理论是通过结构选定部位的塑性变形来抵抗地震作用的。该抗震理论的主要依据：

（1）可以利用塑性变形消耗地震能量，从而减小地震影响。

（2）由于出现塑性铰使结构基本周期延长，从而减小地震所产生的惯性力。

在结构遭遇罕遇地震时，延性抗震理论包括以下内容：

（1）在结构不发生大破坏和丧失整体稳定的前提下，提高构件的滞回消能能力。

（2）允许在结构上的预部位出现塑性铰，改变结构动力特性减小地震影响。

6.4.1　延性的基本概念

（1）延性的定义。延性是结构超过弹性阶段之后的变形能力。它能承受较大的非弹性变形，并且强度没有明显下降；还有可以利用滞回特性吸收能量。

延性反映了一种非弹性变形的能力。延性就其讨论的范围而言可以分为材料、截面、构件和整体延性。对材料而言，延性材料是指发生较大的非弹性变形时强度没有明显下降的材料，不同材料的延性是不同的：低碳钢的延性比较好，素混凝土在受压时延性比较差，当混凝土配有适当的箍筋时，其延性会有显著提高。对结构和结构构件来说，结构的延性称为整体延性，构件的延性称为局部延性。

（2）延性系数。延性一般可用以下公式表示

$$\mu = \frac{\Delta_{\max}}{\Delta_y} \tag{6.22}$$

式中　　μ——延性系数，是一无量纲比值；

　Δ_y、$\Delta_{\max}$——结构首次屈服变形和所经历过的最大变形。

延性系数一般表示成与变形有关的各种参数，如挠度、转角和曲率等。

（3）桥梁结构的整体延性与构件局部延性的关系。桥梁的质量主要集中在上部结构，桥梁结构的地震反应可以近似采用单自由度体系计算。桥梁结构的延性系数规定为上部结构质量中心处的极限位移与屈服位移之比。桥梁结构的整体延性与桥墩的局部延性关系密切，桥梁中有一些延性很高的桥墩，其整体延性不一定就高。如果设计不合理，即使个别构件延性很高，但桥梁结构的整体延性可能比较低。在桥墩屈服后到达极限状态为止，结构的变形能力主要来自墩底塑性铰区的塑性转动，因此，当考虑支座弹性变形和基础柔度影响时，结构的延性系数比桥墩的延性小；而且支座和基础的附加柔度越大，结构的延性系数越小。

6.4.2　简化的延性设计理论与方法

对于数量众多的规则桥梁，一般采用简化的延性抗震设计理论，用简化抗震设计方法计算。

（1）桥梁延性抗震设计。《公路桥梁抗震设计细则》（JTG/TB 02 - 01—2008）对梁桥延性抗震设计规定：

1）抗震设计时，钢筋混凝土墩柱宜作为延性构件设计。桥梁基础、盖梁、梁体和节点宜作为能力保护构件。墩柱的抗剪强度宜按照能力保护原则设计。

2）沿顺桥方向，连续梁桥、简支梁桥墩柱的底部区域，连续刚构桥墩柱的端部区域为塑性铰区域；沿横桥方向，单柱墩的底部区域、双柱墩或者多柱墩的端部区域为塑性铰区域。

3）盖梁、基础的设计弯矩和设计剪力值按照能力保护原则计算时，应该为与墩柱的极限弯矩（考虑超强系数）所对应的弯矩、剪力值；在计算盖梁、节点的设计弯矩、设计剪力值时，应该考虑所有潜在塑性铰位置以确定最大设计弯矩和剪力。

4）墩柱的设计剪力值按照能力保护原则计算时，应该为与墩柱的极限弯矩（考虑超强

系数）所对应的剪力；在计算设计剪力值时，应该考虑所有潜在塑性铰位置以确定最大的设计剪力值。

（2）.结构地震反应修正系数。规则桥梁除了结构弹塑性变形的影响因素外，还有以下因素会影响实际设计地震作用的大小：

1）阻尼比的影响；

2）$P\text{-}\Delta$ 的影响；

3）超强因素的影响。

为了反映具有一定位移延性水平的延性振动系统因为发生弹塑性变形而对地震力的折减关系，规则桥梁需要引入地震反应修正系数的概念，可以定义为式（6.23）的函数形式

$$R = R_\mu \times R_C \times R_\Delta \times R_S \tag{6.23}$$

式中 R——地震反应修正系数，它反映在计算规则桥梁与理想单自由度弹性振动系统的最大地震惯性力时两者物理意义和数值上的不同；

R_μ——强度折减系数，反映具有一定位移延性水平的延性振动系统因为发生弹塑性变形对弹性地震力的折减关系；

R_C——阻尼修正系数；

R_Δ——$P\text{-}\Delta$ 效应修正系数；

R_S——结构超强修正系数。

（3）结构延性类型。规则桥梁结构设计的地震力可以按照弹性结构设计的地震力进行折减，结构具有的位移延性水平越高，相应的设计地震力越小，结构所需的强度也越低，但是设计地震力的折减不是无限的，可以利用的位移延性水平也是有限值的。

按照延性结构发挥延性性能的程度，可以划分为完全延性结构、有限延性结构和完全弹性结构三类。一般情况下，对普通的公路桥梁，应该尽可能采用完全延性结构类型进行抗震设计，以获得最佳的经济效益；对重要性桥梁，应该采用有限延性结构形式，以获得更佳的抗震性能；对结构破坏可能造成严重经济损失或者为国防、抗震救灾提供紧急车辆通行的关键性桥梁，可以采用完全弹性结构形式进行抗震设计。

（4）延性构造细节要求。延性桥梁可以根据能力设计原理，钢筋混凝土桥墩需要设计成延性构件，其他构件则可以设计成弹性构件。因此，结构具有的位移延性能力，主要依赖桥墩中塑性铰的塑性转动能力。为了保证桥墩的延性，在桥墩预期的塑性铰区截面配置足够数量的横向约束箍筋，来约束核心混凝土，以达到提高核心混凝土的极限压应变，从而提供设计所需的延性。

《公路桥梁抗震设计细则》（JTG/TB 02-01—2008）中列出了延性构造细节设计的有关规定，包括墩柱结构构造措施和节点构造措施。

6.4.3   钢筋混凝土墩柱的延性设计

钢筋混凝土桥墩的延性设计，就是根据设计预期的延性水平位移，确定桥墩塑性铰区范围内所需要的约束箍筋用量，以及约束箍筋的配置方案。

（1）影响钢筋混凝土墩柱延性的因素。大量试验研究表明，钢筋混凝土墩柱的延性与下列因素相关。

1）轴压比提高对延性有较大的不利影响。

2）适当加密箍筋配置，可以大幅度提高延性。

3）同样数量的螺旋箍筋与矩形箍筋相比，其约束效果更好，但方形箍筋与矩形箍筋相比，约束效果差别不大。

4）混凝土强度越高，延性越低。

5）保护层厚度增大对延性不利。

6）纵向钢筋的增加会改变截面的中性轴位置，从而改变截面的屈服曲率和极限曲率，对延性有不利的影响。

7）空心截面比相应的实心截面具有更好的延性，圆形截面比矩形截面有更好的延性。

（2）纵向钢筋的配筋率。延性桥墩中的纵向钢筋的含量要适宜，对纵向钢筋配筋率的规定：《公路桥梁抗震设计细则》（JTG/TB 02-01—2008）要求不少于 0.006，不应超过 0.04。为了能提供更好的约束效果，还规定纵筋之间的最大间距不得超过 200mm，至少每隔一根宜用箍筋或者拉筋固定。

（3）横向箍筋配置。在延性桥墩中采用横向箍筋约束塑性铰区混凝土，达到提高抗剪能力、防止纵向钢筋压屈的作用。《公路桥梁抗震设计细则》（JTG/TB 02-01—2008）规定，位于设防烈度为 7 度及 7 度以上地区的桥梁，桥墩箍筋加密区段的螺旋箍筋间距不大于 100mm，直径不小于 10mm；对矩形箍筋，潜在塑性铰区域内加密箍筋的最小体积配箍率不低于 0.4%。

（4）塑性铰区长度。桥墩塑性铰区长度用于确定延性桥墩加密段的长度，《公路桥梁抗震设计细则》（JTG/TB 02-01—2008）规定，位于设防烈度为 7 度及 7 度以上地区的桥梁，加密区的长度不应该小于弯曲方向截面墩柱高度的 1.0 倍或者墩柱上弯矩超过最大极限弯矩 80% 的范围；当墩柱的高度与横截面高度之比小于 2.5 时，墩柱加密区的长度应该取全高。扩大基础的柱式桥墩和排架桩墩应布置在柱（桩）的顶部和底部，其布置高度取柱（桩）的最大横截面尺寸或者 1/6 柱（桩）高度，并不小于 500mm。

（5）钢筋的锚固搭接。为了保证桥墩的延性能力，要认真对待塑性铰区截面内钢筋的锚固和搭接。《公路桥梁抗震设计细则》（JTG/TB 02-01—2008）规定，所有箍筋都应采用等强度焊接来闭合，或者在端部弯过纵向钢筋到混凝土核心区内，角度为 135°。

6.5　桥梁结构抗震构造措施

目前对桥梁结构地震破坏机理的认识还存在局限性，桥梁抗震还不能完全依靠定量的计算方法。而从震害经验中总结出来的构造措施可以有效地减轻桥梁的震害。例如，主梁与主梁或者主梁与墩之间适当的连接措施可以有效防止落梁。桥梁结构地震反应越强烈，就越容易发生落梁等严重破坏现象，采取构造措施就越重要，因此，处于高烈度区的桥梁结构必须重视构造措施的使用。各类桥梁抗震措施等级的选择可以按照表 6.3 确定。

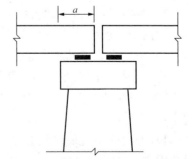

图 6.13　梁端至墩、台帽或
盖梁边缘的最小距离 a

6.5.1　6 度区的抗震措施

（1）简支梁梁端至墩、台帽或盖梁边缘应该有一定的距离，如图 6.13 所示。其最小值 a（cm）按下式计算

$$a \geqslant 70 + 0.5L \tag{6.24}$$

式中 L——梁的计算跨径（m）。

（2）当满足式（6.25）的条件时，斜桥梁（板）端至墩、台帽或者盖梁边缘的最小距离 a（cm）应该按照式（6.24）和式（6.26）计算，并取较大值，即

$$\frac{\sin 2\theta}{2} > \frac{b}{L_\theta} \tag{6.25}$$

$$a \geqslant 50 L_\theta \left[\sin\theta - \sin(\theta - a_E) \right] \tag{6.26}$$

式中 L_θ——上部结构总长度（m），对简支梁取其计算跨径；

b——上部结构总宽度（m）；

θ——斜交角（°）；

a_E——极限脱落转角（°），一般取 5°。

（3）当满足式（6.27）的条件时，曲线桥梁端至墩、台帽或盖梁边缘的最小的距离 a（cm）应该按照式（6.24）和式（6.28）计算，取大值，即

$$\frac{115}{\varphi} \times \frac{1 - \cos\varphi}{1 + \cos\varphi} > \frac{b}{L} \tag{6.27}$$

$$a \geqslant \delta_E \frac{\sin\varphi}{\cos(\varphi/2)} + 30 \tag{6.28a}$$

$$\delta_E = 0.5\varphi + 70 \tag{6.28b}$$

式中 δ_E——上部结构端部向外侧的移动量的跨径（cm）；

L——上部结构总弧线长度（m）；

φ——曲线梁的中心角（°）。

6.5.2 高烈度区的抗震措施

（1）设防烈度为 7 度区的抗震措施，应该符合以下的规定：

1）拱桥基础要设置在地质条件一致、两岸地形相似的坚硬土层或者岩石上。实腹式拱桥要减小拱上填料厚度，并且宜采用轻质填料，填料要逐层夯实。

2）在软弱黏性土层、液化土层和不稳定的河岸处建桥时，对于大、中桥，可以适当增加桥长，合理布置桥孔，使墩、台避开地震时可能发生滑动的岸坡或者地形突变的不稳定地段。否则，应该采取措施增强基础抗侧移的刚度和加大基础埋置深度；对于小桥，可以在两桥台基础之间设置支撑梁或者采用浆砌片（块）石满铺河床。

3）桥面不连续的简支梁（板）桥，宜采用挡块、螺栓连接和钢夹板连接等防止纵横向落梁的措施。连续梁和桥面连续简支梁（板）桥，应该采取防止横向产生较大位移的措施。

4）桥台胸墙应该适当加强，并在梁与梁之间和梁与桥台胸墙之间加装橡胶垫或其他弹性衬垫，以缓和冲击作用和限制梁的位移。

（2）设防烈度为 8 度区的抗震措施，除了要符合 7 度区的规定之外，还应该符合以下的规定：

1）连续梁桥宜采取使上部构造所产生的水平地震作用能由各个墩、台共同承担的措施，以免固定支座墩受力过大。

2）梁桥活动支座不要采用摆柱支座；当采用辊轴支座时，应该采取限位措施。

3）大跨径拱桥的主拱圈宜采用抗扭刚度比较大、整体性比较好的断面形式。当采用钢

筋混凝土肋拱时，必须加强横向联系。

　　4）要采用合理的限位装置，防止结构相邻构件产生过大的相对位移。

　　5）连续曲梁的边墩和上部构造之间宜采用锚栓连接，防止边墩与梁脱离。

　　6）高度大于 7m 的柱式桥墩和排架桩墩应设置横系梁。

　　7）石砌或者混凝土墩（台）的墩（台）帽与墩（台）身连接处、墩（台）身与基础连接处、截面突变处、施工接缝处均应该采取提高抗剪能力的措施。

　　8）桥台宜采用整体性强的结构形式。

　　9）石砌或者混凝土墩、台和拱圈的最低砂浆强度等级，应该按照现行《公路砖石及混凝土桥涵设计规范》（JTG D61—2005）的要求提高一级采用。

　　10）桥梁下部为钢筋混凝土结构时，其混凝土强度等级不应该低于 C25。

　　11）基础宜置于基岩或者坚硬土层上。基础底面一般宜采用平面形式。当基础置于基岩上时，才可以采用阶梯形式。

　　（3）设防烈度为 9 度区的抗震措施，除了要符合 8 度区的规定外，还应该符合以下规定：

　　1）钢筋混凝土无铰拱，宜在拱脚的上、下缘配置或者适当的增加钢筋，并且按照锚固长度的要求伸入墩（台）拱座内。

　　2）桥梁各片梁间要加强横向连接，以提高上部结构的整体性。当采用桁架体系时，要加强横向稳定性。

　　3）拱桥墩、台上的拱座，混凝土强度等级不低于 C25，并且应该配置适量钢筋。

　　4）桥梁活动支座要有限制其竖向位移的措施。

　　5）桥梁墩、台采用多排桩基础时，需要设置斜桩。

　　6）桥台台背和锥坡的填料不宜采用砂类土，填土应该逐层夯实，并且要注意采取排水措施。

习　　　题

　　6.1　桥梁结构与建筑结构抗震设计思想、设防标准有何异同？

　　6.2　桥梁抗震设计时考虑几个水准？

　　6.3　桥梁结构抗震设计反应谱有哪些特点？

　　6.4　桥梁结构的各种地震作用该如何确定？设计方法、内容和要求是什么？

　　6.5　简述桥梁结构延性设计的主要内容。

　　6.6　桥梁结构的薄弱部位在哪里？应该采取哪些构造措施？

　　6.7　计算采用板式橡胶支座的梁水平地震作用有哪几种计算模型？

第7章　钢结构房屋抗震设计

与钢筋混凝土结构相比，钢材具有材质均匀，强度高，韧性和延性好的特点。因此，在地震作用下，钢结构房屋抗震性能好，结构的可靠性大；由于其自重比较轻，结构所受的地震作用减小；钢结构房屋延性性能良好，变形能力比较大，即使出现很大的变形结构仍然不会倒塌，从而保证结构的抗震安全性。所以，钢结构是一种良好的抗震结构体系。

7.1　钢结构房屋震害现象及其分析

如果钢结构房屋在设计与施工中出现质量问题，其优良的材料性能无法发挥。在地震作用下，钢结构房屋会发生构件的失稳、材料的脆性破坏、构件的连接破坏，在强烈地震作用下，如果钢结构房屋侧向刚度不足，就有可能出现整体倒塌的震害。在地震中钢结构房屋的主要破坏形式有构件破坏、基础锚固破坏、节点连接破坏、结构的倒塌。

7.1.1　构件破坏

钢结构构件主要有以下几种破坏形式：

（1）梁、柱局部失稳。梁、柱在地震作用下反复受弯，在弯矩最大截面处附近由于过度弯曲可能发生翼缘局部失稳破坏。

（2）交叉支撑破坏。在地震中交叉支撑所承受的压力超过其屈曲临界力发生压屈破坏。

（3）钢柱受拉出现水平裂缝或者发生断裂破坏。

7.1.2　基础锚固破坏

钢构件与基础的锚固破坏有混凝土锚固失效、螺栓拉断、连接板断裂等。主要原因是设计构造、施工质量、材料质量等方面出现问题所导致。

7.1.3　节点破坏

钢结构构件的连接一般采用铆接和焊接。节点传力集中、构造复杂，容易造成应力集中，强度不均衡的现象。如果有焊缝缺陷、构造缺陷就比较容易出现连接破坏。节点连接主要有两种破坏形式，一种是支撑连接破坏，支撑连接破坏是钢结构中常见的震害。圆钢拉条的破坏发生在花篮螺栓拉条与节点板连接处，如图7.1（a）所示。型钢支撑受压时容易发生失稳，从而导致屈曲破坏，受拉时在端部连接处容易被拉脱或者拉断，如图7.1（b）所示。另一种是梁柱连接破坏，如图7.2所示。

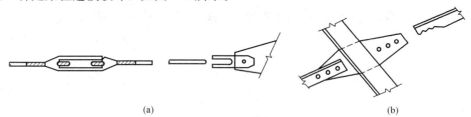

(a)　　　　　　　　　　　　　　　　　　(b)

图7.1　支撑连接破坏

（a）圆钢支撑连接的破坏；（b）角钢连接的破坏

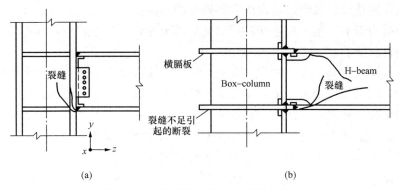

图 7.2　梁柱刚性连接的典型震害现象

1994 年 1 月 17 日美国洛杉矶发生 6.7 级地震与 1995 年 1 月 17 日日本神户发生 7.2 级地震造成了很多梁柱刚性连接破坏，震害调查发现，梁柱连接的破坏大多发生在梁的下翼缘处，而上翼缘的破坏很少。其原因可能有两种：①楼板与梁共同变形使下翼缘应力增大；②下翼缘在腹板位置焊接的中断是明显的焊缝缺陷。震后观察到的在梁柱焊接连接处的失效模式，如图 7.3 所示。

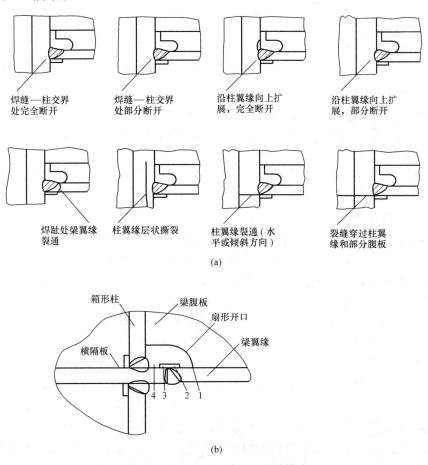

图 7.3　梁柱焊接连接处的失效模式

1—翼缘断裂；2，3—热影响区断裂；4—横隔板断裂梁、柱刚性连接出现裂缝或者发生断裂破坏的原因如下：

（1）三轴应力影响。梁、柱连接的焊缝变形由于受到梁和柱约束，施焊后焊缝残存三轴拉应力，会使钢材变脆。

（2）焊缝缺陷，例如裂纹、欠焊、夹渣和气孔等缺陷导致开裂直至发生断裂。

（3）构造缺陷。焊接工艺要求，梁翼缘与柱连接处设有垫条，而垫条在焊接后就会留在结构上，这样垫条与柱翼缘之间就形成一条"人工"裂缝，成为裂缝发展的起源。

（4）焊缝金属抗冲击韧性低。在美国洛杉矶地震之前，焊缝采用 E70T-4 或 E70T-7 自屏蔽药芯焊条，这种焊条抗冲击韧性差，实验室试件和从实际破坏的结构中取出的连接试件在室温下的试验表明，其冲击韧性往往只有 10～15J，如此低的冲击韧性其连接很容易出现脆性破坏，从而导致节点破坏。

7.1.4　结构倒塌

钢结构房屋的倒塌主要是由于结构的抗侧刚度不足或者是由于部分构件破坏，出现薄弱层，发生平面外弯曲失稳，致使结构发生整体倒塌。震害调查表明，钢结构房屋由于抗震能力比较强、延性好，发生整体倒塌的事故比较少。

7.2　高层钢结构房屋抗震设计

7.2.1　高层钢结构体系

高层钢结构房屋的结构体系有框架体系、框架—支撑（抗震墙板）体系、筒体结构体系（框筒、筒中筒、桁架筒、束筒等）等和巨型框架体系等。

（1）框架体系。框架体系是沿房屋纵横方向横梁和立柱形成多榀平面钢框架构成的结构体系，建筑平面布置比较灵活。钢框架结构的抗侧能力取决于柱以及梁、柱节点的强度与延性，一般采用刚性连接节点。

（2）框架—支撑体系。框架结构抗侧刚度比较小，对于高层结构，如果为了满足抗侧刚度的要求而采用增大截面的措施，就会使结构体系的承载能力过大，并且造成材料浪费。而比较经济又能够提高抗侧刚度的方法是在框架的一部分开间中设置支撑，框架—支撑体系就是在框架体系中沿结构的纵、横两个方向均匀布置一定数量的支撑所形成的结构体系。在框架—支撑体系中，框架是剪切型结构，底部层间位移大；支撑架为弯曲型结构，底部层间位移小，两者并联起来，可以明显减小建筑物下部的层间位移。在同样的侧移限值标准下，框架—支撑体系可以用于建造比框架结构体系更高的房屋。

支撑体系的布置由建筑要求及结构功能要求来确定，一般布置在端框架中、电梯井周围等处。支撑类型的选择与建筑的层高、柱距以及建筑使用要求有关，也与是否抗震有关，例如与门洞、空调管道、人行通道的设置等有关，可以选择采用中心支撑或者偏心支撑。

中心支撑是指斜杆、横梁、柱交汇于一点的支撑体系，或者两根斜杆与横杆交汇于一点，也可以与柱子交汇于一点，但交汇时均无偏心距。根据斜杆的不同布置形式，可以分为单斜支撑、X 形支撑、K 形支撑、人字形支撑、V 形支撑等类型，如图 7.4 所示。中心支撑是常用的支撑类型之一，因为具有较大的侧向刚度，对减小结构的侧移和改善结构的内力分布有帮助。

偏心支撑是指支撑斜杆的两端，至少有一端与梁相交，另一端可以在梁与柱交点处连

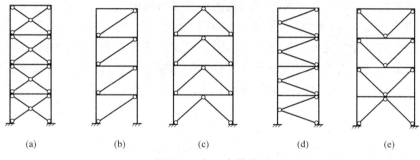

图 7.4　中心支撑类型

(a) X 形支撑；(b) 单斜支撑；(c) 人字形支撑；(d) K 形支撑；(e) V 形支撑

接，或者偏离另一根支撑斜杆一段长度与梁连接，并在支撑斜杆杆端与柱子之间构成一段消能梁段，或者在两根支撑斜杆之间构成一个消能梁段的支撑，如图 7.5 所示。

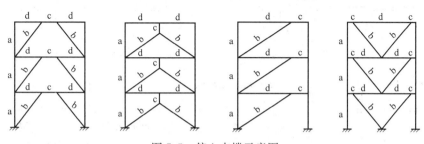

图 7.5　偏心支撑示意图

a—柱；b—支撑；c—消能梁段；d—其他梁段

采用偏心支撑的目的是改变支撑斜杆与消能梁段的先后屈服顺序，在罕遇地震时，消能梁段会在支撑失稳之前就进入弹塑性阶段，可以利用非弹性变形消耗地震能量，保护支撑斜杆不发生屈曲或者出现屈曲在后。偏心支撑比中心支撑具有较大的延性。

(3) 框架—抗震墙板体系。框架—抗震墙板体系是以钢框架为主体，并且布置一定数量抗震墙板的结构体系。抗震墙板可以布置在任何位置上，布置较为灵活。另外，抗震墙板也可以分开布置，两片以上剪力墙并联的宽度比较宽，可以减小抗侧力体系等效高宽比，提高结构的抗侧移刚度及其抗倾覆能力。

抗震墙板主要有以下三种类型：

1) 钢板抗震墙板。钢板抗震墙板一般需要采用厚钢板，其上下两边缘和左右两边缘可以分别与框架梁和框架柱连接，其连接采用高强螺栓。钢板剪力墙墙板只承担沿框架梁、柱周边的剪力，不承担框架梁上的竖向荷载。

2) 带竖缝钢筋混凝土抗震墙板。普通的钢筋混凝土墙板由于初期刚度过高，在地震时首先出现斜向开裂，发生脆性破坏而过早退出工作，造成框架出现超载而破坏，为此，要求设置一种带竖缝的抗震墙板，如图 7.6 所示。如在墙板中设置若干条竖缝，将墙板分割成一系列延性比较好的壁柱。在多遇地震时，墙板此时处于弹性阶段，侧向刚度比较大，墙板犹如由壁柱组成的框架板承担水平剪力。在罕遇地震时，墙板处于弹塑性阶段，在壁柱上产生裂缝，壁柱屈服后刚度降低，变形会增大，能够起到消能减震的作用。

3) 内藏钢板支撑抗震墙板。内藏钢板支撑抗震墙是以钢板作为基本支撑，外包钢筋混凝土墙板的预制构件,如图 7.7 所示。内藏钢板支撑可以做成中心支撑,也可以做成偏心支撑,而在高烈度地区,宜采用偏心支撑。预制墙板仅在钢板支撑斜杆的上下端节点处与钢框架梁相连,除该节点部位以外,与钢框架的梁、柱均不相连,并且留有间隙。因此,内藏钢板支撑抗震墙也是一种钢支撑。由于钢支撑有外包混凝土,因而可以不考虑平面内和平面外的屈曲。墙板能够提高框架结构的承载能力和刚度,并且在消能减震方面发挥重要作用。

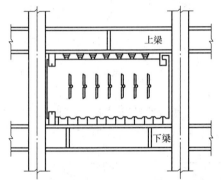

图 7.6 带竖缝剪力墙板与框架的连接

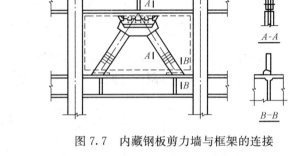

图 7.7 内藏钢板剪力墙与框架的连接

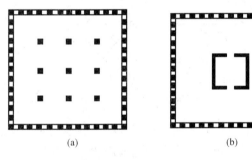

(a)　　　　　　(b)

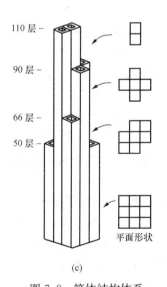

(c)

图 7.8 筒体结构体系

(a) 框架筒;(b) 筒中筒;(c) 成束筒

(4) 筒体体系。筒体结构体系的刚度比较大,抗侧力能力比较强,也能形成较大的使用空间,对于超高层建筑来说是一种比较经济有效的结构形式。根据筒体的布置、数量、组成方式的不同,筒体结构体系可以划分为框架筒、桁架筒、筒中筒、束筒等。

1) 框架筒体系。框架筒体系是由密柱深梁刚性连接构成外筒结构来承担水平荷载的结构体系。房屋内部的梁、柱采用铰接,柱子仅承受竖向荷载而不承担水平荷载。其柱网平面布置如图 7.8 (a) 所示。

在水平荷载作用下,框架筒为悬臂筒体结构。框架横梁会发生弯曲变形,出现剪力滞后现象,截面上弯曲应力呈非线性分布,房屋的角柱比中柱要承受更大的轴力,结构的侧向挠度呈剪切型变形。

2) 桁架筒体系。在框架筒体系中,沿外框筒的四个面设置大型桁架构成桁架筒体系。由于设置了大型桁架,大大提高了结构的空间刚度和整体性,剪力主要由桁架斜杆承担，避免了横梁受剪切变形，消除了剪力滞后现象。

　　3）筒中筒体系。筒中筒体系是由内外设置的两个筒体，通过楼盖系统连接组成的能够共同工作的结构体系，如图 7.8（b）所示。其侧向刚度和抗侧力能力比较大。

　　4）束筒体系。由若干个筒体并列组合在一起形成的结构体系称为束筒结构体系，如图 7.8（c）所示。束筒体系是以外框筒为基础，在其内部沿纵横向设置多榀密柱深梁的框架所构成。其具有更好的整体性和更大的整体侧向刚度；由于设置了多榀腹板框架，减小了筒体的边长，剪力滞后效应大为减少。

　　（5）巨型框架体系。巨型框架体系是由柱距比较大的立体桁架柱和立体桁架梁构成。立体桁架梁沿纵横向布置，形成一个空间桁架层，在两层空间桁架层之间设置次框架结构，以承担空间桁架层之间的各层楼面荷载，并且将其通过次框架结构的柱子传递给立体桁架梁以及立体桁架柱。巨型框架体系能够在建筑中提供大空间，其刚度和强度都很大。

7.2.2　高层钢结构房屋抗震设计的一般规定

　　（1）高层钢结构房屋适用的最大高度。高层钢结构房屋可以选用各种不同的结构类型，其适用的最大高度宜符合表 7.1 的规定。平面和竖向均不规则的钢结构，适用的最大高度宜适当降低。

表 7.1　　　　　　　　　　　钢结构房屋适用的最大高度（m）

结构类型	6、7 度 （0.10g）	7 度 （0.15g）	8 度		9 度 （0.40g）
			0.20g	0.30g	
框架	110	90	90	70	50
框架—中心支撑	220	200	180	150	120
框架—偏心支撑（延性墙板）	240	220	200	180	160
筒体（框筒，筒中筒，桁架筒，束筒）和巨型框架	300	280	260	240	180

　　注　1. 房屋的高度指室外地面到主要屋面板板顶的高度（不包括局部突出屋顶部分）。
　　　　2. 超过表内高度的房屋，应该进行专门研究和论证，采取有效的加强措施。
　　　　3. 表内的筒体不包括混凝土筒。

　　（2）高层钢结构房屋的高宽比限制。结构的高宽比会影响结构整体稳定性，钢结构民用房屋适用的最大高宽比不宜超过表 7.2 的规定。

表 7.2　　　　　　　　　　　钢结构房屋适用的最大高宽比

烈度	6、7	8	9
最大高宽比	6.5	6.0	5.5

　　注　塔形建筑的底部有大底盘时，高宽比可以按照大底盘以上计算。

　　（3）高层钢结构房屋抗震等级的确定。钢结构房屋应该根据设防分类、烈度和房屋高度采用不同的抗震等级，并且应该符合相应的计算和构造措施要求。丙类建筑的抗震等级应该按照表 7.3 确定。

表 7.3　　　　　　　　　　　　　钢结构房屋的抗震等级

房屋高度	烈度			
	6	7	8	9
≤50m	—	四级	三级	二级
>50m	四级	三级	二级	一级

注　1. 高度接近或者等于高度分界时，应该允许结合房屋不规则程度和场地、地基条件确定抗震等级。

2. 一般情况下，构件的抗震等级应与结构相同；当某个部位各构件的承载力均满足 2 倍地震作用组合下的内力要求时，设防烈度为 7～9 度的构件抗震等级应该允许按照降低一度确定。

（4）高层钢结构房屋的结构布置原则。

1）一、二级的钢结构房屋，宜设置偏心支撑、带竖缝钢筋混凝土抗震墙板、内藏钢支撑钢筋混凝土墙板、屈曲约束支撑等消能支撑或者筒体。采用框架结构时，甲、乙类建筑和高层的丙类建筑不应该采用单跨框架，多层的丙类建筑不宜采用单跨框架。

2）支撑框架在两个方向的布置均宜基本对称，支撑框架之间楼盖的长宽比不宜大于 3。

3）三、四级且高度不大于 50m 的钢结构宜采用中心支撑，也可以采用偏心支撑、屈曲约束支撑等消能支撑。

4）中心支撑框架宜采用交叉支撑，也可以采用人字形支撑或者单斜杆支撑，不宜采用 K 形支撑；支撑的轴线宜交汇于梁柱构件轴线的交点，偏离交点时的偏心距不应该超过支撑杆件宽度，并应该计入由此产生的附加弯矩。当中心支撑采用只能受拉的单斜杆体系时，应该同时设置不同倾斜方向的两组斜杆，且每组斜杆中不同方向单斜杆的截面面积在水平方向的投影面积之差不应该大于 10%。

5）偏心支撑框架的每根支撑应至少有一端与框架梁连接，并在支撑与梁交点和柱之间或者同一跨内另一支撑与梁交点之间形成消能梁段。

6）采用屈曲约束支撑时，宜采用人字形支撑、成对布置的单斜杆支撑等形式，不应该采用 K 形或者 X 形支撑，支撑与柱的夹角宜为 $35°～55°$。屈曲约束支撑受压时，其设计参数、性能检验和作为一种消能部件的计算方法可以按照相关要求设计。

7）钢框架—筒体结构可以设置由筒体外伸臂或者外伸臂和周边桁架组成的加强层。

8）钢结构房屋的楼盖应该符合下列要求：

a. 宜采用压型钢板现浇钢筋混凝土组合楼板或者钢筋混凝土楼板，并应该与钢梁有可靠连接。

b. 对设防烈度为 6、7 度时不超过 50m 的钢结构，还可以采用装配整体式钢筋混凝土楼板，也可以采用装配式楼板或者其他轻型楼盖，但应该将楼板预埋件与钢梁焊接，或者采取其他保证楼盖整体性的措施。

c. 对转换层楼盖或者楼板有大洞口等情况，必要时可以设置水平支撑。

9）钢结构房屋的地下室设置，应该符合下列要求：

a. 设置地下室时，框架—支撑（抗震墙板）结构中竖向连续布置的支撑（抗震墙板）应该延伸至基础；钢框架柱应该至少延伸至地下一层，其竖向荷载应该直接传至基础。

b. 超过 50m 的钢结构房屋应该设置地下室。其基础埋置深度，当采用天然地基时不宜小于房屋总高度的 1/15；当采用桩基时，桩承台埋深不宜小于房屋总高度的 1/20。

7.2.3　高层钢结构房屋的抗震计算

（1）地震作用计算。

1）结构自振周期。对于质量及刚度沿高度分布比较均匀的高层钢结构，基本自振周期可以按照式（3.90）采用顶点位移法计算。考虑非结构构件的影响，式中的修正系数 ξ 取 0.9。

在初步设计时，基本周期可以按照经验公式估算

$$T_1 = 0.1n(\text{s}) \tag{7.1}$$

式中　n——建筑物层数（不包括地下部分以及屋顶小塔楼）。

2）结构阻尼比。钢结构抗震计算的阻尼比宜符合下列规定：

a. 多遇地震下的计算，高度不大于 50m 时可取 0.04；高度大于 50m 且小于 200m 时，可以取 0.03；高度不小于 200m 时，宜取 0.02。

b. 当偏心支撑框架部分承担的地震倾覆力矩大于结构总地震倾覆力矩的 50% 时，其阻尼比可比 a 款中相应增加 0.005。

c. 在罕遇地震下的弹塑性分析，阻尼比可以取 0.05。

3）设计反应谱。钢结构在弹性阶段的阻尼比为 0.02，小于一般结构的阻尼比 0.05，使地震反应增大。根据研究，阻尼比为 0.02 的单质点弹性体系，其地震的加速度反应将比阻尼比为 0.05 时提高大约 35%，在高层钢结构的设计中，水平地震影响系数曲线中的下降段衰减指数应为 $\gamma = 0.95$，倾斜段的斜率为 $\eta_1 = 0.024$，而水平地震影响系数的最大值与阻尼比为 0.05 时相比，可以提高 1.32 倍，其值应该按照表 7.4 取用。

表 7.4　　　　　　　　高层钢结构抗震设计水平地震影响系数最大值

烈度	6 度	7 度	8 度	9 度
$\alpha_{\max}$	0.053	0.106 (0.158)	0.211 (0.317)	0.422

注　括号内数值分别用于设计基本地震加速度为 0.15g 和 0.30g 的地区。

4）底部剪力计算。采用底部剪力法计算水平地震作用时，结构总水平地震作用按照式（3.128）计算。

（2）地震作用下内力与位移计算。

1）多遇地震作用下。结构在第一阶段多遇地震作用下的抗震设计中，其地震作用效应应该采取弹性方法计算。可以根据不同情况，采用底部剪力法、振型分解反应谱法及时程分析法等方法。

高层钢结构在进行内力和位移计算时，对于框架、框架—支撑、框架—剪力墙板及框筒等结构常采用矩阵位移法，但在计算时应考虑梁、柱弯曲变形，并且应考虑梁柱节点域的剪切变形对侧移的影响。对于筒体结构，可以将其按照位移相等原则转化为连续的竖向悬臂筒体，采用有限元法进行计算。

在预估杆件截面时，内力和位移的分析可以采用近似方法。在水平荷载作用下，框架结构可以采用 D 值法进行简化计算；框架—支撑（抗震墙）结构可以简化为平面抗侧力体系，分析时将所有框架合并为总框架，所有竖向支撑（抗震墙）合并为总支撑（抗震墙），然后进行协同工作分析。此时，可以将总支撑（抗震墙）当作一悬臂梁。

2）罕遇地震作用下。高层钢结构第二阶段的抗震验算应该采用时程分析法对结构进行

弹塑性分析，计算模型可以采用杆系模型、剪切型层模型、剪弯型层模型或者剪弯协同工作模型结构等。在采用杆系模型分析时，柱、梁的恢复力模型可以采用两折线型，其滞回模型可以不考虑刚度退化。钢支撑和消能梁段等构件的恢复力模型，应该按照杆件特性确定。采用层模型分析时，应该采用计入有关构件弯曲、轴向力、剪切变形影响的等效层剪切刚度，层恢复力模型的骨架曲线可以采用静力弹塑性方法进行计算，并且可以简化为两折线或者三折线。对新型、特殊的杆件和结构，其恢复力模型宜通过试验确定。分析时，结构的阻尼比可以取 0.05，并且应该考虑 P-Δ 效应对侧移的影响。

（3）构件的内力组合与设计原则。

1）内力组合。在抗震设计中，一般高层钢结构可以不考虑风荷载及其竖向地震作用，但对于高度大于 60m 的高层钢结构必须考虑风荷载的作用，在设防烈度 9 度区还应该考虑竖向地震作用。

2）设计原则。框架梁、柱截面按照弹性设计。设计时，应该考虑结构在罕遇地震作用下将转入塑性工作，必须保证这一阶段的延性性能，使其不致倒塌。要注意防止梁、柱在塑性变形时发生整体和局部失稳，故梁、柱板件的宽厚比应该不超过其在塑性设计时的限值。同时，将框架设计成强柱弱梁体系，使框架在形成倒塌机构时塑性铰只出现在梁上，而柱子除了柱脚截面之外保持为弹性状态，以便让框架具有较大的消能能力。同时也要考虑塑性铰出现在柱端的可能性，可以采取构造措施来保证柱的强度。框架在重力荷载和地震作用的共同作用下反应十分复杂，难以保证所有塑性铰均出现在梁上，并且由于构件的实际尺寸、强度、材料性能常与设计取值有相当大的出入，当梁的实际强度大于柱时，塑性铰将转移至柱上。因此，还需要考虑支撑失稳后的情况。

（4）侧移的控制。钢结构房屋应限制并控制其侧移，使其不超过一定的数值，否则，过大的层间变形会造成非结构构件的破坏，而在罕遇地震下，过大的变形会造成结构的破坏或者倒塌。

在多遇地震下，高层钢结构的层间侧移标准值应不超过层高的 1/250；在罕遇地震下，高层钢结构的层间侧移不应超过层高的 1/50。

7.2.4 钢构件的抗震设计与构造措施

为了充分发挥钢结构的延性性能，保证其耗能能力可以最大发挥，避免在强烈地震作用下结构还没有形成塑性铰以前发生破坏，需要对其梁、柱、支撑构件和连接等进行合理的设计和验算，主要包括内容：构件的强度验算；构件的稳定承载力验算；构件宽厚比的限值验算；受压构件的长细比和受弯构件塑性铰处侧向支承点与相邻侧向支承点间构件最大侧向长细比的验算。

（1）钢梁。钢梁的破坏主要表现在梁的侧向整体失稳和局部失稳，钢梁的强度及变形性能与其板件宽厚比、侧向支撑长度及弯矩梯度、节点的连续构造等的不同会有很大差别。在抗震设计中，为了满足抗震要求，钢梁必须具有良好的延性性能，要正确设计截面尺寸、合理布置侧向支撑，并且注意连接构造，保证其变形能力能充分发挥。

1）梁的强度。在反复荷载作用下，钢梁的极限荷载将比单调荷载时小，但考虑到楼板的约束作用会使梁的承载能力有明显提高，因而其承载力计算与一般在静力荷载作用下的钢结构相同，计算时取截面塑性发展系数 $\gamma_x=1.0$，承载力抗震调整系数 $\gamma_{RE}=0.75$。

2）梁的整体稳定。钢梁的整体稳定验算公式与在静力荷载作用下的钢结构相同，承载

力抗震调整系数 $\gamma_{RE}=0.75$。

当梁设有侧向支撑，并符合《钢结构设计规范》（GB 50017—2003）规定的受压翼缘自由长度与其宽度之比的限制时，可以不计算整体稳定。按照设防烈度 7 度及 7 度以上的高层钢结构，梁受压翼缘侧向支承点间的距离与梁翼缘宽度之比还应该符合该规范关于塑性设计时的长细比要求。

3）板件宽厚比。在罕遇地震作用下，钢梁中将产生塑性铰。而在整个结构没有形成破坏机构之前要求塑性铰不断转动，为了使其在转动过程中始终保持极限抗弯能力，不但要避免板件的局部失稳，而且必须避免构件的侧向扭转失稳。板件的局部失稳，会降低构件的承载力。为防止板件的局部失稳，有效方法是限制它的宽厚比。《建筑抗震设计规范》（GB 50011—2010）规定，框架梁、柱板件的宽厚比不应超过表 7.5 规定的限值。

表 7.5　　　　　　　　　　　　框架梁、柱板件宽厚比限值

板件名称		一级	二级	三级	四级
柱	工字形截面翼缘外伸部分	10	11	12	13
	工字形截面腹板	43	45	48	52
	箱形截面壁板	33	36	38	40
梁	工字形截面和箱形截面翼缘外伸部分	9	9	10	11
	箱形截面翼缘在两腹板之间部分	30	30	32	36
	工字形截面和箱形截面腹板	$72-120\dfrac{N_b}{Af}\leqslant 60$	$72-100\dfrac{N_b}{Af}\leqslant 65$	$80-110\dfrac{N_b}{Af}\leqslant 70$	$85-120\dfrac{N_b}{Af}\leqslant 75$

注　1. 表中所列数值适用于 Q235 钢，采用其他牌号钢材时，应该乘以 $\sqrt{235/f_{ay}}$。

2. $N_b/(Af)$ 为梁轴压比。

（2）钢柱。在框架柱的抗震设计中，当计算柱在多遇地震作用组合下的稳定时，柱的计算长度系数 μ，纯框架体系按照《钢结构设计规范》（GB 50017—2003）中有侧移时的 μ 值取用；有支撑或剪力墙的体系在层间位移不超过层高的 1/250 时，取 $\mu=1.0$。对纯框架体系及有支撑或剪力墙体系，如果层间位移不超过层高的 1/10000，按照《钢结构设计规范》（GB 50017—2003）中无侧移时的 μ 值取用。

为了满足"强柱弱梁"的设计概念，在地震作用下，塑性铰应该出现在梁端而不应在柱端，使框架具有较大的内力重分布和耗散能量的能力，要求柱端比梁端有更大的承载力储备。对于进行抗震设防的框架柱，在框架的任一节点处，柱、梁截面的截面模量宜满足下式要求。

等截面梁

$$\sum W_{pc}\left(f_{yc}-\frac{N}{A_c}\right)\geqslant \eta \sum W_{pb}f_{yb} \tag{7.2}$$

端部翼缘变截面梁

$$\sum W_{pc}\left(f_{yc}-\frac{N}{A_c}\right)\geqslant \sum \left(\eta W_{pb1}f_{yb}+V_{pb}s\right) \tag{7.3}$$

式中　W_{pc}、W_{pb}——分别为交汇于节点的柱和梁的塑性截面模量；

f_{yc}、f_{yb}——分别为柱和梁的钢材屈服强度设计值；

N——地震组合的柱轴力；

A_c——框架柱的截面面积；

W_{pb1}——梁塑性铰所在截面的梁塑性截面模量；

η——强柱系数，一级取 1.15，二级取 1.10，三级取 1.05；

V_{pb}——梁塑性铰剪力；

s——塑性铰至柱面的距离，塑性铰可以取梁端部变截面翼缘的最小处。

当符合下列情况时，可以不按照式（7.2）或者式（7.3）进行计算：

1）柱所在楼层的受剪承载力比相邻上一层的受剪承载力高出 25%；

2）与支撑斜杆相连的节点；

3）柱轴压比 $N \leqslant 0.4 f A_c$，或者 $N_2 \leqslant \psi A_c f$（N_2 为 2 倍地震作用下柱的组合轴力设计值，ψ 为折减系数，设防烈度 6 度 IV 类场地和 7 度时，可以取 0.6，8、9 度时可以取 0.7）。

框架柱根据"强柱弱梁"设计时，柱中一般不会出现塑性铰，只考虑柱在后期出现少量塑性，不需要很高的转动能力。对柱板件的宽厚比不需要像梁那样严格。《建筑抗震设计规范》（GB 50011—2010）规定，框架柱板件的宽厚比不应超过表 7.5 规定的限值。

（3）节点域。

1）节点的屈服承载力。为了使节点域的耗能作用能较好地发挥，在罕遇地震时节点首先屈服，其次是梁出现塑性铰，节点域的屈服承载力应该符合下式要求

$$\psi(M_{pb1} + M_{pb2})/V_p \leqslant \frac{4}{3} f_{yv} \tag{7.4}$$

式中　M_{pb1}、M_{pb2}——分别为节点域两侧梁的全塑性受弯承载力；

V_p——节点域的体积，按照式（7.7）、式（7.8）或式（7.9）计算；

f_{yv}——钢材的屈服抗剪强度，取钢材屈服强度的 0.58 倍；

ψ——折减系数，三、四级取 0.6，一、二级取 0.7。

2）节点域的稳定及受剪承载力验算。为了确证在罕遇地震作用下节点域腹板不致局部失稳，以利于吸收和耗散地震能量，在柱与梁连接处，柱应设置与梁上下翼缘位置对应的加劲肋，使之与柱翼缘相包围处形成梁柱节点。节点域柱腹板的厚度，一方面要满足腹板局部稳定的要求，另一方面还应满足节点域的抗剪要求。为保证工字形截面柱和箱形截面柱节点域的稳定，节点域腹板的厚度应满足式（7.5）的要求

$$t_w \geqslant (h_b + h_c)/90 \tag{7.5}$$

式中　t_w——柱在节点域的腹板厚度；

h_b、h_c——梁腹板高度和柱腹板高度。

节点域的受剪承载力应满足式（7.6）的要求

$$(M_{b1} + M_{b2})/V_p \leqslant (4/3) f_v / \gamma_{RE} \tag{7.6}$$

式中　M_{b1}、M_{b2}——分别为节点域两侧梁的弯矩设计值；

f_v——钢材的抗剪强度设计值；

V_p——节点域的体积，应该按照下列规定计算

工字形截面柱

$$V_p = h_{b1} h_{c1} t_w \tag{7.7}$$

箱形截面柱

$$V_p = 1.8 h_{bl} h_{cl} t_w \tag{7.8}$$

圆管截面柱

$$V_p = \frac{\pi}{2} h_{bl} h_{cl} t_w \tag{7.9}$$

式中　γ_{RE}——节点域承载力抗震调整系数，取 0.75；

h_{bl}、h_{cl}——分别为梁翼缘厚度中点间的距离和柱翼缘（或者钢管直径线上管壁）厚度中点间的距离。

长细比和轴压比都比较大的柱，其延性比较小，并容易发生全框架整体失稳。对柱的长细比和轴压比需要做些限制，就能控制二阶效应对柱极限承载力的影响。为了保证框架柱具有较好的延性，框架柱的长细比不宜太大，一级不应大于 $60\sqrt{235/f_{ay}}$，二级不应大于 $80\sqrt{235/f_{ay}}$，三级不应大于 $100\sqrt{235/f_{ay}}$，四级不应大于 $120\sqrt{235/f_{ay}}$。

（4）中心支撑。中心支撑体系包括单斜杆支撑、十字交叉支撑、人字形或 V 形支撑、K 形支撑等。支撑构件的性能与杆件的长细比、截面形状、板件宽厚比、端部支承条件、杆件初始缺陷和钢材性能等因素相关。

中心支撑的斜杆可以按照端部铰接杆件进行分析。当斜杆轴线偏离梁柱轴线交点不超过支撑杆件的宽度时，仍然可以按照中心支撑框架分析，但应该考虑由此产生的附加弯矩。人字形支撑和 V 形支撑的地震组合内力设计值应该乘以增大系数，其值可以采用 1.4。

在多遇地震作用效应组合下，支撑斜杆受压承载力验算按照式（7.10）进行

$$N/(\varphi A_{br}) \leqslant \psi f/\gamma_{RE} \tag{7.10}$$

$$\psi = 1/(1 + 0.35\lambda_n) \tag{7.11}$$

$$\lambda_n = (\lambda/\pi)\sqrt{f_{ay}/E} \tag{7.12}$$

式中　N——支撑斜杆的轴向力设计值；

A_{br}——支撑斜杆的截面面积；

φ——轴心受压构件的稳定系数；

ψ——受循环荷载时的强度降低系数；

λ、λ_n——分别为支撑斜杆的长细比和正则化长细比；

E——支撑斜杆材料的弹性模量；

f、f_{ay}——分别为钢材强度设计值和屈服强度；

γ_{RE}——稳定破坏支撑承载力抗震调整系数，取用 0.8。

人字支撑和 V 形支撑的框架梁在支撑连接处应该保持连续，并且按照不计入支撑支点作用的梁验算重力荷载和支撑屈曲时不平衡力作用下的承载力；不平衡力应该按照受拉支撑的最小屈曲承载力和受压支撑最大屈曲承载力的 0.3 倍计算。必要时，人字形支撑和 V 形支撑可以沿竖向交替设置或者采用拉链柱。

在轴向反复荷载作用下，支撑杆件抗拉和抗压承载力均有不同程度的降低，在弹塑性屈曲后，支撑杆件的抗压承载力退化更为严重。支撑杆件的长细比是影响其性能的重要因素，当长细比较大时，构件只能受拉，不能受压，通常在反复荷载作用下，当支撑构件受压失稳后，其承载能力降低、刚度退化、消能能力随之降低。长细比小的杆件，滞回曲线丰满，消能性能好，工作性能稳定。但支撑的长细比并非越小越好，支撑的长细比越小，支撑框架的

刚度就越大，其承受的地震作用越大，在某些情况下动力分析得出的层间位移就越大。支撑杆件的长细比，按照压杆设计时，不应该大于 $120\sqrt{235/f_{ay}}$ ；一、二、三级中心支撑不得采用拉杆设计，四级采用拉杆设计时，其长细比不应大于 180。

板件宽厚比会影响支撑杆件的承载力和消能能力，杆件在反复荷载作用下比单向静载作用下更容易发生失稳，所以，板件宽厚比是影响局部屈曲的重要因素。因此，有抗震设防要求时，板件宽厚比的限值应该比非抗震设防时要求更严格。同时，板件宽厚比应该与支撑杆件长细比相匹配，对于长细比小的支撑杆件，宽厚比应该严格一些，对长细比大的支撑杆件，宽厚比应该适当放宽。

支撑杆件的板件宽厚比，不应该大于表 7.6 规定的限值。

表 7.6　　　　　　　　　　　钢结构中心支撑板件宽厚比限值

板件名称	一级	二级	三级	四级
翼缘外伸部分	8	9	10	13
工字形截面腹板	25	26	27	33
箱形截面壁板	18	20	25	30
圆管外径与壁厚比	38	40	40	42

注　表中所列数值适用于 Q235 钢，采用其他牌号钢材应乘以 $\sqrt{235/f_{ay}}$ ，圆管应乘以 $235/f_{ay}$ 。

（5）偏心支撑。

1）消能梁段的设计。偏心支撑框架设计是使消能梁段进入塑性状态，而其他构件仍处于弹性状态。设计良好的偏心支撑框架，除柱脚有可能出现塑性铰外，其他塑性铰均出现在梁段上。

偏心支撑框架的每根支撑应该至少一端与梁连接，并在支撑与梁交点和柱之间或者同一跨内另一支撑与梁交点之间形成消能梁段。消能梁段的受剪承载力应该按照下列规定验算

当 $N \leqslant 0.15Af$ 时

$$V \leqslant \varphi V_1 / \gamma_{RE} \tag{7.13}$$

其中，$V_1 = 0.58 A_w f_{ay}$ 或者 $V_1 = 2M_{lp}/a$ ，取两者中较小值

$$A_w = (h - 2t_f)t_w$$

$$M_{lp} = W_p f$$

当 $N > 0.15Af$ 时

$$V \leqslant \varphi V_{lc} / \gamma_{RE} \tag{7.14}$$

其中，$V_{lc} = 0.58 A_w f_{ay} \sqrt{1 - [N/(Af)]^2}$ 或者 $V_{lc} = 2.4 M_{lp}[1 - N/(Af)]/a$ ，取两者中较小值。

式中　　　γ_{RE} ——消能梁段承载力抗震调整系数，取 0.75；

　　N 、V ——分别为消能梁段的轴力设计值和剪力设计值；

　　　φ ——系数，可以取 0.9；

　V_1 、V_{lc} ——分别为消能梁段的受剪承载力和计入轴力影响的受剪承载力；

　　M_{lp} ——消能梁段的全塑性受弯承载力；

a 、h 、t_w 、t_f ——分别为消能梁段的净长、截面高度、腹板厚度和翼缘厚度；

　　A、A_w——分别为消能梁段的截面面积和腹板截面面积；

　　　W_p——消能梁段的塑性截面模量；

　　f、f_{ay}——分别为消能梁段钢材的抗压强度设计值和屈服强度。

　　消能梁段的屈服强度越高，屈服后的延性越差，消能能力越小，因此偏心支撑框架消能梁段的钢材屈服强度不应该大于 345MPa。

　　消能梁段板件宽厚比的要求比一般框架梁要严格一些。消能梁段及与消能梁段同一跨内非消能梁段的板件宽厚比不应该大于表 7.7 规定的限值。

表 7.7　　　　　　　　　　　　　　　　**偏心支撑框架梁的宽厚比限值**

板件名称		宽厚比限值
翼缘外伸部分		8
腹板	当 $N/(Af) \leqslant 0.14$ 时	$90[1-1.65N/(Af)]$
	当 $N/(Af) > 0.14$ 时	$33[2.3-N/(Af)]$

　　注　表中所列数值适用于 Q235 钢，当材料为其他牌号钢材时应乘以 $\sqrt{235/f_{ay}}$，$N/(Af)$ 为梁轴压比。

　　消能梁段的构造应符合下列构造要求：

　　a. 当 $N > 0.16Af$ 时，消能梁段的长度应该符合下列规定。

当 $\rho(A_w/A) < 0.3$ 时

$$a < 1.6M_{lp}/V_l \tag{7.15}$$

当 $\rho(A_w/A) \geqslant 0.3$ 时

$$a \leqslant 1.6[1.15-0.5\rho(A_w/A)]M_{lp}/V_l \tag{7.16}$$

$$\rho = N/V$$

式中　a——消能梁段的长度；

　　　ρ——消能梁段轴向力设计值与剪力设计值之比。

　　b. 消能梁段与支撑斜杆的连接处，应该在梁腹板的两侧配置加劲肋，加劲肋的高度应该为梁腹板高度，一侧加劲肋宽度不应该小于 $(b_f/2 - t_w)$。厚度不应该小于 $0.75t_w$ 和 10mm 的较大值。

　　c. 消能梁段的腹板不得贴焊补强板，也不得开洞。

　　d. 消能梁段应该按照下列要求在腹板上配置中间加劲肋：

　　a) $a \leqslant 1.6M_{lp}/V_l$ 时，加劲肋间距不宜大于 $(30t_w - h/5)$。

　　b) 当 $2.6M_{lp}/V_l < a \leqslant 5M_{lp}/V_l$ 时，应该在距消能梁段端部各 $1.5b_f$ 处配置中间加劲肋，且加劲肋间距不应该大于 $(52t_w - h/5)$。

　　c) 当 $1.6M_{lp}/V_l < a \leqslant 2.6M_{lp}/V_l$ 时，中间加劲肋的间距宜在上述两者之间线性插入。

　　d) 当 $a > 5M_{lp}/V_l$ 时，可以不配置中间加劲肋。

　　e) 中间加劲肋应该与消能梁段的腹板等高，当消能梁段截面高度不大于 640mm 时，可以配置单侧加劲肋；消能梁段截面高度大于 640mm 时，应该在两侧配置加劲肋，一侧加劲肋的宽度不应该小于 $(b_f/2 - t_w)$，厚度不应该小于 t_w 和 10mm。

　　2) 支撑斜杆及框架柱设计。偏心支撑框架的设计要求是在罕遇地震作用下，消能梁段屈服而其他构件不屈服，为了满足这一要求，偏心支撑框架构件的内力设计值应按照下列要求调整：

a. 偏心支撑斜杆的轴力设计值，应取与支撑斜杆相连接的消能梁段达到受剪承载力时支撑斜杆轴力与增大系数的乘积；其增大系数，一级不应该小于 1.4，二级不应该小于 1.3，三级不应该小于 1.2。

b. 位于消能梁段同一跨的框架梁内力设计值，应该取消能梁段达到受剪承载力时框架梁内力与增大系数的乘积；其增大系数，一级不应该小于 1.3，二级不应该小于 1.2，三级不应该小于 1.1。

c. 框架柱的内力设计值，应取消能梁段达到受剪承载力时柱内力与增大系数的乘积；其增大系数，一级不应该小于 1.3，二级不应该小于 1.2，三级不应该小于 1.1。

偏心支撑斜杆的长细比不应该大于 $120\sqrt{235/f_{ay}}$；支撑斜杆的板件宽厚比不应该超过《钢结构设计规范》（GB 50017—2003）规定的轴心受压构件在弹性设计时的宽厚比限值。支撑斜杆的受压承载力按照下式计算

$$N_{br}/(\varphi A_{br}) \leqslant f/\gamma_{RE} \tag{7.17}$$

式中　A_{br}——支撑斜杆的截面面积；

　　　φ——轴心受压构件的稳定系数；

　　　N_{br}——支撑斜杆轴向力设计值；

　　　f——钢材强度设计值；

　　　γ_{RE}——支撑稳定破坏承载力抗震调整系数。

消能梁段的上下翼缘应该设置侧向支撑，支撑的轴力设计值不得小于消能梁段翼缘轴向承载力设计值的 6%，即 $0.06b_f t_f f$。偏心支撑框架梁的非消能梁段上下翼缘，应该设置侧向支撑，支撑的轴力设计值不得小于梁翼缘轴向承载力设计值的 2%，即 $0.02b_f t_f f$。

7.2.5　钢构件连接的抗震计算与构造措施

（1）钢构件连接的抗震计算。高层钢结构抗侧力构件的抗震计算，应该符合下列要求：

1）钢结构抗侧力构件连接的极限承载力应该大于相连构件的屈服承载力。

2）钢结构抗侧力构件连接的承载力设计值，不应该小于相连构件的承载力设计值；高强螺栓连接不得发生滑移。

3）梁与柱刚性连接的极限承载力，应该按照下列公式进行验算

$$M_u^j \geqslant \eta_j M_p \tag{7.18}$$

$$V_u^j \geqslant 1.2(2M_p/l_n) + V_{Gb} \tag{7.19}$$

支撑与框架连接和梁、柱、支撑的拼接极限承载力，应该按照以下公式进行验算

支撑连接与拼接

$$N_{ubr}^j \geqslant \eta_j A_{br} f_v \tag{7.20}$$

梁的拼接

$$M_{ub,\,sp}^j \geqslant \eta_j M_p \tag{7.21}$$

柱的拼接

$$M_{ub,\,sp}^j \geqslant \eta_j M_{pc} \tag{7.22}$$

柱脚与基础的连接极限承载力，应该按照以下公式进行验算

$$M_{u,\,base}^j \geqslant \eta_j M_{pc} \tag{7.23}$$

式中　　　M_p、M_{pc}——分别为梁的塑性受弯承载力和考虑轴力影响时柱的塑性受弯承载力；

M_u^j、V_u^j——分别为连接的极限受弯、受剪承载力；

l_n——梁的净跨；

V_{Gb}——梁在重力荷载代表值（9 度时高层建筑还应该包括竖向地震作用标准值）作用下，按照简支梁分析的梁端截面剪力设计值；

A_{br}——支撑杆件的截面面积；

N_{ubr}^j、$M_{ub,sp}^j$、$M_{uc,sp}^j$——分别为支撑连接和拼接、梁、柱拼接的极限受压（拉）、受弯承载力；

$M_{u,base}^j$——柱脚的极限受弯承载力；

η_j——连接系数，按照表 7.8 取值。

表 7.8　　　　　　　　　　　钢结构抗震设计的连接系数

母材牌号	梁柱连接		支撑连接，构件连接		柱脚	
	焊接	螺栓连接	焊接	螺栓连接		
Q235	1.40	1.45	1.25	1.30	埋入式	1.20
Q345	1.30	1.35	1.20	1.25	外包式	1.20
Q345GJ	1.25	1.30	1.15	1.20	外露式	1.10

注　1. 属服强度高于 Q345 的钢材，按照 Q345 的规定采用；

　　2. 屈服强度高于 Q345GJ 的 GJ 钢材，按 Q345GJ 的规定采用；

　　3. 翼缘焊接腹板拴接时，连接系数分别按照表中连接形式取用。

（2）构件连接的构造措施。

1）梁与柱的连接。框架梁与框架柱的连接宜采用柱贯通型。柱在两个互相垂直的方向都与梁刚性连接时，宜采用箱形截面，并在梁翼缘连接处设置隔板；隔板采用电渣焊时，柱壁板厚度不宜小于 16mm，小于 16mm 时可以改用工字形柱或者采用贯通式隔板。当柱仅在一个方向与梁刚接时，宜采用工字形截面，并将柱腹板置于刚接框架平面内。

工字形柱（绕强轴）和箱形柱与梁刚接时，如图 7.9 所示，应该符合下列要求：

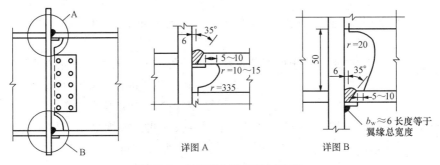

图 7.9　框架梁与柱的现场连接

a. 梁翼缘与柱翼缘间应该采用全熔透坡口焊缝；一、二级时，应该检验 V 形切口的冲击韧性，其夏比缺口冲击韧性在 $-20℃$ 时不低于 $27J$。

b. 柱在梁翼缘对应位置应该设置横向加劲肋（隔板），加劲肋（隔板）厚度不应该小于梁翼缘厚度，强度与梁翼缘相同。

c. 梁腹板宜采用摩擦型高强度螺栓与柱连接板连接；腹板角部应设置焊接孔，孔形应使其端部与梁翼缘和柱翼缘间的全熔透坡口焊缝完全隔开。

d. 腹板连接板与柱的焊接，当板厚不大于16mm时应采用双面角焊缝，焊缝有效厚度应该满足等强度要求，且不小于5mm；板厚大于16mm时采用K形坡口对接焊缝。该焊缝宜采用气体保护焊，且板端应绕焊。

e. 一级和二级时，宜采用能将塑性铰自梁端外移的端部扩大形连接、梁端加盖板或者骨形连接。

框架梁采用悬臂梁段与柱刚性连接时，如图7.10所示。悬臂梁段与柱应该采用全焊接连接，此时上下翼缘焊接孔的形式宜相同；梁的现场拼接可以采用翼缘焊接腹板螺栓连接或者全部螺栓连接。箱形柱在与梁翼缘对应位置设置的隔板，应该采用全熔透对接焊缝与壁板相连。工字形柱的横向加劲肋与柱翼缘，应该采用全熔透对接焊缝连接，与腹板可以采用角焊缝连接。

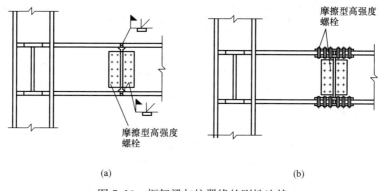

图 7.10　框架梁与柱翼缘的刚性连接

梁与柱刚性连接时，柱在梁翼缘上下各500mm的范围内，柱翼缘与柱腹板间或者箱形柱壁板间的连接焊缝应采用全熔透坡口焊缝。

2）柱与柱的连接。钢框架宜采用工字形柱或者箱形柱，箱形柱宜为焊接柱，其角部的组装焊缝应为部分熔透的V形或U形焊缝，抗震设防时，焊缝厚度不小于板厚的1/2，并不应该小于14mm。当梁与柱刚接时，在主梁上、下至少600mm范围内，应该采用全熔透焊缝。

抗震设防时，柱的拼接应位于框架节点塑性区以外，并按照等强度原则设计。

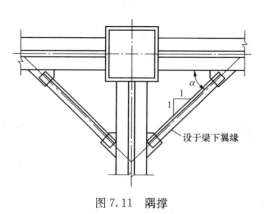

图 7.11　隔撑

3）梁与梁的连接。在工地现场，梁的接头主要用于柱带悬臂梁段与梁的连接，可以采用下列接头形式：翼缘采用全熔透焊缝连接，腹板用摩擦型高强度螺栓连接；翼缘和腹板采用摩擦型高强度螺栓连接；翼缘和腹板采用全熔透焊缝连接。

抗震设防时，为了防止框架横梁的侧向屈曲，在节点塑性区段应设置侧向支撑构件。由于梁上翼缘和楼板连在一起，所以只需在相互垂直的横梁下翼缘设置侧向隔撑（见图7.11），此时隔撑可以起到支承两根横梁的作用。隔撑应设置在距柱轴线 $1/10\sim1/8$ 梁跨处，其长细比不应大于 $130\sqrt{235/f_{ay}}$ 。

侧向隔撑的轴向力应按照下式计算

$$N = \frac{A_f f}{850\sin\alpha}\sqrt{\frac{f_y}{235}} \tag{7.24}$$

式中　A_f——梁受压翼缘的截面面积；

　　　f——钢材强度设计值；

　　　f_y——梁翼缘抗压强度设计值；

　　　α——隔撑与梁轴线的夹角。

4）钢柱脚。钢结构的柱脚有埋入式、外包式和外露式三种。钢结构的刚接柱脚宜采用埋入式；设防烈度为 6、7 度且高度不超过 50m 时可以采用外包式；只传递垂直荷载的铰接柱脚可以采用外露式。

5）支撑连接。中心支撑的轴线应交汇于梁柱构件轴线的交点，当受构造条件的限制有偏心时，偏离中心不得超过支撑杆件的宽度；否则，节点设计应该计入偏心造成附加弯矩的影响。一、二、三级，中心支撑宜采用 H 型钢制作，两端与框架可以采用刚接构造，梁柱与支撑连接处应设置加劲肋；一级和二级采用焊接工字形截面支撑时，其翼缘与腹板的连接宜采用全熔透连续焊缝；支撑与框架连接处，支撑杆端宜做成圆弧。

梁在与 V 形支撑或者人字形支撑相交处，应设置侧向支撑；该支撑点与梁端支承点间的侧向长细比（λ_y）以及支承力，应符合《钢结构设计规范》（GB 50017—2003）关于塑性设计的规定。如果支撑和框架采用节点板连接，应符合《钢结构设计规范》（GB 50017—2003）关于节点板在连接杆件每侧有不小于 30°夹角的规定；一、二级时，支撑端部至节点板最近嵌固点在沿支撑杆件轴线方向的距离，不应小于节点板厚度的 2 倍。

偏心支撑的轴线与消能梁段轴线的交点宜交于消能梁段端点，也可以交于消能梁段内，这样可以使支撑的连接设计更灵活些，但不得将交点设置于消能梁段外。支撑与梁的连接应为刚性连接，支撑直接焊于梁段的节点连接特别有效。

消能梁段与支撑斜杆的连接处，应在梁腹板的两侧设置加劲肋。加劲肋的构造要求详见 7.2.4 节。

消能梁段与框架柱的连接为刚性节点，消能梁段与柱连接时，其长度不得大于 $1.6M_{lp}/V_b$，消能梁段翼缘与柱翼缘之间或者消能梁段翼缘与连接板之间应采用坡口全熔透对接焊缝连接，消能梁段腹板与柱之间应采用角焊缝连接；角焊缝的承载力不得小于消能梁段腹板的轴力、剪力和弯矩同时作用时的承载力；消能梁段与柱腹板连接时，消能梁段翼缘与横向加劲板间应采用坡口全熔透焊缝，其腹板与柱连接板间应采用角焊缝连接；角焊缝的承载力不得小于消能梁段腹板的轴向承载力、受剪承载力和受弯承载力。

习　　题

7.1　钢结构的震害有哪些形式？

7.2　高层钢结构房屋有哪些结构体系？各有什么优缺点？

7.3 高层钢结构房屋有哪些结构布置原则?

7.4 高层钢结构房屋抗震设计时,强柱弱梁的设计原则是如何实现的?

7.5 高层钢结构中抗侧力构件的连接计算应符合哪些要求?

7.6 高层钢结构的构件设计,为什么要对板件的宽厚比提出更高的要求?

第8章　单层厂房抗震设计

在工业建筑中单层厂房应用比较广泛，常见的结构形式是排架结构。按照排架柱采用的材料，单层厂房可分为钢筋混凝土柱厂房、钢结构厂房、砖柱厂房等。本章主要介绍单层钢筋混凝土柱厂房和钢结构厂房的抗震设计，首先分析震害现象，然后介绍抗震设计的一般规定，再介绍纵、横向抗震计算和抗震构造措施。

8.1　单层厂房的震害及其分析

8.1.1　屋盖系统的震害及其分析

单层厂房的屋盖，集中了厂房的大部分质量，其地震作用很大，是厂房主体结构最容易遭受破坏的部位。屋盖系统包括屋面板、屋架、天窗架，其震害表现如下：

（1）屋面板错位、震落，甚至失去侧向支撑造成屋架倒塌。屋面板在纵向地震作用下错动，设防烈度为7度时就有发生，设防烈度为8度时比较普遍。更严重的是发生屋面板震落，或者由于屋架上弦失去平面外支承而倾斜或者倒塌。主要原因是屋面板与屋架的焊接不牢，没有保证三点焊接，或者焊接长度不够，或者屋面板预埋件锚固强度不足造成的。

（2）天窗架的震害是天窗架立柱根部水平开裂或者折断。天窗架纵向、竖向支撑布置不合理、数量不足，天窗架支撑杆件会发生压曲失稳，导致天窗架发生倾斜甚至倒塌。其原因是天窗架刚度远小于主体结构，并且突出于屋面以上，由于"鞭端效应"致使地震反应增大，Ⅱ形天窗架立柱容易较早发生开裂破坏。

（3）屋架的震害为屋架端部的上弦杆或者端头竖杆折断；屋架端部支承大型屋面板的支墩被切断或者预埋件松动。原因是在非抗震设计计算中，屋架端部的上弦杆及端头竖杆计算的内力很小，截面尺寸及配筋较弱，而在地震时这些杆件要承受由屋面板传来的相当大的纵向水平地震作用。

设防烈度为9度及以上地震区中屋盖局部倒塌或者全部倒塌比较普遍，如图8.1所示；还有天窗架倒塌砸坏了屋架高低跨厂房高处维护墙而破坏了低跨屋盖，采用端山墙承重方案，山墙倒塌破坏造成端开间屋盖倒塌等。

图8.1　汶川地震中绵竹市东方汽轮机厂厂房屋盖倒塌

8.1.2　柱子的震害及其分析

柱子是主要的受力构件，在设计中考虑了风荷载和吊车荷载的水平作用，震害调查表明，在设防烈度为7～9度区没有发现因为柱子折断、倾倒而导致厂房倒塌的情况，只在设防烈度为10度区才有少数柱子倒塌，但是柱子的局部震害是普遍的，其震害现象有：

（1）柱顶。柱顶直接承受来自屋盖强大的横向、纵向和竖向地震作用，受力比较复杂，当柱顶设计有瑕疵，如箍筋过稀、锚筋太细、焊接单薄等，柱顶由于强度不足会发生锚固筋被拔出或者焊缝切断，引起混凝土劈裂或者酥碎，如图 8.2（a）所示。柱间支撑的柱头破坏会造成屋架坠落。

（2）上柱柱身变截面处或者吊车梁面标高处。在屋盖及吊车的横向水平地震作用下，上柱处于压弯剪复合受力状态，而该部位截面比较弱，容易引起应力、变形集中，产生斜裂缝与水平裂缝，甚至出现折断，如图 8.2（b）、（c）所示。地震中，厂房钢柱上柱折断，如图 8.3 所示。

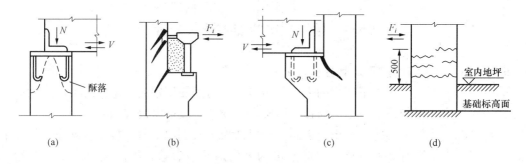

图 8.2　柱子破坏

（a）屋架与柱头破坏；（b）上柱根部震害；（c）柱肩破坏；（d）下柱根部震害

图 8.3　汶川地震中绵竹市东方
汽轮机厂厂房钢柱上柱折断

（3）下柱根部。在下柱靠近地面处出现水平裂缝，如图 8.2（d）所示。厂房刚性地面对下柱有嵌固作用，在下柱靠近地面处弯矩很大，因而出现水平裂缝，严重的使混凝土剥落，纵筋压弯屈曲。在设防烈度为 9 度以上高烈度区也会发生柱根被折断导致厂房倒塌的情况。

8.1.3　支撑系统的震害及其分析

厂房的纵向刚度主要取决于支撑系统，支撑体系主要承担纵向地震作用。如果支撑系统没有抗震设计，而是按照构造设置，当支撑数量不足或者支撑杆长细比过大时，撑杆会被压曲；当支撑连接节点薄弱时，会发生节点脱焊、锚件被拔出等震害。如果支撑体系部分失效或者完全失效，就会造成主体结构错位或者倒塌。

8.1.4　围护墙的震害及其分析

单层厂房的墙体由封墙、山墙、内隔墙、外围护墙等构成。围护墙大多采用外贴式的自承重砖墙，墙体高，自重大，强度低。如果与主体结构拉结不好，与圈梁和柱子连接薄弱，地震时墙体处于悬伸状态，很容易开裂、外倾或者倒塌。震害调查表明，围护墙体在设防烈度为 7 度时已有少量开裂、轻微破坏、外闪；设防烈度为 8 度时有局部墙体倒塌；设防烈度为 9 度时就有大面积的墙体严重开裂与倒塌。一般山墙的山尖部分与柱顶以上的檐墙部分动力反应大，与主体结构拉接比较少，会发生向外倾斜或者倒塌；不等高厂房高跨的封墙大多数向低跨屋盖一侧倾倒，严重时把低跨屋盖砸坏；在伸缩缝两侧的墙面由于缝宽过小，地震时造成墙体互相碰撞而损坏。

8.2 单层钢筋混凝土柱厂房抗震设计

8.2.1 单层钢筋混凝土柱厂房抗震设计的一般规定

（1）单层厂房的结构布置。单层钢筋混凝土柱厂房的平面布置要满足"简单、规则、均匀、对称，使刚度中心与质量中心尽可能重合"的原则，也应该符合以下的要求：

1）多跨厂房宜等高和等长，高低跨厂房不宜采用一端开口的结构布置。震害调查表明，不等高多跨厂房有高振型反应，不等长多跨厂房有扭转效应，破坏比较重，均对抗震不利。

2）厂房的贴建房屋和构筑物，不宜布置在厂房角部和紧邻防震缝处。在地震作用下，厂房角部和防震缝处排架柱侧移比较大，当有贴建的建筑物，相互碰撞或者变位受约束的情况严重时，会发生倒塌。

3）厂房体形复杂或者有贴建的房屋和构筑物时，宜设防震缝；将其分成体形简单的独立单元；在厂房纵横跨交接处、大柱网厂房或者不设柱间支撑的厂房，在地震作用下侧移比较大，防震缝宽度可以采用 100～150mm；其他情况下防震缝宽度可以采用 50～90mm。

4）连接两个主厂房之间的跨度至少应该有一侧采用防震缝与主厂房脱开。

5）厂房内的工作平台、刚性工作间宜与厂房主体结构脱开。

6）厂房内上起重机的铁梯不应该靠近防震缝设置；多跨厂房各跨上起重机的铁梯不宜设置在同一横向轴线附近。

7）厂房的同一结构单元内，不应该采用不同的结构形式；厂房端部应设屋架，不应该采用山墙承重；厂房单元内不应采用横墙和排架混合承重。

8）厂房柱距宜相等，各柱列的侧移刚度宜均匀，当有抽柱时，应该采取抗震加强措施。

（2）厂房屋架的设置。设法减轻屋架的重量来减小地震作用，并且加强结构构件自身的抗震性能，以提高厂房的整体抗震能力。厂房屋架的设置应该符合下列要求：

1）厂房宜采用钢屋架或者重心较低的预应力混凝土、钢筋混凝土屋架。

2）跨度不大于 15m 时，可以采用钢筋混凝土屋面梁。

3）跨度大于 24m，或者设防烈度为 8 度 III、IV 类场地和设防烈度为 9 度时，应该优先采用钢屋架。

4）柱距为 12m 时，可以采用预应力混凝土托架（梁）；当采用钢屋架时，也可以采用钢托架（梁）。

5）有突出屋面天窗架的屋盖不宜采用预应力混凝土或者钢筋混凝土空腹屋架。

6）设防烈度为 8 度（0.3g）和 9 度时，跨度大于 24m 的厂房不宜采用大型屋面板。

（3）厂房柱的设置。排架柱分为单肢柱和双肢柱两大类，截面形式不同，抗震性能各不相同。而矩形、工字形截面单肢柱抗震性能比较好。《建筑结构抗震设计》（GB 50011—2010）规定：设防烈度为 8、9 度时，宜采用矩形、工字形截面柱或者斜腹杆双肢柱。不宜采用薄壁工字形柱、腹板开孔工字形柱、预制腹板的工字形柱和管柱。柱底至室内地坪以上 500mm 范围内和阶形柱的上柱宜采用矩形截面。

（4）厂房天窗架的设置。在地震时，突出屋面天窗架位移反应比较大，在纵向地震作用下由于高振型的影响会造成天窗架与支撑的破坏，危及屋盖及整个厂房的安全。要尽量减轻天窗屋盖的重量和重心的高度，以减小天窗的地震反应。天窗屋盖、端壁板和侧板，宜采用轻型板材；不应采用端壁板代替端天窗架。突出屋面的天窗宜采用钢天窗架；设防烈度为6～8度时，可以采用矩形截面杆件的钢筋混凝土天窗架。突出屋面的天窗架会对厂房的抗震带来很不利的影响。天窗宜采用突出屋面比较小的避风型天窗，有条件或者设防烈度为9度时宜采用下沉式天窗。天窗架不宜从厂房结构单元第一开间开始设置，设防烈度为8度和9度时，天窗架宜从厂房单元端部第三柱间开始设置。

8.2.2　单层钢筋混凝土柱厂房的抗震计算

《建筑结构抗震设计》（GB 50011—2010）规定：设防烈度为7度Ⅰ、Ⅱ类场地，柱高不超过10m且结构单元两端均有山墙的单跨及等高多跨厂房（锯齿形厂房除外），还有设防烈度为7度和8度（0.2g）Ⅰ、Ⅱ类场地的露天吊车栈桥可以不进行横向及纵向的截面抗震验算，只需要采取抗震构造措施。其他情况均应沿厂房平面的两个主轴方向分别考虑水平地震作用，并且分别进行抗震验算，每个方向的地震作用应由该方向的抗侧力构件承担。

（1）厂房横向抗震计算。

1）计算方法的选择。《建筑结构抗震设计》（GB 50011—2010）建议分别按照不同的屋盖类型采用两种计算方法。轻型屋盖（指屋面为压型钢板、瓦楞铁、石棉瓦等有檩屋盖）厂房，柱距相等时，可以按照平面排架计算。混凝土无檩和有檩屋盖厂房，一般情况下，要计及屋盖横向弹性变形，按照多质点空间结构分析。

设防烈度为7度和8度时，柱顶高度不大于15m、厂房单元屋盖长度（山墙到山墙的间距，仅一端有山墙时，应该取所考虑排架至山墙的距离）与总跨度之比小于8或者厂房总跨度大于12m、山墙的厚度不小于240mm，开洞所占的水平截面积不超过总面积50％，并且与屋盖系统有良好的连接，可以按照排架计算，且考虑空间工作、扭转及吊车桥架的影响对排架柱的地震剪力和弯矩进行调整。

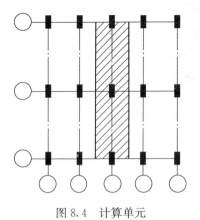

图 8.4　计算单元

多质点空间结构分析方法较为复杂，需要采取电算方法。下面只阐述常用的单跨或者等高多跨厂房的计算问题。

2）横向自振周期的计算。

a. 计算简图。确定厂房横向自振周期时，可以取单榀排架作为计算单元，如图 8.4 所示。计算简图可以取为质量集中在不同标高屋盖处的下端固定于基础顶面的竖直弹性杆，单跨和等高厂房可以简化为单质点体系，如图 8.5 所示。集中于屋盖处的重力荷载代表值 G 按照下式计算，即

$$G = 1.0G_{屋盖} + 0.5G_{雪} + 0.5G_{积灰} + 1.0G_{悬挂} +$$
$$0.5G_{吊车梁} + 0.25G_{柱} + 0.25G_{纵墙} \tag{8.1}$$

式中　$1.0G_{屋盖}$、$1.0G_{悬挂}$、$0.5G_{雪}$、$0.5G_{积灰}$——屋盖结构自重、屋架悬挂荷载及乘以可变荷载组合值系数后的雪荷载、屋面积灰荷载；

$0.5G_{吊车梁}$、$0.25G_{柱}$、$0.25G_{纵墙}$——乘以动力等效换算系数的吊车梁自重、柱自重、外纵墙自重。

　　确定厂房自振周期时，可以不考虑吊车桥架刚度和重量的影响。原因是桥架对厂房横向排架起支撑杆作用，使排架的横向刚度增大；而桥架的重量又使计算自振周期的等效重量增大。两种影响互相抵消。考虑吊车桥架时厂房横向基本周期小于或者等于无吊车桥架时的基本周期，两者差别不大。

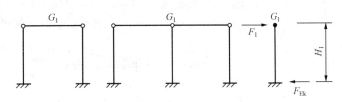

图 8.5　确定厂房自振周期的计算简图

　　b. 计算公式。自振周期的计算公式为

$$T = 2\pi\sqrt{\frac{G\delta_{11}}{g}} \approx 2\sqrt{G\delta_{11}} \tag{8.2}$$

$$\delta_{11} = (1 - x_1)\delta_{11}^{a}$$

式中　G——集中于屋盖处的重力荷载代表值（kN）；

　　　　g——重力加速度（m/s^2）；

　　　　δ_{11}^{a}——作用于 A 柱柱顶单位水平力时在该处产生的侧移（m/kN）；

　　　　δ_{11}——作用于排架顶部的单位水平力时在该处引起的侧移（m/kN）；

　　　　x_1——桥架横杆内力，如图 8.6 所示。

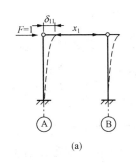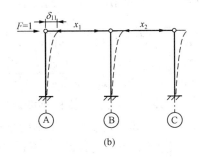

图 8.6　等高排架的侧移

　　厂房横向自振周期的计算是按照铰接排架计算简图进行的。屋架与柱的连接因为焊接而存在一定程度的刚接作用，厂房纵墙对增大排架横向刚度也有显著的影响。因此，实际自振周期比计算值要小，《建筑结构抗震设计》（GB 50011—2010）规定：由钢筋混凝土屋架或者钢屋架与钢筋混凝土柱组成的排架，有纵墙时取周期计算的 80%，无纵墙时取 90%。

　　c. 横向地震作用计算。

　　（a）计算简图。无桥式吊车的厂房计算简图如图 8.5 所示。

　　对于有桥式吊车的厂房，除了把质量集中在屋盖处 G_1 外，还要在吊车梁顶面处增设质点 G_2，如图 8.7 所示。G_2 为吊车重力荷载代表值，取桥架重量而不取悬吊物重量；对硬钩吊车除了取桥架自重以外，还要取悬吊物重量的 30%，硬钩吊车的吊重较大时，组合值系数宜按照实际情况采用。

计算厂房横向地震作用时，集中于屋盖处质点等效重力荷载代表值 G 按照式（8.3）计算，即

$$G_1 = 1.0G_{屋盖} + 0.5G_{雪} + 0.5G_{积灰} + 1.0G_{悬挂} + 0.75G_{吊车梁} + 0.5G_{柱} + 0.5_{纵墙} \quad (8.3)$$

式中　$0.75G_{吊车梁}$、$0.5G_{柱}$、$0.5G_{纵墙}$——吊车梁、柱、外纵墙换算至屋盖处的等效重量。

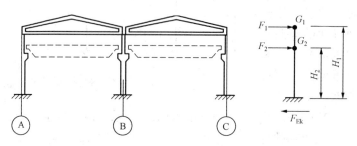

图 8.7　有吊车时的计算简图

（b）厂房横向地震作用。可以采用底部剪力法计算地震作用，作用于排架底部的剪力即总水平地震作用可以按照下式计算

$$F_{Ek} = \alpha_1 G_{eq} \quad (8.4)$$

$$F_i = \frac{G_j H_j}{\sum_{j=1}^{n} G_j H_j} F_{Ek} \quad (8.5)$$

计算集中于各质点的地震作用后，按照各柱的侧移刚度分配至各柱，得到作用于各厂房柱的横向地震作用。如图 8.8 所示的情况，各柱的地震作用为

$$F_{1A} = \frac{K_A}{K_A + K_B + K_C} F_1, \quad F_{1B} = \frac{K_B}{K_A + K_B + K_C} F_1, \quad F_{1C} = \frac{K_C}{K_A + K_B + K_C} F_1$$

$$F_{2A} = \frac{K_A}{K_A + K_B + K_C} F_2, \quad F_{2B} = \frac{K_B}{K_A + K_B + K_C} F_2, \quad F_{2C} = \frac{K_C}{K_A + K_B + K_C} F_2$$

式中　K_A、K_B、K_C——A、B、C 三柱的抗侧移刚度。

（c）天窗架地震作用计算。计算分析表明，常用的钢筋混凝土带有斜腹杆天窗架，侧移刚度很大，随着屋盖平移。《建筑结构抗震设计》（GB 50011—2010）规定：有斜撑杆的三铰拱式钢筋混凝土和钢天窗架的横向地震作用计算可以采用底部剪力法；跨度大于 9m 或者设防烈度为 9 度时天窗架的地震作用效应要乘以增大系数 1.5。其他情况下天窗架的横向水平地震作用可以采用振型分解反应谱法计算。

d. 排架内力分析及调整。求得各排架柱上的地震作用后便可以用结构力学的方法对平面排架进行分析，得出各柱控制截面的地震作用效应（弯矩、剪力）。对于用平面排架方法求出的地震作用效应，还需要进行调整。

（a）考虑空间作用与扭转影响对柱地震作用效应的调整。一般的单层钢筋混凝土厂房，其屋盖通过焊连、设置支撑等构造措施而具有一定的整体性，使厂房的竖向抗侧力构件（排架、横墙）和水平抗侧力构件（屋盖）形成空间工作体系。在横向地震力作用下，当厂房两端有山墙时，如图 8.8（a）所示，由于山墙在其平面内的刚度远大于排架的刚度，因此，各排架的地震作用将部分通过屋盖传给山墙，即排架所受到的地震作用将有所减少。山墙的间距越短，屋盖的整体性越好，山墙的刚度越大，厂房的空间作用就越显著，排架的地震作

用就减少得越多。当厂房仅一端有山墙时,如图 8.8 (b) 所示,厂房除了有空间作用影响外,还伴随出现平面扭转效应,使远离山墙一端的排架侧移增大。只有在厂房无山墙,如图 8.8 (c) 所示,且各排架的刚度和质量沿纵向分布均匀时,各排架的侧移才相同,厂房没有空间作用影响,厂房的整体侧移与单个排架的独立侧移是相同的。

设单个排架或者无山墙(横墙)厂房排架的柱顶侧移为 Δ_0,两端有山墙厂房的中间(侧移最大的)排架的顶侧移为 Δ_1,仅一端有山墙厂房的山墙远端第二榀排架(最不利排架)的柱顶侧移为 Δ_2,则在其他条件相同的情况下,有 $\Delta_1 < \Delta_0 < \Delta_2$,如图 8.8 所示。对于有空间作用与扭转作用的厂房,按照平面排架求得的地震作用效应应予以修正。《建筑结构抗震设计》(GB 50011—2010)规定:钢筋混凝土屋盖的单层钢筋混凝土柱厂房,当按照平面排架计算厂房的横向地震作用时,等高厂房柱的各截面、不等高厂房除高低跨交接处上柱以外的柱各截面,地震作用效应(弯矩、剪力)均应考虑空间作用及扭转影响而乘以表 8.1 中相应调整系数。

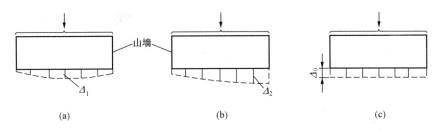

图 8.8 厂房屋盖的变形

(a) 两端有山墙;(b) 只一端有山墙;(c) 无山墙

表 8.1 钢筋混凝土柱(除高低跨交接处上柱外)考虑空间工作和扭转影响的效应调整系数

屋盖	山墙		屋盖长度(m)											
			≤30	36	42	48	54	60	66	72	78	84	90	96
钢筋混凝土无檩屋盖	两端山墙	等高厂房	—	—	0.75	0.75	0.75	0.80	0.80	0.8	0.85	0.85	0.85	0.90
		不等高厂房	—	—	0.85	0.85	0.85	0.90	0.90	0.90	0.95	0.95	0.95	1.00
	一端山墙		1.05	1.15	1.20	1.25	1.30	1.30	1.30	1.30	1.35	1.35	1.35	1.35
钢筋混凝土有檩屋盖	两端山墙	等高厂房	—	—	0.80	0.85	0.90	0.95	0.95	1.00	1.00	1.05	1.05	1.10
		不等高厂房	—	—	0.85	0.90	0.95	1.00	1.00	1.05	1.05	1.10	1.10	1.15
	一端山墙		1.00	1.05	1.10	1.10	1.15	1.15	1.15	1.20	1.20	1.20	1.25	1.25

按照表 8.1 考虑空间工作与扭转影响时,厂房应该符合下列要求:

a) 设防烈度为 7 度和 8 度,柱顶标高不超过 15m 且砖墙刚度比较大等情况的厂房。设防烈度为 9 度时山墙严重破坏,失去空间工作的基本条件,故不加考虑。

b) 厂房单元屋盖长度 L 与总跨度 B 之比 $L/B < 8$,或者 $B > 12m$。当厂房仅一端有山墙时，L 取所考虑排架至山墙的距离。对高低跨相差较大的不等高厂房。总跨度可以不包括低跨。这条限制是保证屋盖在自身平面内的水平刚度较大，使屋盖的地震作用有效地传给山墙。

c）山墙（或横墙）厚度≤240mm，开洞所占的水平截面面积≤50％，柱顶高度≤15m。这是为了保证山墙有足够的强度、刚度和稳定性。

d）柱顶高度不大于 15m。这个限制是由于设防烈度为 7、8 度区，高度大于 15m 厂房山墙的抗震经验不多，《建筑结构抗震设计》（GB 50011—2010）考虑到当厂房较高时山墙的稳定性和山墙与侧墙转角处应力分布复杂，为保证安全所做的规定。

（b）吊车桥引起的地震作用效应增大系数。吊车桥是一个较大的移动质量，在地震中往往引起厂房的强烈局部振动，对吊车所在排架产生局部影响，加重其震害。因此，对于钢筋混凝土柱单层厂房的吊车梁顶标高处的上柱截面，由吊车桥引起的地震剪力和弯矩应乘以增大系数，当按照底部剪力法等简化方法计算时，增大系数可以按照表 8.2 采用。

表 8.2　　　　　　　　　　吊车桥架引起的地震剪力和弯矩增大系数

屋盖类型	山墙	边柱	高低跨柱	其他中柱
钢筋混凝土无檩屋盖	两端山墙	2.0	2.5	3.0
	一端山墙	1.5	2.0	2.5
钢筋混凝土有檩屋盖	两端山墙	1.5	2.0	2.5
	一端山墙	1.5	2.0	2.0

如果为不等高厂房，还要把高低跨交接柱支承低跨屋盖的牛腿面以上各截面的地震内力乘以增大系数。因为高低跨交接处上柱由于高振型的影响将产生较大的变形和内力。

e. 排架内力组合。单层厂房排架的地震作用效应与其他荷载效应组合时，一般可以不考虑风荷载效应、吊车横向水平制动力引起的内力以及竖向地震作用影响；只考虑水平地震作用效应（内力符号可正可负）与厂房重力荷载（包括结构自重、雪荷载和积灰荷载、有吊车时应该考虑吊车的竖向荷载）效应的组合。因此，荷载效应组合的一般表达式为

$$S = \gamma_G C_G G_E + \gamma_{Eh} C_{Eh} E_{hk} \tag{8.6}$$

式中　γ_G——重力荷载分项系数，一般取 1.2；

　　　γ_{Eh}——水平地震作用分项系数，可取 1.3；

C_G、C_{Eh}——排架在重力荷载、水平地震作用下的荷载效应系数；

　　　G_E——重力荷载代表值；

　　　E_{hk}——水平地震作用标准值。

f. 截面抗震验算。对单层钢筋混凝土柱厂房，排架柱截面的抗震验算应满足下列一般表达式的要求

$$S \leqslant R/\gamma_{RE} \tag{8.7}$$

式中　R——结构构件承载力设计值，按照《混凝土结构设计规范》（GB 50010—2010）中偏心受压构件的承载力计算公式规定计算；

　　　γ_{RE}——承载力抗震调整系数，对钢筋混凝土偏心受压柱，当轴压比小于 0.15 时，取 0.75，当轴压比大于 0.15 时，取 0.80。

对于两个主轴方向柱距均不小于 12m，无桥式吊车且无柱间支撑的大柱网厂房，柱截面

抗震验算应同时计算两个主轴方向的水平地震作用，并应该计入位移引起的附加弯矩。

（2）厂房的纵向抗震计算。在地震时，厂房沿纵向发生破坏的情况比较多，而且中柱列的破坏普遍比边柱列严重。在纵向地震作用下，纵墙参与了工作，并且屋盖在其平面内产生了纵向水平变形，使中柱列侧移大于边柱列侧移。《建筑结构抗震设计》（GB 50011—2010）规定：钢筋混凝土屋盖厂房的纵向抗震计算，要考虑围护墙和隔墙的有效刚度、强度和屋盖的变形，采用多质点空间结构分析。只有当柱顶标高不大于 15m 且平均跨度不大于 30m 的单跨或者等高多跨钢筋混凝土柱厂房，才能采用修正刚度法进行近似计算。不等高和纵横向不对称厂房，需要考虑厂房的扭转影响，现阶段还没有合适的简化方法。除了修正刚度法以外，简化方法还有柱列法和拟能量法，柱列法适用于单跨厂房或者轻屋盖等高多跨厂房；拟能量法仅适用于钢筋混凝土无檩及有檩屋盖的两跨不等高厂房。

1）纵向基本自振周期的计算。对于砖墙围护的厂房，《建筑结构抗震设计》（GB 50011—2010）根据对柱顶标高不大于 15m 并且平均跨不大于 30m 的单跨或者等高多跨钢筋混凝土柱厂房的纵向基本周期实测结果，经过统计整理给出如下经验公式

$$T_1 = 0.23 + 0.00025\psi_1 l \sqrt{H^3} \tag{8.8}$$

式中　ψ_1——屋盖类型系数，大型屋面板钢筋混凝土屋架可以采用 1.0，钢屋架采用 0.85；

　　　l——厂房跨度（m），多跨厂房可取各跨的平均值；

　　　H——基本顶面至柱顶的高度（m）。

当厂房为敞开、半敞开或者墙板与柱子柔性连接时，可以按照式（8.8）计算，并乘以下列围护墙影响系数

$$\psi_2 = 2.6 - 0.002l \sqrt{H^3} \tag{8.9}$$

式中　ψ_2——围护墙影响系数，小于 1.0 时应该采用 1.0。

2）柱列的柔度和刚度。要计算柱列抗侧力构件包括柱、支撑、纵墙的地震作用，需要先算出柱列的柔度和刚度，柱列的刚度由柱列各抗侧力构件的刚度叠加而成。下面介绍各抗侧力构件的柔度和刚度计算方法。

a. 柱的柔度和刚度。

（a）等截面柱侧移柔度为

$$\delta_c = \frac{H^3}{3E_c I_c \mu} \tag{8.10}$$

侧移刚度为

$$K_c = \mu \frac{3E_c I_c}{H^3} \tag{8.11}$$

然后给出柱列刚度的计算公式。

式中　E_c——混凝土的弹性模量；

　H、I_c——柱的高度、截面惯性矩；

　　　μ——屋盖、吊车梁等纵向构件对柱侧移刚度的影响系数，无吊车梁时 $\mu = 1.1$，有吊车梁时 $\mu = 1.5$。

（b）变截面柱。

b. 柱间支撑的柔度和刚度。一般的柱间支撑均采用半刚性支撑，支撑杆件的长细比 $\lambda = 40 \sim 200$。在确定支撑柔度时，不计柱和水平的轴向变形，以简化计算。图 8.9 有上柱支撑

和下柱支撑的柱间支撑，在单位力 $F=1$ 的作用下可以求得柱顶的侧移，即支撑的侧移柔度如下式计算

$$\delta_{\mathrm{b}} = \frac{1}{EL^2}\left[\frac{l_1^3}{(1+\varphi_1)A_1} + \frac{l_2^3}{(1+\varphi_2)A_2}\right] \tag{8.12}$$

侧移刚度为

$$K_{\mathrm{b}} = \frac{1}{\delta_{\mathrm{b}}} \tag{8.13}$$

式中　l_1、A_1——下柱支撑的斜杆长和截面面积；

　　　l_2、A_2——上柱支撑的斜杆长和截面面积；

　　　　E——钢材的弹性模量；

　　　　L——柱间支撑的宽度；

　　φ_1、φ_2——下柱和上柱支撑斜杆受压时的稳定系数，根据杆件长细比 λ 由《钢结构设计规范》（GB 50017—2003）查得。

c. 纵向砖墙的柔度。有关砖墙的侧向柔度和刚度的计算，参见本书第 4 章。

d. 柱列的柔度和刚度。如图 8.10 所示，i 柱列各抗侧力构件仅在柱顶设置水平连杆的简化力学模型，第 i 柱列柱顶标高的侧移刚度等于各抗侧力构件在同一标高的侧移刚度之和，即

$$K_i = \sum K_{\mathrm{c}} + \sum K_{\mathrm{b}} + \sum K_{\mathrm{w}} \tag{8.14}$$

式中　K_{c}、K_{b}、K_{w}——一根柱、一片支撑、一片墙体的顶点侧移刚度。

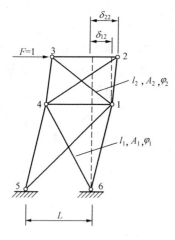

图 8.9　支撑的侧移

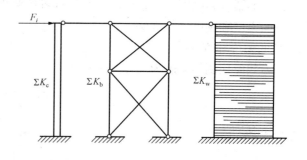

图 8.10　仅在柱顶设置水平连杆的力学模型

第 i 柱列的侧移柔度为 　　　　　　$$\delta_i = \frac{1}{K_i} \tag{8.15}$$

3）柱列地震作用计算。可以采用底部剪力法进行计算。对于无桥式吊车的厂房，整个柱列的各项重力荷载集中到柱顶标高处；对于有桥式吊车的厂房，整个柱列的各项重力荷载应分别集中到柱顶标高处和吊车梁顶标高处。

a. 屋盖标高处厂房的纵向地震作用。集中到第 i 柱列的屋盖标高处的等效重力荷载代表值 G_{eq} 为

无吊车时

$$G_{eq}=1.0G_{屋盖}+0.5G_{雪}+0.5\,G_{积灰}+0.5G_{柱}+0.5G_{横墙}+0.7G_{纵墙及支撑} \tag{8.16}$$

有吊车时

$$G_{eq}=1.0G_{屋盖}+0.5G_{雪}+0.5\,G_{积灰}+0.5G_{柱}+0.5G_{横墙}+0.7G_{纵墙} \tag{8.17}$$

作用在屋盖标高处的第 i 柱列厂房纵向地震作用标准值为

$$F_i=\alpha_1 G_i\frac{K_{ai}}{\sum K_{ai}} \tag{8.18}$$

$$K_{ai}=\psi_3\psi_4 K_i \tag{8.19}$$

式中　α_1——相应于厂房纵向基本自振周期的水平地震影响系数;

　　$\sum K_{ai}$——i 柱列柱顶的总侧移刚度,应该包括 i 柱列内柱子和上、下柱间支撑的侧移刚度及纵墙的折算侧移刚度的总和;

　　K_{ai}——i 柱列柱顶的调整侧移刚度;

　　K_i——考虑砌体围护墙刚度折减的柱列柱顶的总侧移刚度;

　　ψ_3——柱列侧移刚度的围护墙影响系数,可以按照表 8.3 采用,有纵向砖围护墙的四跨或五跨厂房,由边柱列数起的第三柱列,可以按照表内相应数值的 1.15 采用;

　　ψ_4——柱列侧移刚度的柱间支撑影响系数,纵向为砖围护墙时,边柱列可以采用 1.0,中柱可以按照表 8.4 采用。

表 8.3　　　　　　　　　　　　围护墙影响系数 ψ_3

围护墙类别和烈度		柱列和屋盖类别				
		边柱列	中柱列			
			无檩屋盖		有檩屋盖	
240 砖墙	370 砖墙		边跨无天窗	边跨有天窗	边跨无天窗	边跨有天窗
	7 度	0.85	1.7	1.8	1.8	1.9
7 度	8 度	0.85	1.5	1.6	1.6	1.7
8 度	9 度	0.85	1.3	1.4	1.4	1.5
9 度		0.85	1.2	1.3	1.3	1.4
无墙、石棉瓦或挂板		0.90	1.1	1.1	1.2	1.2

表 8.4　　　　　　纵向采用砖围护墙的中柱列柱间支撑影响系数 ψ_4

厂房单元内设置下柱支撑的柱间数	中柱列下柱支撑斜杆的长细比					中柱列无支撑
	≤40	40~80	81~120	121~150	>50	
一柱间	0.90	0.95	1.00	1.10	1.25	1.40
二柱间	—	—	0.90	0.95	1.00	

b. 柱列各吊车梁顶标高处的地震作用。对于有桥式吊车的厂房,集中到第 i 柱列的吊车梁顶标高处的等效重力荷载代表值 G_{ci} 为

$$G_{ci}=0.4G_{柱}+1.0G_{吊车梁}+1.0G_{吊车桥} \tag{8.20}$$

式中　G_{ci}——集中于第 i 柱列吊车梁顶标高处的等效重力荷载代表值，应该包括吊车梁与
　　　　　　悬吊物的重力荷载代表值和 40% 柱子自重；

　　　$G_{\text{吊车梁}}$——集中于第 i 柱列的吊车桥重力荷载代表值。

作用于第 i 柱列吊车梁顶标高处的地震作用标准值，可以按照下式确定

$$F_{ci} = \alpha_1 G_{ci} \frac{H_{ci}}{H_i} \tag{8.21}$$

式中　F_{ci}——第 i 柱列吊车梁顶标高处的纵向地震作用标准值；

　　　H_{ci}——第 i 柱列吊车梁顶高度；

　　　H_i——第 i 柱列高度。

4）构件地震作用。

a. 无吊车厂房。在纵向地震作用下各构件顶部的位移应该相等，所以柱列地震作用应该按照各构件的侧移刚度分配至柱列中的各构件。

一根柱分配的纵向地震作用标准值

$$F_{ci} = \frac{K_c}{K_i} F_i \tag{8.22}$$

一片支撑分配到的纵向地震作用标准值

$$F_{bi} = \frac{K_b}{K_i} F_i \tag{8.23}$$

一片墙分配到的纵向地震作用标准值

$$F_{wi} = \frac{K_w}{K_i} F_i \tag{8.24}$$

式中　K_i——考虑砖墙开裂后柱列的侧移刚度，即

$$K_i = \sum K_c + \sum K_b + \psi_k \sum K_w \tag{8.25}$$

式中　ψ_k——贴砌的砖围护墙侧移刚度折减系数，设防烈度为 7、8、9 度时分别取 0.6、0.4、0.2。

b. 有吊车厂房（柱列有两个地震力时）。柱列在柱顶和吊车梁顶标高处都有地震作用，在 F_i 和 F_{ci} 作用点处柱列侧移为

$$\begin{pmatrix} u_{i1} \\ u_{i2} \end{pmatrix} = \begin{bmatrix} \delta_{11} & \delta_{12} \\ \delta_{21} & \delta_{22} \end{bmatrix} \begin{pmatrix} F_i \\ F_{ci} \end{pmatrix} \tag{8.26}$$

由上式可求出柱列在柱顶的侧移和吊车梁顶标高处侧移。

根据同一柱列的柱子、支撑和砖墙在柱顶标高处及吊车梁顶标高处位移协调的原则，第 i 柱列，柱子所分担的纵向地震作用为

$$\begin{aligned} F_{c1} &= K_{c11} u_{i1} + K_{c12} u_{i2} \\ F_{c2} &= K_{c21} u_{i1} + K_{c22} u_{i2} \end{aligned} \tag{8.27}$$

第 i 柱列，柱间支撑所分担的纵向地震作用为

$$\begin{aligned} F_{b1} &= K_{b11} u_{i1} + K_{b12} u_{i2} \\ F_{b2} &= K_{b21} u_{i1} + K_{b22} u_{i2} \end{aligned} \tag{8.28}$$

第 i 柱列，砖墙所分担的纵向地震作用为

$$\begin{aligned} F_{w1} &= K_{w11} u_{i1} + K_{w12} u_{i2} \\ F_{w2} &= K_{w21} u_{i1} + K_{w22} u_{i2} \end{aligned} \tag{8.29}$$

式中 K_{c11}、K_{c12}、K_{c21}、K_{c22}、K_{b11}、K_{b12}、K_{b21}、K_{b22}、K_{w11}、K_{w12}、K_{w21}、K_{w22}——分别为第 i 柱列中柱子、支撑、砖墙的侧移刚度。

5）突出屋面天窗架的纵向抗震计算。震害调查表明，无抗震设防的一般钢筋混凝土天窗架，其横向受损不明显，而纵向破坏却相当普遍。破坏的特点是多跨厂房震害比单跨厂房严重；多跨厂房边跨支撑破坏程度比中间跨严重。这是由于多跨厂房中天窗架竖向支撑参与了屋盖纵向水平地震作用的传递工作，导致靠近纵墙的天窗支撑受力增大，而且随着跨数的增加而增大。

天窗架的纵向抗震计算，可以采用空间结构分析法，并且计及屋盖平面弹性变形和纵墙的有效刚度。对于柱高不超过 15m 的单跨和等高多跨混凝土无檩屋盖厂房的天窗架纵向地震作用计算，可以采用底部剪力法，但天窗架的地震作用效应应该乘以增大系数 η，其值可以按照下列规定：

单跨、边跨屋盖或者有纵向内隔墙壁的中跨屋盖

$$\eta = 1 + 0.5n \tag{8.30}$$

其他中跨屋盖

$$\eta = 0.5n \tag{8.31}$$

式中 n——厂房跨数，超过 4 跨时取 4。

用底部剪力法计算天窗架纵向地震作用时，可以近似按照下式计算

$$F = \alpha_1 G \frac{H_1}{H_2} \tag{8.32}$$

式中 G——集中于某跨天窗屋盖标高处的等效重力荷载代表值；

H_1、H_2——天窗屋盖和厂房屋盖的高度；

α_1——相应于基本自振周期的水平地震影响系数。

8.2.3 单层钢筋混凝土柱厂房的抗震构造措施

单层钢筋混凝土柱厂房为预制装配式结构，结构的整体性与现浇混凝土结构相比较差。加强结构整体性是其采用抗震构造措施的主要目的。为此要满足如下要求：①重视连接节点的设计和施工，使预埋件的锚固承载力、节点的承载力大于连接构件的承载力，防止节点先于构件破坏，并且节点构造应具有比较强的变形能力和耗能能力，以防止发生脆性破坏；②提高构件薄弱部位的强度和延性，防止构件局部破坏导致厂房的严重破坏或者倒塌；③完善支撑体系，保证结构的稳定性。

（1）屋盖系统。加强屋盖系统的整体性不仅关系到屋盖本身空间整体刚度的抗震能力，也关系到能否把屋盖产生的地震作用均匀地传达到柱子及柱间支撑上，是发挥山墙空间作用的基本条件。

1）有檩屋盖构件的连接及支撑布置。对于有檩屋盖，要保证檩条与混凝土屋架（屋面梁）焊牢，并应该有足够的支承长度；双脊檩应在跨度 1/3 处相互拉结。此外，压型钢板应该与檩条可靠连接，瓦楞铁、石棉瓦等应该与檩条拉结。支撑布置宜符合表 8.5 的要求。

2）无檩屋盖构件的连接及支撑布置。无檩屋盖的大型屋面板与屋架（屋面梁）的连接，有檩屋盖的檩条与屋架（屋面数值）的连接，是形成屋盖整体性的第一道防线，必须在设计和施工时保证连接的牢固性。

对于无檩屋盖，应该符合下列要求：

a. 大型屋面板与屋架（屋面梁）焊牢，靠柱列的屋面板与屋架（屋面梁）的连接焊缝长度不宜小于 80mm；

表 8.5　　　　　　　　　　　有檩屋盖的支撑布置

支撑名称		烈度		
		6、7 度	8 度	9 度
屋架支撑	上弦横向支撑	单元端开间各设一道	单元端开间及单元长度大于 66m 的柱间支撑开间各设一道；天窗开洞范围的两端各增设局部的支撑一道	单元端开间及单元长度大于 42m 的柱间支撑开间各设一道；天窗开洞范围的两端各增设局部的上弦横向支撑一道
	下弦横向支撑	同非抗震设计		
	跨中竖向支撑			
	端部竖向支撑	屋架端部高度大于 900mm 时，单元端开间及柱间支撑开间各设一道		
天窗架支撑	上弦横向支撑	单元天窗端开间各设一道	单元天窗端开间及每隔 30m 各设一道	单元天窗端开间及每隔 18m 各两设一道
	两侧竖向支撑	单元天窗端开间及每隔 36m 各设一道		

b. 设防烈度为 6 度和 7 度时有天窗厂房单元的端开间，或者设防烈度为 8 度和 9 度时各开间，宜将垂直屋架方向两侧相邻的大型屋面板的顶面彼此焊牢；

c. 设防烈度为 8 度和 9 度时，大型屋面板端头底面的预埋件宜采用角钢并与主筋焊牢；

d. 非标准屋面板宜采作装配整体式接头，或者将板四角切掉后与屋架（屋面梁）焊牢；

e. 屋架（屋面梁）端部顶面预埋件的锚筋，设防烈度为 8 度时不宜少于 $4\phi10$，设防烈度为 9 度时，不宜少于 $4\phi12$；

f. 支撑的布置宜符合表 8.6 的要求，有中间井式天窗时宜符合表 8.7 的要求；设防烈度为 8 度和 9 度跨度不大于 15m 的厂房屋面梁屋盖，可以仅在厂房单元两端各设竖向支撑一道。

3）屋盖支撑系统的设置。屋盖支撑系统是形成屋盖整体性的第二道防线，尤其是当屋面板与屋架的焊接不牢时，厂房屋盖的纵向抗震安全性更需要依靠屋盖支撑的合理布置。《建筑结构抗震设计》（GB 50011—2010）规定对屋盖支撑的要求：

a. 天窗开洞范围内，在屋架脊点处应设置上弦通长水平压杆，设防烈度为 8 度Ⅲ、Ⅳ类场地和设防烈度为 9 度时，梯形屋架端部上节点应沿厂房纵向设置通长水平压杆。

b. 屋架跨中竖向支撑在跨度方向的间距，设防烈度为 6～8 度时不大于 15m，9 度时不大于 12m；当仅在跨中设一道时，应设在跨中屋架脊处。当设两道时，应该在跨度方向均匀布置。

c. 屋架上、下弦通长水平系杆与竖向支撑宜配合设置。

d. 柱距不小于 12m 且屋架间距为 6m 的厂房，托架（梁）区段及其相邻开间应该设下弦纵向水平支撑。

e. 屋盖支撑杆件宜用型钢。

4）混凝土屋架的截面和配筋，应该符合下列规定：

a. 屋架上弦第一节间和梯形屋架端竖杆的配筋，设防烈度为 6 度和 7 度时，不宜少于

$4\phi12$，设防烈度为 8 度和 9 度时不宜少于 $4\phi14$。

　　b. 梯形屋架的端竖杆截面宽度宜与上弦宽度相同。

表 8.6　　　　　　　　　　　　　　　　无檩屋盖的支撑布置

支撑名称		烈度		
		6、7 度	8 度	9 度
屋架支撑	上弦横向支撑	屋架跨度小于 18m 时同非抗震设计，跨度不小于 18m 时在厂房单元端开间各设一道	单元端开间及柱间支撑开间各设一道，天窗开洞范围的两端各增设局部的支撑一道	
	上弦通长水平系杆	同非抗震设计	沿屋架跨度不大于 15m 设一道，但装配整体式屋面可仅在天窗开洞范围内设置； 当围护墙在屋架上弦度有现浇圈梁时，其端部处可不另设	沿屋架跨度不大于 12m 设一道，但装配整体式屋面可仅在天窗开洞范围内设置； 当围护墙在屋架上弦高度有现浇圈梁时，其端部处可不另设
	下弦横向支撑		同非抗震设计	同上弦横向支撑
	跨中竖向支撑		单元端开间及柱间支撑开间各设一道	单元端开间及每隔 48m 各设一道
	两端竖向支撑　屋架端部高度 ≤900mm		单元端开间及柱间支撑开间各设一道	单元端开间、柱间支撑开间及每隔 30m 各设一道
	两端竖向支撑　屋架端部高度 ＞900mm	单元端开间各设一道	单元端开间及柱间支撑开间各设一道	单元端开间、柱间支撑开间及每隔 30m 各设一道
天窗架支撑	天窗两侧竖向支撑	厂房单元天窗端开间及每隔 30m 各设一道	厂房单元天窗端开间及每隔 24m 各设一道	厂房单元天窗端开间及每隔 18m 各设一道
	上弦横向支撑	同非抗震设计	天窗跨度 ≥9m 时，厂房单元天窗端开间及柱间支撑开间各一道	单元天窗端开间及柱间支撑开间各设一道

表 8.7　　　　　　　　　　　　　　中间井式天窗无檩屋盖支撑布置

支撑名称		6、7 度	8 度	9 度
上弦横向支撑 下弦横向支撑		厂房单元端开间各设一道	厂房单元端开间及柱间支撑开间各设一道	
上弦通长水平系杆		天窗范围内屋架跨中上弦节点处设置		
下弦通长水平系杆		天窗两侧及天窗范围内屋架下弦节点处设置		
跨中竖向支撑		有上弦横向支撑开间，位置与下弦通长系杆对应		
两端竖向支撑	屋架端部高度 ≤900mm	同非抗震设计		有上弦横向支撑开间，且间距不大于 48m
	屋架端部高度 ＞900mm	厂房单元端开间各设一道	有上弦横向支撑开间，且间距不大于 48m	有上弦横向支撑开间，且间距不大于 30m

c. 拱形和折线形屋架上弦端部支撑屋面板的小立柱截面不宜小于 200mm×200mm，高度不宜大于 500mm，主筋宜采用Ⅱ级，设防烈度为 6 度和 7 度时，不宜少于 4ϕ12，设防烈度为 8 度和 9 度时不宜少于 4ϕ14。箍筋可采用 ϕ6，间距宜为 100mm。

5）天窗侧板与天窗立柱的连接。突出屋面的混凝土天窗架，其两侧墙板与天窗立柱的连接，过去多采用焊接的刚性连接方式，由于缺乏延性，造成应力集中，往往加重震害，宜采用螺栓连接。

（2）柱与柱间支撑。柱是承受单层厂房竖向荷载和水平纵、横向荷载的最重要构件，柱间支撑是传递纵向水平荷载、保证厂房纵向稳定的主要构件。钢筋混凝土柱要避免脆性的剪切破坏和压裂破坏，柱间支撑要防止压屈失稳。

为保证结构的稳定性和整体性，设防烈度为 8 度时跨度不小于 18m 的多跨厂房中柱和设防烈度为 9 度时多跨厂房各柱，柱顶宜设置通长水平压杆，此压杆可以与梯形屋架支座处通长水平系杆合并设置，钢筋混凝土系杆端头与屋架间的空隙应采用混凝土填实。

1）厂房柱。单层厂房钢筋混凝土柱的薄弱部位有柱头、上柱根部和吊车梁顶标高处、牛腿、柱根部柱间支撑连接处以及柱变位受约束处。这些部位在地震中容易发生剪切破坏，出现斜裂缝或者水平裂缝。对柱子的薄弱部位要进行箍筋加密，具体的箍筋加密范围有：

a. 柱头，取柱顶以下 500mm 并不小于柱截面长边尺寸；

b. 上柱，取阶形柱自牛腿面至起重机梁顶面以上 300mm 高度范围内；

c. 牛腿（柱肩），取全高；

d. 柱根，取下柱柱底至室内地坪以上 500mm；

e. 柱间支撑与柱连接节点和柱变位受平台等约束的部位，取节点上、下各 300mm。

加密区箍筋间距不应大于 100mm，箍筋肢距和最小直径应符合表 8.8 的规定。

表 8.8 柱加密区箍筋最大肢距和最小箍筋直径

烈度和场地类别		6 度和 7 度 Ⅰ、Ⅱ类场地	7 度Ⅲ、Ⅳ类场地和 8 度Ⅰ、Ⅱ类场地	8 度Ⅲ、Ⅳ类 场地和 9 度
箍筋最大肢距（mm）		300	250	200
箍筋最小直径	一般柱头和柱根	ϕ6	ϕ8	ϕ8（ϕ10）
	角柱柱头	ϕ8	ϕ10	ϕ10
	上柱牛腿和有支撑的柱根	ϕ8	ϕ8	ϕ10
	有支撑的柱头和柱变位受约束部位	ϕ8	ϕ10	ϕ12

注 括号内数值用于柱根。

2）山墙抗风柱的配筋要求。对抗风柱除了提出验算要求外，还提出纵筋和箍筋的构造规定：

a. 抗风柱柱顶以下 300mm 和牛腿（柱肩）面以上 300mm 范围内的箍筋，直径不宜小于 6mm，间距不应大于 100mm，肢距不大于 250mm；

b. 抗风柱的变截面牛腿（柱肩）处宜设纵向受拉钢筋。

3）大柱网厂房柱的截面和构造要求。大柱网厂房的震害特征是：

a. 柱根出现对角破坏，混凝土破碎剥落，纵筋压曲，说明主要是纵、横两个方向或者斜向地震作用的影响，柱根的强度和延性不足。

b. 中柱的破坏率和破坏程度不大于边柱，说明与柱的轴压比有关。为此，大柱网厂房柱应符合下列要求：

(a) 柱截面宜采用正方形或者接近正方形的矩形，边长不宜小于柱全高的 $1/18 \sim 1/16$。

(b) 重屋盖厂房地震组合的柱轴压比，设防烈度为 6、7 度时不宜大于 0.8，设防烈度为 8 度时不宜大于 0.7，设防烈度为 9 度时不应大于 0.6；

(c) 纵向钢筋宜沿柱截面周边对称配置，间距不宜大于 200mm，角部宜配置直径较大的钢筋；

(d) 柱头和柱根的箍筋应加密，加密范围为柱根取基础顶面至室内地坪以上 1m，且不小于柱全高的 $1/6$，柱头取柱顶以下 500mm，且不小于柱截面长边尺寸；箍筋直径、间距和肢距应符合表 8.8 的要求。

4) 柱间支撑的设置和构造。

a. 一般情况下，应在厂房单元中部设置上、下柱间支撑，且下柱支撑应与上柱支撑配套设置；有起重机或设防烈度为 8、9 度时，宜在厂房单元两端增设上柱支撑；厂房单元较长或者设防烈度为 8 度 III、IV 类场地和设防烈度为 9 度时，可以在厂房单元中部 1/3 区段内设置两道柱间支撑（不宜设在厂房两端，避免温度应力过大）。

b. 柱间支撑应采用型钢，支撑形式宜采用交叉式，其斜杆与水平面的交角不宜大于 55°。

c. 下柱支撑的下节点位置和构造措施，应该保证将地震作用直接传给基础；当设防烈度为 6 度和 7 度不能直接传给基础时，应该计及支撑对柱和基础的不利影响采取加强措施。

d. 为防止型钢支撑压曲失稳，支撑杆件的长细比，不宜超过表 8.9 的规定。

e. 交叉支撑在交叉点处应该设节点板，其厚度不应小于 10mm，斜杆与交叉节点板应该焊接，与端节点板宜焊接。

表 8.9　　　　　　　　　　　交叉支撑斜杆的最大长细比

位置	烈度			
	6 度和 7 度 I、II 类场地	7 度 III、IV 场地和 8 度 I、II 场地	8 度 III、IV 场地和 9 度 I、II 场地	9 度 III、IV 场地
上柱支撑	250	250	200	150
下柱支撑	200	150	120	120

(3) 厂房结构构件连接节点。厂房结构构件连接节点承受着各种荷载共同作用引起的弯、剪、扭、压等复合应力作用，受力复杂，比较容易产生震害并直接影响结构的整体性和稳定性，因此，要保证节点的延性和锚固件的强度。

1) 屋架（屋面梁）与柱顶的连接。屋架与柱的连接有焊接、螺栓连接和钢板铰连接三种形式，如图 8.11 所示。焊接的构造最简单，但这种连接构造接近刚性，变形能力差；螺栓连接则具有较大的变形能力和耗能能力；钢板铰也可用螺栓连接，其转动耗能作用最佳，规范规定：设防烈度为 8 度时宜采用螺栓连接，设防烈度为 9 度时宜用钢板铰连接，也可以采用螺栓连接，屋架（屋面梁）端部支承垫板的厚度不宜小于 16mm。设防烈度为 8 度时不宜少于 $4\phi14$，设防烈度为 9 度时不宜少于 $4\phi16$；有柱间支撑的柱子，柱顶预埋件还应增加抗剪钢板。

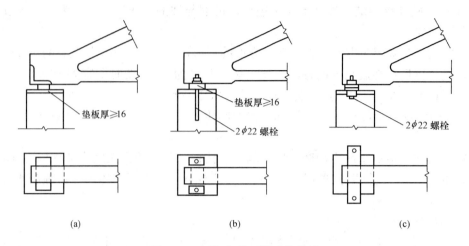

图 8.11　屋架与柱顶的连接构造

（a）焊接连接；（b）螺栓连接；（c）钢板铰连接

2）抗风柱柱顶与屋架连接。抗风柱的柱顶与屋架上弦的连接节点，要具有传递纵向水平地震力的承载力和延性。山墙抗风柱柱顶应设置预埋板，使柱顶与端屋架的上弦（屋面梁上翼缘）可靠连接，不仅保证抗风柱的强度和稳定，同时也保证山墙产生的纵向地震作用的可靠传递，但连接部位必须位于上弦横向支撑与屋架的连接点处，否则将使屋架上弦产生附加的节间平面外弯矩。若屋架上弦连接点不符合抗风柱布置间距要求，可以在支撑中增设次腹杆或者设置型钢横梁，将水平地震作用传至节点部位。

3）柱间支撑与柱连接节点。柱间支撑与柱连接节点预埋件的锚件，设防烈度为 8 度Ⅲ、Ⅳ类场地和设防烈度为 9 度时，宜采用角钢加端板，其他情况可以采用不低于 HRB335 级热轧钢筋，但锚固长度不应小于 30 倍锚筋直径或者增设端板。

4）支承低跨屋盖的中柱牛腿与屋架的连接。支承低跨屋盖的中柱牛腿（柱肩）预埋件，应与牛腿（柱肩）中按照计算承受水平拉力部分的纵向钢筋焊接，且焊接钢筋在设防烈度为 6 度和 7 度时不应少于 $2\phi12$，设防烈度为 8 度时不应少于 $2\phi14$，设防烈度为 9 度不应少于 $2\phi16$。

5）其他。厂房中的吊车走道板、端屋架与山墙间的填充小屋面板、天沟板、天窗端壁板和天窗侧板下的填充砌体等构件应该与支承结构有可靠的连接。

8.3　单层钢结构厂房抗震设计

8.3.1　单层钢结构厂房抗震的一般规定

单层钢结构厂房的横向抗侧力体系，可以采用屋盖横梁与柱顶刚接框架或者铰接的框架、门式刚架或者其他结构体系。厂房的纵向抗侧力体系设防烈度为 8、9 度时应该采用柱间支撑，设防烈度为 6、7 度时宜采用柱间支撑，也可以采用刚性框架。

钢骨架的最大应力区在地震时可能产生塑性铰，导致构件失去整体和局部稳定，故构件在可能产生塑性铰的最大应力区内，应该避免焊接接头；对于厚度较大无法采用螺栓连接的构件可以采用对接焊缝等强拼接。

屋盖横梁与柱顶铰接时，宜采用螺栓连接。刚接框架的屋架上弦与柱相连的连接板，当出现塑性铰时，会引起过大变形，导致房屋出现功能障碍，因此，不应出现塑性变形。当横梁为实腹梁时，为保证节点连接具有足够的承载能力，保证节点和连接在构件全截面屈服时不发生破坏，梁与柱的连接以及梁与梁拼接的受弯、受剪极限承载力，应该能分别承受梁全截面屈服时受弯、受剪承载力的 1.2 倍。

柱间支撑杆件应采用整根材料，超过材料最大长度规格时可以采用对接焊缝等强拼接；柱间支撑与构件的连接，不应该小于支撑杆件塑性承载力的 1.2 倍。

单层钢结构厂房平面布置及其他要求可以参照本章 8.2 节的有关要求。

8.3.2 单层钢结构厂房的抗震计算

(1) 计算模型与地震作用计算。单层钢结构厂房横向、纵向抗震计算时，应该根据屋盖高差和吊车设置情况，分别采用单质点、双质点或者多质点模型计算地震作用，计算方法可以采用本章 8.2 节介绍的方法。

(2) 墙的自重和刚度在计算中的取值。在进行厂房地震作用计算时，根据围护墙的类型和墙与柱的连接方式来决定其质量与刚度取值，可以使计算较为合理，《建筑结构抗震设计》(GB 50011—2010) 规定：

1) 轻质墙板或者与柱柔性连接的预制钢筋混凝土墙板，应该计入墙体的全部自重，但不应该计入刚度。

2) 与柱贴砌且与柱拉结的砌体围护墙应该计入全部自重，在平行与墙体方向计算时可以计入等效刚度，其等效系数可以采用 0.4。

3) 厂房横向、纵向抗震计算。厂房横向抗震计算一般情况下，宜计入屋盖变形进行空间分析；采用轻型屋盖时，可以按照平面排架式框架计算。

厂房纵向抗震计算，可以采用下列方法：

a. 用轻质墙板或者与柱柔性连接的大型墙板厂房，可以按照单质点计算，各柱列的地震作用应该按照以下原则分配：

(a) 钢筋混凝土无檩屋盖可以按照柱列刚度比例分配；

(b) 轻型屋盖可以按照柱列承受的重力荷载代表值的比例分配；

(c) 钢筋混凝土有檩屋盖可以取上述两种分配结果的平均值。

b. 采用与柱贴砌的烧结普通黏土砖围护墙厂房，可以参照单层钢筋混凝土柱厂房纵向抗震计算的规定。

4) 支撑与连接节点的抗震计算。屋盖竖向支撑桁架的腹杆应该能承受和传递屋盖的水平地震作用，其连接的承载力应该大于腹杆的内力，并满足构造要求。

柱间交叉支撑的地震作用及验算可以按照拉杆计算，并计及相交受压杆的影响。交叉支撑端部的连接，对单角钢支撑应计入强度折减，设防烈度为 8、9 度时不得采用单面偏心连接；交叉支撑有一杆中断时，交叉节点板应予以加强，其承载力不小于 1.1 倍杆件承载力。

8.3.3 单层钢结构厂房的抗震构造措施

(1) 屋盖的构造措施。单层钢结构厂房屋盖的抗震构造措施与钢筋混凝土柱厂房的基本相同。

(2) 柱、梁的构造措施。为了防止地震时柱子失稳，柱的长细比不应该大于 $\sqrt{235/f_c}$。为了控制柱、梁截面不发生局部失稳，单层框架柱、梁截面板的宽厚比限值，除了应该符合《钢结构设计规范》（GB 50017—2003）对钢结构弹性阶段设计的有关规定外，还应该符合表 8.10 的规定。

表 8.10　单层钢结构厂房板件宽厚比限值

构件	板件名称	7 度	8 度	9 度
柱	工字形截面翼缘外伸部分	13	11	10
	箱形截面两腹板间翼缘	38	36	36
	箱形截面（$N_c/Af<0.25$）	70	65	60
	（$N_c/Af\geqslant0.25$）	58	52	48
	圆管外径与壁厚比	60	55	50
梁	工字形截面翼缘外伸部分	11	10	9
	箱形截面两腹板间翼缘	36	32	30
	箱形截面腹板（$N_b/Af<0.37$）	$85\sim120\rho$	$80\sim110\rho$	$72\sim100\rho$
	腹板（$N_b/Af\geqslant0.37$）	40	39	35

注　1. 表列数值适用于 Q235 钢，当材料为其他钢号时，应该乘以 $\sqrt{235/f_{ay}}$。

2. N_c、N_b 分别为柱、梁轴向力；A 为相应构件截面面积；f 为钢材抗拉强度设计值。

3. $\rho=N_b/Af$。

柱脚应采取适当措施保证能传递柱身屈服时的承载力，一般宜采用插入式或者埋入式柱脚。设防烈度为 6、7 度时可以采用外露式刚性柱脚，但柱脚螺栓的组合弯矩设计值应该乘以增大系数 1.2。对高烈度区宜采用埋入式柱脚。

实腹式钢柱采用插入式柱脚的埋入深度，不得小于钢柱截面高度的 2 倍，同时应满足下式要求

$$d\geqslant\sqrt{6M/b_f f_c} \tag{8.33}$$

式中　d——柱脚埋深；

M——柱脚全截面屈服时的极限弯矩；

b_f——柱在受弯方向截面的翼缘宽度；

f_c——基础混凝土轴心受压强度设计值。

（3）柱间 X 形支撑的构造措施。有吊车时，厂房单元的各纵向柱列，应该在厂房单元中部设置上下柱间支撑，并且应该在厂房单元两端增设上柱支撑；设防烈度为 7 度时结构单元长度大于 120m（采用轻型围护材料时为 150m），设防烈度为 8、9 度时结构单元长度大于 90m（采用轻型围护材料时为 120m），宜在单元中部 1/3 区段内设置上下两道柱间支撑。无吊车厂房纵向构件截面比较小，柱间支撑不一定要设在中部。当柱距数不超过 5 个且厂房长度小于 60m 时，也可在厂房单元的两端布置下柱支撑。上柱柱间支撑应该布置在厂房单元两端和具有下柱支撑的柱间。

柱间 X 形支撑的长细比、支撑斜杆与水平面的夹角、支撑杆交叉点的节点板厚度，应该符合《钢结构设计规范》（GB 50017—2003）的有关规定。

习　题

8.1　单层工业厂房主要震害现象是什么？

8.2　为什么说单层厂房承重结构是平面框架？而单层厂房结构又被看作是空间结构？

8.3　在单层厂房抗震设计中，如何体现"小震不只、中震可修、大震不倒"？

8.4　如何理解在单层厂房抗震设计中，确保必需的抗震构造措施比进行抗震验算还重要？

8.5　如何进行单层厂房的横向抗震计算？

8.6　确定防震缝宽度的依据是什么？防震缝两侧应采取哪些措施？

8.7　试分析支撑系统在抗震设计中的重要作用。

8.8　为什么在计算柱列刚度时要对墙体刚度进行折减？

附录1　中国地震烈度表（2008）

地震烈度	人的感觉	房屋震害			其他震害现象	水平向地震动参数	
		类型	震害程度	平均震害指数		峰值加速度（m/s²）	峰值速度（m/s）
1	无感觉	—	—	—	—	—	—
2	室内个别静止中的人有感觉	—	—	—	—	—	—
3	室内少数静止中的人有感觉	—	门、窗轻微作响	—	悬挂物微动	—	—
4	室内多数人、室外少数人有感觉，少数人梦中惊醒	—	门、窗作响	—	悬挂物明显摆动，器皿作响	—	—
5	室内绝大多数、室外多数人有感觉，多数人梦中惊醒	—	门窗、屋顶、屋架颤动作响，灰土掉落，个别房屋墙体抹灰出现细微裂缝，个别屋顶烟囱掉砖		悬挂物大幅度晃动，不稳定器物摇动或翻倒	0.31（0.22～0.44）	0.03（0.02～0.04）
6	多数人站立不稳，少数人惊逃户外	A	少数中等破坏，多数轻微破坏和/或基本完好	0.00～0.11	家具和物品移动；河岸和松软土出现裂缝，饱和砂层出现喷水冒砂，个别独立砖烟囱轻度裂缝	0.63（0.45～0.89）	0.06（0.05～0.09）
6		B	个别中等破坏，少数轻微破坏，多数基本完好				
6		C	个别轻微破坏，大多数基本完好	0.00～0.08			
7	大多数人惊逃户外，骑自行车的人有感觉，行驶中的汽车驾乘人员有感觉	A	少数毁坏和/或严重破坏，多数中等破坏和/或轻微破坏	0.09～0.31	物体从架子上掉落；河岸出现塌方，饱和砂层常见喷水冒砂，松软土地上地裂缝较多；大多数独立砖烟囱中等破坏	1.25（0.90～1.77）	0.13（0.10～0.18）
7		B	少数中等破坏，多数轻微破坏和/或基本完好				
7		C	少数中等和/或轻微破坏，多数基本完好	0.07～0.22			
8	多数人摇晃颠簸，行走困难	A	少数毁坏，多数严重和/或中等破坏	0.29～0.51	干硬土上也出现裂缝，饱和砂层绝大多数喷水冒砂，大多数独立砖烟囱严重破坏	2.50（1.78～3.53）	0.25（0.19～0.35）
8		B	个别毁坏，少数严重破坏，多数中等和/或轻微破坏				
8		C	少数严重和/或中等破坏，多数轻微破坏	0.20～0.40			

续表

地震烈度	人的感觉	房屋震害			其他震害现象	水平向地震动参数	
		类型	震害程度	平均震害指数		峰值加速度 (m/s²)	峰值速度 (m/s)
9	行动的人摔倒	A	多数严重破坏或/和毁坏	0.49～0.71	干硬土上多处出现裂缝,可见基岩裂缝、错动,滑坡、塌方常见;独立砖烟囱多数倒塌	5 00 (3.54～7.07)	0.50 (0.36～0.71)
		B	少数毁坏,多数严重和/或中等破坏				
		C	少数毁坏和/或严重破坏,多数中等和/或轻微破坏	0.38～0.60			
10	骑自行车的人会摔倒,处于不稳状态的人会摔离原地,有抛起感	A	绝大多数毁坏	0.69～0.91	山崩和地震断裂出现,基岩上拱桥破坏;大多数独立砖烟囱从根部破坏或倒毁	10.00 (7.08～14.14)	1.00 (0.72～1.41)
		B	大多数毁坏				
		C	多数毁坏和/或严重破坏	0.58～0.80			
11	—	A	绝大多数毁坏	0.89～1.00	地震断裂延续很长,大量山崩滑坡	—	—
		B					
		C		0.78～1.00			
12	—	A	几乎全部毁坏	1.00	地面剧烈变化,山河改观	—	—
		B					
		C					

注   1. 用《建筑抗震设计规范》(GB 50011—2010)评定烈度时,1～4度以地面上人的感觉及其他震害现象为主;6～10度以房屋震害和其他震害现象综合考虑为主,人的感觉仅供参考;11～12度以地表震害现象为主。

2. 表中房屋为未经抗震设计或加固的单层或数层砖混和砖木结构房屋。相对建筑质量特别差或特别好以及地基特别差或特别好的房屋,可根据具体情况,对表中各烈度相应的震害程度和平均震害指数予以提高或降低。

3. 在农村可按自然村为单位,在城镇可按街区进行烈度的评定,面积以 1km² 左右为宜。

4. 数量词说明:"个别"为 10% 以下;"少数"为 10%～45%;"多数"为 40%～70%;"大多数"为 60%～90%;"绝大多数"为 80% 以上。

5. 评定烈度的房屋类型包括三种类型:A 类为木构架和土、石、砖墙建造的旧式房屋;B 类为未经抗震设防的单层或多层砖砌体房屋;C 类为按照 7 度抗震设防的单层或多层砖砌体房屋。

6. 表中给出的"峰值加速度"和"峰值速度"是参考值,括弧内给出的是变动范围。

附录 2　我国主要城镇抗震设防烈度、
设计基本地震加速度和设计地震分组

　　本附录仅提供我国抗震设防区各县级及县级以上城镇的中心地区建筑工程抗震设计时所采用的抗震设防烈度、设计基本地震加速度值和所属的设计地震分组。

　　注：本附录一般把"设计地震第一、二、三组"简称为"第一组、第二组、第三组"。

一、首都和直辖市

　　（1）抗震设防烈度为 8 度，设计基本地震加速度值为 0.20g：

　　第一组：北京（东城、西城、崇文、宣武、朝阳、丰台、石景山、海淀、房山、通州、顺义、大兴、平谷），延庆，天津（汉沽），宁河。

　　（2）抗震设防烈度为 7 度，设计基本地震加速度值为 0.15g：

　　第二组：北京（昌平、门头沟、怀柔），密云；天津（和平、河东、河西、南开、河北、红桥、塘沽、东丽、西青、津南、北辰、武清、宝坻），蓟县，静海。

　　（3）抗震设防烈度为 7 度，设计基本地震加速度值为 0.10g：

　　第一组：上海（黄浦、卢湾、徐汇、长宁、静安、普陀、闸北、虹口、杨浦、闵行、宝山、嘉定、浦东、松江、青浦、南汇、奉贤）；

　　第二组：天津（大港）。

　　（4）抗震设防烈度为 6 度，设计基本地震加速度值为 0.05g：

　　第一组：上海（金山），崇明；重庆（渝中、大渡口、江北、沙坪坝、九龙坡、南岸、北碚、万盛、双桥、渝北、巴南、万州、涪陵、黔江、长寿、江津、合川、永川、南川），巫山，奉节，云阳，忠县，丰都，璧山，铜梁，大足，荣昌，綦江，石柱，巫溪*。

　　注：上标*指该城镇的中心位于本设防区和较低设防区的分界线，下同。

二、河北省

　　（1）抗震设防烈度为 8 度，设计基本地震加速度值为 0.20g：

　　第一组：唐山（路北、路南、古冶、开平、丰润、丰南），三河，大厂，香河，怀来，涿鹿；

　　第二组：廊坊（广阳、安次）。

　　（2）抗震设防烈度为 7 度，设计基本地震加速度值为 0.15g：

　　第一组：邯郸（丛台、邯山、复兴、峰峰矿区），任丘，河间，大城，滦县，蔚县，磁县，宣化县，张家口（下花园、宣化区），宁晋*；

　　第二组：涿州，高碑店，涞水，固安，永清，文安，玉田，迁安，卢龙，滦南，唐海，乐亭，阳原，邯郸县，大名，临漳，成安。

　　（3）抗震设防烈度为 7 度，设计基本地震加速度值为 0.10g：

　　第一组：张家口（桥西、桥东），万全，怀安，安平，饶阳，晋州，深州，辛集，赵县，隆尧，任县，南和，新河，肃宁，柏乡；

　　第二组：石家庄（长安、桥东、桥西、新华、裕华、井陉矿区），保定（新市、北市、南市），沧州（运河、新华），邢台（桥东、桥西），衡水，霸州，雄县，易县，沧县，张北，兴隆，迁西，抚宁，昌黎，青县，献县，广宗，平乡，鸡泽，曲周，肥乡，馆陶，广平，高邑，内丘，邢台县，武安，涉县，赤城，定兴，容城，徐水，安新，高阳，博野，蠡县，深泽，魏县，藁城，栾城，武强，冀州，巨鹿，沙河，临城，泊头，永年，崇礼，南宫*；

第三组：秦皇岛（海港、北戴河），清苑，遵化，安国，涞源，承德（鹰手营子*）。

（4）抗震设防烈度为 6 度，设计基本地震加速度值为 0.05g：

第一组：围场，沽源；

第二组：正定，尚义，无极，平山，鹿泉，井泾县，元氏，南皮，吴桥，景县，东光；

第三组：承德（双桥、双滦），秦皇岛（山海关），承德县，隆化，宽城，青龙，阜平，满城，顺平，唐县，望都，曲阳，定州，行唐，赞皇，黄骅，海兴，孟村，盐山，阜城，故城，清河，新乐，武邑，枣强，威县，丰宁，滦平，平泉，临西，灵寿，邱县。

三、山西省

（1）抗震设防烈度为 8 度，设计基本地震加速度值为 0.20g：

第一组：太原（杏花岭、小店、运泽、尖草坪、万柏林、晋源），晋中，清徐，阳曲，忻州，定襄，原平，介休，灵石，汾西，代县，霍州，古县，洪洞，临汾，襄汾，浮山，永济；

第二组：祁县，平遥，太谷。

（2）抗震设防烈度为 7 度，设计基本地震加速度值为 0.15g：

第一组：大同（城区、矿区、南郊），大同县，怀仁，应县，繁峙，五台，广灵，灵丘，芮城，翼城；

第二组：朔州（朔城区），浑源，山阴，古交，交城，文水，汾阳，孝义，曲沃，侯马，新绛，稷山，绛县，河津，万荣，闻喜，临猗，夏县，运城，平陆，沁源*，宁武*。

（3）抗震设防烈度为 7 度，设计基本地震加速度值为 0.10g：

第一组：阳高，天镇；

第二组：大同（新荣），长治（城区、郊区），阳泉（城区、矿区、郊区），长治县，左云，右玉，神池，寿阳，昔阳，安泽，平定，和顺，乡宁，垣曲，黎城，潞城，壶关；

第三组：平顺，榆社，武乡，娄烦，交口，隰县，蒲县，吉县，静乐，陵川，盂县，沁水，沁县，朔州（平鲁）。

（4）抗震设防烈度为 6 度，设计基本地震加速度值为 0.05g：

第三组：偏关，河曲，保德，兴县，临县，方山，柳林，五寨，岢岚，岚县，中阳，石楼，永和，大宁，晋城，吕梁，左权，襄垣，屯留，长子，高平，阳城，泽州。

四、内蒙古自治区

（1）抗震设防烈度为 8 度，设计基本地震加速度值为 0.30g：

第一组：土默特右旗，达拉特旗*。

（2）抗震设防烈度为 8 度，设计基本地震加速度值为 0.20g：

第一组：呼和浩特（新城、回民、玉泉、赛罕），包头（昆都仑、东河、青山、九原），乌海（海勃湾、海南、乌达），土默特左旗，杭锦后旗，磴口，宁城；

第二组：包头（石拐），托克托*。

（3）抗震设防烈度为 7 度，设计基本地震加速度值为 0.15g：

第一组：赤峰（红山*，元宝山区），喀喇沁旗，巴彦卓尔（临河），五原，乌拉特前旗，凉城；

第二组：固阳，武川，和林格尔；

第三组：阿拉善左旗。

（4）抗震设防烈度为7度，设计基本地震加速度值为0.10g：

第一组：赤峰（松山区），察右前旗，开鲁，敖汉旗，扎兰屯，通辽*；

第二组：清水河，乌兰察布，卓资，丰镇，乌拉特后旗，乌拉特中旗；

第三组：鄂尔多斯，准格尔旗。

（5）抗震设防烈度为6度，设计基本地震加速度值为0.05g：

第一组：满洲里，新巴尔虎右旗，莫力达瓦旗，阿荣旗，扎赉特旗，翁牛特旗，商都，乌审旗，科左中旗，科左后旗，奈曼旗，库伦旗，苏尼特右旗；

第二组：兴和，察右后旗；

第三组：达尔罕茂明安联合旗，阿拉善右旗，鄂托克旗，鄂托克前旗，包头（白云矿区），伊金霍洛旗，杭锦旗，四子王旗，察右中旗。

五、辽宁省

（1）抗震设防烈度为8度，设计基本地震加速度值为0.20g：

第一组：普兰店，东港。

（2）抗震设防烈度为7度，设计基本地震加速度值为0.15g：

第一组：营口（站前、西市、鲅鱼圈、老边），丹东（振兴、元宝、振安），海城，大石桥，瓦房店，盖州，大连（金州）。

（3）抗震设防烈度为7度，设计基本地震加速度值为0.10g：

第一组：沈阳（沈河、和平、大东、皇姑、铁西、苏家屯、东陵、沈北、于洪），鞍山（铁东、铁西、立山、千山），朝阳（双塔、龙城），辽阳（白塔、文圣、宏伟、弓长岭、太子河），抚顺（新抚、东洲、望花），铁岭（银州、清河），盘锦（兴隆台、双台子），盘山，朝阳县，辽阳县，铁岭县，北票，建平，开原，抚顺县*，灯塔，台安，辽中，大洼；

第二组：大连（西岗、中山、沙河口、甘井子、旅顺），岫岩，凌源。

（4）抗震设防烈度为6度，设计基本地震加速度值为0.05g：

第一组：本溪（平山、溪湖、明山、南芬），阜新（细河、海州、新邱、太平、清河门），葫芦岛（龙港、连山），昌图，西丰，法库，彰武，调兵山，阜新县，康平，新民，黑山，北宁，义县，宽甸，庄河，长海，抚顺（顺城）；

第二组：锦州（太和、古塔、凌河），凌海，凤城，喀喇沁左翼；

第三组：兴城，绥中，建昌，葫芦岛（南票）。

六、吉林省

（1）抗震设防烈度为8度，设计基本地震加速度值为0.20g：

前郭尔罗斯，松原。

（2）抗震设防烈度为7度，设计基本地震加速度值为0.15g：

大安*。

（3）抗震设防烈度为7度，设计基本地震加速度值为0.10g：

长春（南关、朝阳、宽城、二道、绿园、双阳），吉林（船营、龙潭、昌邑、丰满），白城，乾安，舒兰，九台，永吉*。

（4）抗震设防烈度为6度，设计基本地震加速度值为0.05g：

四平（铁西、铁东），辽源（龙山、西安），镇赉，洮南，延吉，汪清，图们，珲春，龙井，和龙，安图，蛟河，桦甸，梨树，磐石，东丰，辉南，梅河口，东辽，榆树，靖宇，抚松，长岭，德惠，农安，伊通，公主岭，扶余，通榆*。

注：全省县级及县级以上设防城镇，设计地震分组均为第一组。

七、黑龙江省

（1）抗震设防烈度为 7 度，设计基本地震加速度值为 0.10g：

绥化，萝北，泰来。

（2）抗震设防烈度为 6 度，设计基本地震加速度值为 0.05g：

哈尔滨（松北、道里、南岗、道外、香坊、平房、呼兰、阿城），齐齐哈尔（建华、龙沙、铁锋、昂昂溪、富拉尔基、碾子山、梅里斯），大庆（萨尔图、龙凤、让胡路、大同、红岗），鹤岗（向阳、兴山、工农、南山、兴安、东山），牡丹江（东安、爱民、阳明、西安），鸡西（鸡冠、恒山、滴道、梨树、城子河、麻山），佳木斯（前进、向阳、东风、郊区），七台河（桃山、新兴、茄子河），伊春（伊春区、乌马、友好），鸡东，望奎，穆棱，绥芬河，东宁，宁安，五大连池，嘉荫，汤原，桦南，桦川，依兰，勃利，通河，方正，木兰，巴彦，延寿，尚志，宾县，安达，明水，绥棱，庆安，兰西，肇东，肇州，双城，五常，讷河，北安，甘南，富裕，龙江，黑河，肇源，青冈*，海林*。

注：全省县级及县级以上设防城镇，设计地震分组均为第一组。

八、江苏省

（1）抗震设防烈度为 8 度，设计基本地震加速度值为 0.30g：

第一组：宿迁（宿城、宿豫*）。

（2）抗震设防烈度为 8 度，设计基本地震加速度值为 0.20g：

第一组：新沂，邳州，睢宁。

（3）抗震设防烈度为 7 度，设计基本地震加速度值为 0.15g：

第一组：扬州（维扬、广陵、邗江），镇江（京口、润州），泗洪，江都；

第二组：东海，沭阳，大丰。

（4）抗震设防烈度为 7 度，设计基本地震加速度值为 0.10g：

第一组：南京（玄武、白下、秦淮、建邺、鼓楼、下关、浦口、六合、栖霞、雨花台、江宁），常州（新北、钟楼、天宁、戚墅堰、武进），泰州（海陵、高港），江浦，东台，海安，姜堰，如皋，扬中，仪征，兴化，高邮，六合，句容，丹阳，金坛，镇江（丹徒），溧阳，溧水，昆山，太仓；

第二组：徐州（云龙、鼓楼、九里、贾汪、泉山），铜山，沛县，淮安（清河、青浦、淮阴），盐城（亭湖、盐都），泗阳，盱眙，射阳，赣榆，如东；

第三组：连云港（新浦、连云、海州），灌云。

（5）抗震设防烈度为 6 度，设计基本地震加速度值为 0.05g：

第一组：无锡（崇安、南长、北塘、滨湖、惠山），苏州（金阊、沧浪、平江、虎丘、吴中、相成），宜兴，常熟，吴江，泰兴，高淳；

第二组：南通（崇川、港闸），海门，启东，通州，张家港，靖江，江阴，无锡（锡山），建湖，洪泽，丰县；

第三组：响水，滨海，阜宁，宝应，金湖，灌南，涟水，楚州。

九、浙江省

（1）抗震设防烈度为 7 度，设计基本地震加速度值为 0.10g：

第一组：岱山，嵊泗，舟山（定海、普陀），宁波（北仑、镇海）。

（2）抗震设防烈度为 6 度，设计基本地震加速度值为 0.05g：

第一组：杭州（拱墅、上城、下城、江干、西湖、滨江、余杭、萧山），宁波（海曙、江东、江北、鄞州），湖州（吴兴、南浔），嘉兴（南湖、秀洲），温州（鹿城、龙湾、瓯海），绍兴，绍兴县，长兴，安吉，临安，奉化，象山，德清，嘉善，平湖，海盐，桐乡，海宁，上虞，慈溪，余姚，富阳，平阳，苍南，乐清，永嘉，泰顺，景宁，云和，洞头；

第二组：庆元，瑞安。

十、安徽省

（1）抗震设防烈度为 7 度，设计基本地震加速度值为 0.15g：

第一组：五河，泗县。

（2）抗震设防烈度为 7 度，设计基本地震加速度值为 0.10g：

第一组：合肥（蜀山、庐阳、瑶海、包河），蚌埠（蚌山、龙子湖、禹会、淮山），阜阳（颍州、颍东、颍泉），淮南（田家庵、大通），枞阳，怀远，长丰，六安（金安、裕安），固镇，凤阳，明光，定远，肥东，肥西，舒城，庐江，桐城，霍山，涡阳，安庆（大观、迎江、宜秀），铜陵县*；

第二组：灵璧。

（3）抗震设防烈度为 6 度，设计基本地震加速度值为 0.05g：

第一组：铜陵（铜官山、狮子山、郊区），淮南（谢家集、八公山、潘集），芜湖（镜湖、弋江、三江、鸠江），马鞍山（花山、雨山、金家庄），芜湖县，界首，太和，临泉，阜南，利辛，凤台，寿县，颍上，霍邱，金寨，含山，和县，当涂，无为，繁昌，池州，岳西，潜山，太湖，怀宁，望江，东至，宿松，南陵，宣城，郎溪，广德，泾县，青阳，石台；

第二组：滁州（琅琊、南谯），来安，全椒，砀山，萧县，蒙城，亳州，巢湖，天长；

第三组：濉溪，淮北，宿州。

十一、福建省

（1）抗震设防烈度为 8 度，设计基本地震加速度值为 0.20g：

第二组：金门*。

（2）抗震设防烈度为 7 度，设计基本地震加速度值为 0.15g：

第一组：漳州（芗城、龙文），东山，诏安，龙海；

第二组：厦门（思明、海沧、湖里、集美、同安、翔安），晋江，石狮，长泰，漳浦；

第三组：泉州（丰泽、鲤城、洛江、泉港）。

（3）抗震设防烈度为 7 度，设计基本地震加速度值为 0.10g：

第二组：福州（鼓楼、台江、仓山、晋安），华安，南靖，平和，云霄；

第三组：莆田（城厢、涵江、荔城、秀屿）长乐，福清，平潭，惠安，南安，安溪，福州（马尾）。

（4）抗震设防烈度为 6 度，设计基本地震加速度值为 0.05g：

第一组：三明（梅列、三元），屏南，霞浦，福鼎，福安，柘荣，寿宁，周宁，松溪，宁德，古田，罗源，沙县，尤溪，闽清，闽侯，南平，大田，漳平，龙岩，泰宁，宁化，长汀，武平，建宁，将乐，明溪，清流，连城，上杭，永安，建瓯；

第二组：政和，永定；

第三组：连江，永泰，德化，永春，仙游，马祖。

十二、江西省

（1）抗震设防烈度为 7 度，设计基本地震加速度值为 0.10g：

寻乌，会昌。

（2）抗震设防烈度为 6 度，设计基本地震加速度值为 0.05g：

南昌（东湖、西湖、青云谱、湾里、青山湖），南昌县，九江（浔阳、庐山），九江县，进贤，余干，彭泽，湖口，星子，瑞昌，德安，都昌，武宁，修水，靖安，铜鼓，宜丰，宁都，石城，瑞金，安远，定南，龙南，全南，大余。

注：全省县级及县级以上设防城镇，设计地震分组均为第一组。

十三、山东省

（1）抗震设防烈度为 8 度，设计基本地震加速度值为 0.20g：

第一组：郯城，临沭，莒南，莒县，沂水，安丘，阳谷，临沂（河东）。

（2）抗震设防烈度为 7 度，设计基本地震加速度值为 0.15g：

第一组：临沂（兰山、罗庄），青州，临朐，菏泽，东明，聊城，莘县，鄄城；

第二组：潍坊（奎文、潍城、寒亭、坊子），苍山，沂南，昌邑，昌乐，诸城，五莲，长岛，蓬莱，龙口，枣庄（台儿庄），淄博（临淄*），寿光*。

（3）抗震设防烈度为 7 度，设计基本地震加速度值为 0.10g：

第一组：烟台（莱山、芝罘、牟平），威海，文登，高唐，茌平，定陶，成武；

第二组：烟台（福山），枣庄（薛城、市中、峄城、山亭*），淄博（张店、淄川、周村），平原，东阿，平阴，梁山，郓城，巨野，曹县，广饶，博兴，高青，桓台，蒙阴，费县，微山，禹城，冠县，单县*，夏津*，莱芜（莱城*、钢城）；

第三组：东营（东营、河口），日照（东港、岚山），沂源，招远，新泰，栖霞，莱州，平度，高密，垦利，淄博（博山），滨州*，平邑*。

（4）抗震设防烈度为 6 度，设计基本地震加速度值为 0.05g：

第一组：荣成；

第二组：德州，宁阳，曲阜，邹城，鱼台，乳山，兖州；

第三组：济南（市中、历下、槐荫、天桥、历城、长清），青岛（市南、市北、四方、黄岛、崂山、城阳、李沧），泰安（泰山、岱岳），济宁（市中、任城），乐陵，庆云，无棣，阳信，宁津，沾化，利津，武城，惠民，商河，临邑，济阳，齐河，章丘，泗水，莱阳，海阳，金乡，滕州，莱西，即墨，胶南，胶州，东平，汶上，嘉祥，临清，肥城，陵县，邹平。

十四、河南省

（1）抗震设防烈度为 8 度，设计基本地震加速度值为 0.20g：

第一组：新乡（卫滨、红旗、凤泉、牧野），新乡县，安阳（北关、文峰、殷都、龙安），安阳县，淇县，卫辉，辉县，原阳，延津，获嘉，范县；

第二组：鹤壁（淇滨、山城*、鹤山*），汤阴。

（2）抗震设防烈度为 7 度，设计基本地震加速度值为 0.15g：

第一组：台前，南乐，陕县，武陟；

第二组：郑州（中原、二七、管城、金水、惠济），濮阳，濮阳县，长桓，封丘，修武，内黄，浚县，滑县，清丰，灵宝，三门峡，焦作（马村*），林州*。

（3）抗震设防烈度为 7 度，设计基本地震加速度值为 0.10g：

第一组：南阳（卧龙、宛城），新密，长葛，许昌*，许昌县*；

第二组：郑州（上街），新郑，洛阳（西工、老城、瀍河、涧西、吉利、洛龙*），焦作（解放、山阳、中站），开封（鼓楼、龙亭、顺河、禹王台、金明），开封县，民权，兰考，孟州，孟津，巩义，偃师，沁阳，博爱，济源，荥阳，温县，中牟，杞县*。

（4）抗震设防烈度为 6 度，设计基本地震加速度值为 0.05g：

第一组：信阳（浉河、平桥），漯河（郾城、源汇、召陵），平顶山（新华、卫东、湛河、石龙），汝阳，禹州，宝丰，鄢陵，扶沟，太康，鹿邑，郸城，沈丘，项城，淮阳，周口，商水，上蔡，临颖，西华，西平，栾川，内乡，镇平，唐河，邓州，新野，社旗，平舆，新县，驻马店，泌阳，汝南，桐柏，淮滨，息县，正阳，遂平，光山，罗山，潢川，商城，固始，南召，叶县*，舞阳*；

第二组：商丘（梁园、睢阳），义马，新安，襄城，郏县，嵩县，宜阳，伊川，登封，柘城，尉氏，通许，虞城，夏邑，宁陵；

第三组：汝州，睢县，永城，卢氏，洛宁，渑池。

十五、湖北省

（1）抗震设防烈度为 7 度，设计基本地震加速度值为 0.10g：

竹溪，竹山，房县。

（2）抗震设防烈度为 6 度，设计基本地震加速度值为 0.05g：

武汉（江岸、江汉、硚口、汉阳、武昌、青山、洪山、东西湖、汉南、蔡甸、江夏、黄陂、新洲），荆州（沙市、荆州），荆门（东宝、掇刀），襄樊（襄城、樊城、襄阳），十堰（茅箭、张湾），宜昌（西陵、伍家岗、点军、猇亭、夷陵），黄石（下陆、黄石港、西塞山、铁山），恩施，咸宁，麻城，团风，罗田，英山，黄冈，鄂州，浠水，蕲春，黄梅，武穴，郧西，郧县，丹江口，谷城，老河口，宜城，南漳，保康，神农架，钟祥，沙洋，远安，兴山，巴东，秭归，当阳，建始，利川，公安，宣恩，咸丰，长阳，嘉鱼，大冶，宜都，枝江，松滋，江陵，石首，监利，洪湖，孝感，应城，云梦，天门，仙桃，红安，安陆，潜江，通山，赤壁，崇阳，通城，五峰*，京山*。

注：全省县级及县级以上设防城镇，设计地震分组均为第一组。

十六、湖南省

（1）抗震设防烈度为 7 度，设计基本地震加速度值为 0.15g：

常德（武陵、鼎城）。

（2）抗震设防烈度为 7 度，设计基本地震加速度值为 0.10g：

岳阳（岳阳楼、君山*），岳阳县，汨罗，湘阴，临澧，澧县，津市，桃源，安乡，汉寿。

（3）抗震设防烈度为 6 度，设计基本地震加速度值为 0.05g：

长沙（岳麓、芙蓉、天心、开福、雨花），长沙县，岳阳（云溪），益阳（赫山、资阳），张家界（永定、武陵源），郴州（北湖、苏仙），邵阳（大祥、双清、北塔），邵阳县，泸溪，沅陵，娄底，宜章，资兴，平江，宁乡，新化，冷水江，涟源，双峰，新邵，邵东，隆回，石门，慈利，华容，南县，临湘，沅江，桃江，望城，溆浦，会同，靖州，韶山，江华，宁远，道县，临武，湘乡*，安化*，中方*，洪江*。

注：全省县级及县级以上设防城镇，设计地震分组均为第一组。

十七、广东省

（1）抗震设防烈度为 8 度，设计基本地震加速度值为 0.20g：

汕头（金平、濠江、龙湖、澄海），潮安，南澳，徐闻，潮州*。

（2）抗震设防烈度为 7 度，设计基本地震加速度值为 0.15g：

揭阳，揭东，汕头（潮阳、潮南），饶平。

（3）抗震设防烈度为 7 度，设计基本地震加速度值为 0.10g：

广州（越秀、荔湾、海珠、天河、白云、黄埔、番禺、南沙、萝岗），深圳（福田、罗湖、南山、宝安、盐田），湛江（赤坎、霞山、坡头、麻章），汕尾，海丰，普宁，惠来，阳江，阳东，阳西，茂名（茂南、茂港），化州，廉江，遂溪，吴川，丰顺，中山，珠海（香洲、斗门、金湾），电白，雷州，佛山（顺德、南海、禅城*），江门（蓬江、江海、新会）*，陆丰*。

（4）抗震设防烈度为 6 度，设计基本地震加速度值为 0.05g：

韶关（浈江、武江、曲江），肇庆（端州、鼎湖），广州（花都），深圳（龙岗），河源，揭西，东源，梅州，东莞，清远，清新，南雄，仁化，始兴，乳源，英德，佛冈，龙门，龙川，平远，从化，梅县，兴宁，五华，紫金，陆河，增城，博罗，惠州（惠城、惠阳），惠东，四会，云浮，云安，高要，佛山（三水、高明），鹤山，封开，郁南，罗定，信宜，新兴，开平，恩平，台山，阳春，高州，翁源，连平，和平，蕉岭，大埔，新丰*。

注：全省县级及县级以上设防城镇，除大埔为设计地震第二组外，均为第一组。

十八、广西壮族自治区

（1）抗震设防烈度为 7 度，设计基本地震加速度值为 0.15g：

灵山，田东。

（2）抗震设防烈度为 7 度，设计基本地震加速度值为 0.10g：

玉林，兴业，横县，北流，百色，田阳，平果，隆安，浦北，博白，乐业*。

（3）抗震设防烈度为 6 度，设计基本地震加速度值为 0.05g：

南宁（青秀、兴宁、江南、西乡塘、良庆、邕宁），桂林（象山、叠彩、秀峰、七星、雁山），柳州（柳北、城中、鱼峰、柳南），梧州（长洲、万秀、蝶山），钦州（钦南、钦北），贵港（港北、港南），防城港（港口、防城），北海（海城、银海），兴安，灵川，临桂，永福，鹿寨，天峨，东兰，巴马，都安，大化，马山，融安，象州，武宣，桂平，平南，上林，宾阳，武鸣，大新，挟绥，东兴，合浦，钟山，贺州，藤县，苍梧，容县，岑溪，陆川，凤山，凌云，田林，隆林，西林，德保，靖西，那坡，天等，崇左，上思，龙州，宁明，融水，凭祥，全州。

注：全自治区县级及县级以上设防城镇，设计地震分组均为第一组。

十九、海南省

（1）抗震设防烈度为 8 度，设计基本地震加速度值为 0.30g：

海口（龙华、秀英、琼山、美兰）。

（2）抗震设防烈度为 8 度，设计基本地震加速度值为 0.20g：

文昌，定安。

（3）抗震设防烈度为 7 度，设计基本地震加速度值为 0.15g：

澄迈。

（4）抗震设防烈度为 7 度，设计基本地震加速度值为 0.10g：

临高，琼海，儋州，屯昌。

（5）抗震设防烈度为 6 度，设计基本地震加速度值为 0.05g：

三亚，万宁，昌江，白沙，保亭，陵水，东方，乐东，五指山，琼中。

注：全省县级及县级以上设防城镇，除屯昌、琼中为设计地震第二组外，均为第一组。

二十、四川省

（1）抗震设防烈度不低于 9 度，设计基本地震加速度值不小于 0.40g：

第二组：康定，西昌。

（2）抗震设防烈度为 8 度，设计基本地震加速度值为 0.30g：

第二组：冕宁*。

（3）抗震设防烈度为 8 度，设计基本地震加速度值为 0.20g：

第一组：茂县，汶川，宝兴；

第二组：松潘，平武，北川（震前），都江堰，道孚，泸定，甘孜，炉霍，喜德，普格，宁南，理塘；

第三组：九寨沟，石棉，德昌。

（4）抗震设防烈度为 7 度，设计基本地震加速度值为 0.15g：

第二组：巴塘，德格，马边，雷波，天全，芦山，丹巴，安县，青川，江油，绵竹，什邡，彭州，理县，剑阁*；

第三组：荥经，汉源，昭觉，布拖，甘洛，越西，雅江，九龙，木里，盐源，会东，新龙。

（5）抗震设防烈度为 7 度，设计基本地震加速度值为 0.10g：

第一组：自贡（自流井、大安、贡井、沿滩）；

第二组：绵阳（涪城、游仙），广元（利川、元坝、朝天），乐山（市中、沙湾），宜宾，宜宾县，峨边，沐川，屏山，得荣，雅安，中江，德阳，罗江，峨眉山，马尔康；

第三组：成都（青羊、锦江、金牛、武侯、成华、龙泽驿、青白江、新都、温江），攀枝花（东区、西区、仁和），若尔盖，色达，壤塘，石渠，白玉，盐边，米易，乡城，稻城，双流，乐山（金口河、五通桥），名山，美姑，金阳，小金，会理，黑水，金川，洪雅，夹江，邛崃，蒲江，彭山，丹棱，眉山，青神，郫县，大邑，崇州，新津，金堂，广汉。

（6）抗震设防烈度为 6 度，设计基本地震加速度值为 0.05g：

第一组：泸州（江阳、纳溪、龙马潭），内江（市中、东兴），宣汉，达州，达县，大竹，邻水，渠县，广安，华蓥，隆昌，富顺，南溪，兴文，叙永，古蔺，资中，通江，万源，巴中，阆中，仪陇，西充，南部，射洪，大英，乐至，资阳；

第二组：南江，苍溪，旺苍，盐亭，三台，简阳，泸县，江安，长宁，高县，珙县，仁寿，威远；

第三组：犍为，荣县，梓潼，筠连，井研，阿坝，红原。

二十一、贵州省

（1）抗震设防烈度为 7 度，设计基本地震加速度值为 0.10g：

第一组：望谟；

第三组：威宁。

（2）抗震设防烈度为 6 度，设计基本地震加速度值为 0.05g：

第一组：贵阳（乌当*、白云*、小河、南明、云岩、花溪），凯里，毕节，安顺，都匀，黄平，福泉，贵定，麻江，清镇，龙里，平坝，纳雍，织金，普定，六枝，镇宁，惠水，长顺，关岭，紫云，罗甸，兴仁，贞丰，安龙，金沙，印江，赤水，习水，思南*；

第二组：六盘水，水城，册亨；

第三组：赫章，普安，晴隆，兴义，盘县。

二十二、云南省

（1）抗震设防烈度不低于 9 度，设计基本地震加速度值不小于 0.40g：

第二组：寻甸，昆明（东川）；

第三组：澜沧。

（2）抗震设防烈度为 8 度，设计基本地震加速度值为 0.30g：

第二组：剑川，嵩明，宜良，丽江，玉龙，鹤庆，永胜，潞西，龙陵，石屏，建水；

第三组：耿马，双江，沧源，勐海，西盟，孟连。

（3）抗震设防烈度为 8 度，设计基本地震加速度值为 0.20g：

第二组：石林，玉溪，大理，巧家，江川，华宁，峨山，通海，洱源，宾川，弥渡，祥云，会泽，南涧；

第三组：昆明（盘龙、五华、官渡、西山），普洱（原思茅市），保山，马龙，呈贡，澄江，晋宁，易门，漾濞，巍山，云县，腾冲，施甸，瑞丽，梁河，安宁，景洪，永德，镇康，临沧，凤庆*，陇川*。

（4）抗震设防烈度为 7 度，设计基本地震加速度值为 0.15g；

第二组：香格里拉，泸水，大关，永善，新平*；

第三组：曲靖，弥勒，陆良，富民，禄劝，武定，兰坪，云龙，景谷，宁洱（原普洱），沾益，个旧，红河，元江，禄丰，双柏，开远，盈江，永平，昌宁，宁蒗，南华，楚雄，勐腊，华坪，景东*。

（5）抗震设防烈度为 7 度，设计基本地震加速度值为 0.10g：

第二组：盐津，绥江，德钦，贡山，水富；

第三组：昭通，彝良，鲁甸，福贡，永仁，大姚，元谋，姚安，牟定，墨江，绿春，镇沅，江城，金平，富源，师宗，泸西，蒙自，元阳，维西，宣威。

（6）抗震设防烈度为 6 度，设计基本地震加速度值为 0.05g：

第一组：威信，镇雄，富宁，西畴，麻栗坡，马关；

第二组：广南；

第三组：丘北，砚山，屏边，河口，文山，罗平。

二十三、西藏自治区

（1）抗震设防烈度不低于 9 度，设计基本地震加速度值不小于 0.40g：

第三组：当雄，墨脱。

（2）抗震设防烈度为 8 度，设计基本地震加速度值为 0.30g：

第二组：申扎；

第三组：米林，波密。

（3）抗震设防烈度为 8 度，设计基本地震加速度值为 0.20g：

第二组：普兰，聂拉木，萨嘎；

第三组：拉萨，堆龙德庆，尼木，仁布，尼玛，洛隆，隆子，错那，曲松，那曲，林芝（八一镇），林周。

（4）抗震设防烈度为 7 度，设计基本地震加速度值为 0.15g：

第二组：札达，吉隆，拉孜，谢通门，亚东，洛扎，昂仁；

第三组：日土，江孜，康马，白朗，扎囊，措美，桑日，加查，边坝，八宿，丁青，类乌齐，乃东，琼结，贡嘎，朗县，达孜，南木林，班戈，浪卡子，墨竹工卡，曲水，安多，聂荣，日喀则*，噶尔*。

（5）抗震设防烈度为 7 度，设计基本地震加速度值为 0.10g：

第一组：改则；

第二组：措勤，仲巴，定结，芒康；

第三组：昌都，定日，萨迦，岗巴，巴青，工布江达，索县，比如，嘉黎，察雅，左贡，察隅，江达，贡觉。

（6）抗震设防烈度为 6 度，设计基本地震加速度值为 0.05g：

第二组：革吉。

二十四、陕西省

（1）抗震设防烈度为 8 度，设计基本地震加速度值为 0.20g：

第一组：西安（未央、莲湖、新城、碑林、灞桥、雁塔、阎良*、临潼），渭南，华县，华阴. 潼关，大荔；

第三组：陇县。

（2）抗震设防烈度为 7 度，设计基本地震加速度值为 0.15g：

第一组：咸阳（秦都、渭城），西安（长安），高陵，兴平，周至，户县，蓝田；

第二组：宝鸡（金台、渭滨、陈仓），咸阳（杨凌特区），千阳，岐山，凤翔，扶风，武功，眉县，三原，富平，澄城，蒲城，泾阳，礼泉，韩城，合阳，略阳；

第三组：凤县。

（3）抗震设防烈度为 7 度，设计基本地震加速度值为 0.10g：

第一组：安康，平利；

第二组：洛南，乾县，勉县，宁强，南郑，汉中；

第三组：白水，淳化，麟游，永寿，商洛（商川），太白，留坝，铜川（耀州、王益、印台*），柞水*。

（4）抗震设防烈度为 6 度，设计基本地震加速度值为 0.05g：

第一组：延安，清涧，神木，佳县，米脂，绥德，安塞，延川，延长，志丹，甘泉，商南，紫阳，镇巴，子长*，子洲*；

第二组：吴旗，富县，旬阳，白河，岚皋，镇坪；

第三组：定边，府谷，吴堡，洛川，黄陵，旬邑，洋县，西乡，石泉，汉阴，宁陕，城固，宜川，黄龙，宜君，长武，彬县，佛坪，镇安，丹凤，山阳。

二十五、甘肃省

（1）抗震设防烈度不低于 9 度，设计基本地震加速度值不小于 0.04g：

第二组：古浪。

（2）抗震设防烈度为 8 度，设计基本地震加速度值为 0.30g：

第二组：天水（秦州、麦积），礼县，西和；

第三组：白银（平川区）。

（3）抗震设防烈度为 8 度，设计基本地震加速度值为 0.20g：

第二组：岩昌，肃北，陇南，成县，徽县，康县，文县；

第三组：兰州（城关、七里河、西固、安宁），武威，永登，天祝，景泰，靖远，陇西，武山，秦安，清水，甘谷，漳县，会宁，静宁，庄浪，张家川，通渭，华亭，两当，舟曲。

（4）抗震设防烈度为 7 度，设计基本地震加速度值为 0.15g：

第二组：康乐，嘉峪关，玉门，酒泉，高台，临泽，肃南；

第三组：白银（白银区），兰州（红古区），永靖，岷县，东乡，和政，广河，临潭，卓尼，迭部，临洮，渭源，皋兰，崇信，榆中，定西，金昌，阿克塞，民乐，永昌，平凉。

（5）抗震设防烈度为 7 度，设计基本地震加速度值为 0.10g：

第二组：张掖，合作，玛曲，金塔；

第三组：敦煌，瓜洲，山丹，临夏，临夏县，夏河，碌曲，泾川，灵台，民勤，镇原，环县，积石山。

（6）抗震设防烈度为 6 度，设计基本地震加速度值为 0.05g：

第三组：华池，正宁，庆阳（西峰），合水，宁县，庆城。

二十六、青海省

（1）抗震设防烈度为 8 度，设计基本地震加速度值为 0.20g：

第二组：玛沁；

第三组：玛多，达日。

（2）抗震设防烈度为 7 度，设计基本地震加速度值为 0.15g：

第二组：祁连；

第三组：甘德，门源，治多，玉树。

（3）抗震设防烈度为 7 度，设计基本地震加速度值为 0.10g：

第二组：乌兰，称多，杂多，囊谦；

第三组：西宁（城中、城东、城西、城北），同仁，共和，德令哈，海晏，湟源，湟中，平安，民和，化隆，贵德，尖扎，循化，格尔木，贵南，同德，河南，曲麻莱，久治，班玛，天峻，刚察，大通，互助，乐都，都兰，兴海。

（4）抗震设防烈度为 6 度，设计基本地震加速度值为 0.05g：

第三组：泽库。

二十七、宁夏回族自治区

（1）抗震设防烈度为 8 度，设计基本地震加速度值为 0.30g：

第二组：海原。

（2）抗震设防烈度为8度，设计基本地震加速度值为0.20g：

第一组：石嘴山（大武口、惠农），平罗；

第二组：银川（兴庆、金凤、西夏），吴忠，贺兰，永宁，青铜峡，泾源，灵武，固原；

第三组：西吉，中宁，中卫，同心，隆德。

（3）抗震设防烈度为7度，设计基本地震加速度值为0.15g：

第三组：彭阳。

（4）抗震设防烈度为6度，设计基本地震加速度值为0.05g：

第三组：盐池。

二十八、新疆维吾尔自治区

（1）抗震设防烈度不低于9度，设计基本地震加速度值不小于0.40g：

第三组：乌恰，塔什库尔干。

（2）抗震设防烈度为8度，设计基本地震加速度值为0.30g：

第三组：阿图什，喀什，疏附。

（3）抗震设防烈度为8度，设计基本地震加速度值为0.20g：

第一组：巴里坤；

第二组：乌鲁木齐（天山、沙依巴克、新市、水磨沟、头屯河、米东），乌鲁木齐县，温宿，阿克苏，柯坪，昭苏，特克斯，库车，青河，富蕴，乌什*；

第三组：尼勒克，新源，巩留，精河，乌苏，奎屯，沙湾，玛纳斯，石河子，克拉玛依（独山子），疏勒，伽师，阿克陶，英吉沙。

（4）抗震设防烈度为7度，设计基本地震加速度值为0.15g：

第一组：木垒*。

第二组：库尔勒，新和，轮台，和静，焉耆，博湖，巴楚，拜城，昌吉，阜康*；

第三组：伊宁，伊宁县，霍城，呼图壁，察布查尔，岳普湖。

（5）抗震设防烈度为7度，设计基本地震加速度值为0.10g：

第一组：鄯善；

第二组：乌鲁木齐（达坂城），吐鲁番，和田，和田县，吉木萨尔，洛浦，奇台，伊吾，托克逊，和硕，尉犁，墨玉，策勒，哈密*；

第三组：五家渠，克拉玛依（克拉玛依区），博乐，温泉，阿合奇，阿瓦提，沙雅，图木舒克，莎车，泽普，叶城，麦盖提，皮山。

（6）抗震设防烈度为6度，设计基本地震加速度值为0.05g：

第一组：额敏，和布克赛尔；

第二组：于田，哈巴河，塔城，福海，克拉玛依（马尔禾）；

第三组：阿勒泰，托里，民丰，若羌，布尔津，吉木乃，裕民，克拉玛依（白碱滩），且末，阿拉尔。

二十九、港澳特区和台湾省

（1）抗震设防烈度不低于9度，设计基本地震加速度值不小于0.40g：

第二组：台中；

第三组：苗栗，云林，嘉义，花莲。

（2）抗震设防烈度为8度，设计基本地震加速度值为0.30g：

第二组：台南；

第三组：台北，桃园，基隆，宜兰，台东，屏东。

（3）抗震设防烈度为 8 度，设计基本地震加速度值为 $0.20g$：

第三组：高雄，澎湖。

（4）抗震设防烈度为 7 度，设计基本地震加速度值为 $0.15g$：

第一组：香港。

（5）抗震设防烈度为 7 度，设计基本地震加速度值为 $0.10g$：

第一组：澳门。

附录3 D 值法计算用表

附表 3.1 均布水平荷载下规则框架标准反弯点高度比 y_0

m	n \ $\overline{K}$	0.1	0.2	0.3	0.4	0.5	0.6	0.7	0.8	0.9	1.0	2.0	3.0	4.0	5.0
1	1	0.80	0.75	0.70	0.65	0.65	0.60	0.60	0.60	0.60	0.55	0.55	0.55	0.55	0.55
2	2	0.45	0.40	0.35	0.35	0.35	0.35	0.40	0.40	0.40	0.40	0.45	0.45	0.45	0.45
	1	0.95	0.80	0.75	0.70	0.65	0.65	0.65	0.60	0.60	0.60	0.55	0.55	0.55	0.50
3	3	0.15	0.20	0.20	0.25	0.30	0.30	0.30	0.35	0.35	0.35	0.40	0.45	0.45	0.45
	2	0.55	0.50	0.45	0.45	0.45	0.45	0.45	0.45	0.45	0.45	0.45	0.50	0.50	0.50
	1	1.00	0.85	0.80	0.75	0.70	0.70	0.65	0.65	0.65	0.60	0.55	0.55	0.55	0.55
4	4	−0.05	0.05	0.15	0.20	0.25	0.30	0.30	0.35	0.35	0.35	0.40	0.45	0.45	0.45
	3	0.25	0.30	0.30	0.35	0.35	0.40	0.40	0.40	0.40	0.45	0.45	0.50	0.50	0.50
	2	0.65	0.55	0.50	0.50	0.45	0.45	0.45	0.45	0.45	0.45	0.50	0.50	0.50	0.50
	1	1.10	0.90	0.80	0.75	0.70	0.70	0.65	0.65	0.65	0.60	0.55	0.55	0.55	0.55
5	5	−0.20	0.00	0.15	0.20	0.25	0.30	0.30	0.30	0.35	0.35	0.40	0.45	0.45	0.45
	4	0.10	0.20	0.25	0.30	0.35	0.35	0.40	0.40	0.40	0.40	0.45	0.45	0.50	0.50
	3	0.40	0.40	0.40	0.40	0.40	0.45	0.45	0.45	0.45	0.45	0.50	0.50	0.50	0.50
	2	0.65	0.55	0.50	0.50	0.50	0.50	0.50	0.50	0.50	0.50	0.50	0.50	0.50	0.50
	1	1.20	0.95	0.80	0.75	0.75	0.70	0.70	0.65	0.65	0.65	0.55	0.55	0.55	0.55
6	6	−0.30	0.00	0.10	0.20	0.25	0.25	0.30	0.35	0.35	0.40	0.45	0.45	0.45	0.45
	5	0.00	0.20	0.25	0.30	0.35	0.35	0.40	0.40	0.40	0.40	0.45	0.45	0.50	0.50
	4	0.20	0.30	0.35	0.35	0.40	0.40	0.40	0.45	0.45	0.45	0.45	0.50	0.50	0.50
	3	0.40	0.40	0.40	0.45	0.45	0.45	0.45	0.45	0.45	0.45	0.50	0.50	0.50	0.50
	2	0.70	0.60	0.55	0.50	0.50	0.50	0.50	0.50	0.50	0.50	0.50	0.50	0.50	0.50
	1	1.20	0.95	0.85	0.80	0.75	0.70	0.70	0.65	0.65	0.65	0.55	0.55	0.55	0.55
7	7	−0.35	−0.05	0.10	0.20	0.20	0.25	0.30	0.30	0.35	0.35	0.40	0.45	0.45	0.45
	6	−0.10	0.15	0.25	0.30	0.35	0.35	0.35	0.40	0.40	0.40	0.45	0.45	0.50	0.50
	5	0.10	0.25	0.30	0.35	0.40	0.40	0.40	0.45	0.45	0.45	0.50	0.50	0.50	0.50
	4	0.30	0.35	0.40	0.40	0.40	0.45	0.45	0.45	0.45	0.45	0.50	0.50	0.50	0.50
	3	0.50	0.45	0.45	0.45	0.45	0.45	0.45	0.45	0.45	0.50	0.50	0.50	0.50	0.50
	2	0.75	0.60	0.55	0.50	0.50	0.50	0.50	0.50	0.50	0.50	0.50	0.50	0.50	0.50
	1	1.20	0.95	0.85	0.80	0.75	0.70	0.70	0.65	0.65	0.65	0.55	0.55	0.55	0.55
8	8	−0.35	−0.15	0.10	0.15	0.25	0.25	0.30	0.30	0.35	0.35	0.40	0.45	0.45	0.45
	7	−0.10	0.15	0.25	0.30	0.35	0.35	0.40	0.40	0.40	0.40	0.45	0.50	0.50	0.50
	6	0.05	0.25	0.30	0.35	0.40	0.40	0.40	0.45	0.45	0.45	0.45	0.50	0.50	0.50
	5	0.20	0.30	0.35	0.40	0.40	0.45	0.45	0.45	0.45	0.45	0.50	0.50	0.50	0.50
	4	0.35	0.40	0.40	0.45	0.45	0.45	0.45	0.45	0.45	0.45	0.50	0.50	0.50	0.50
	3	0.50	0.45	0.45	0.45	0.45	0.45	0.45	0.45	0.50	0.50	0.50	0.50	0.50	0.50
	2	0.75	0.60	0.55	0.55	0.50	0.50	0.50	0.50	0.50	0.50	0.50	0.50	0.50	0.50
	1	1.20	1.00	0.85	0.80	0.75	0.70	0.70	0.65	0.65	0.65	0.55	0.55	0.55	0.55

m	n \ $\overline{K}$	0.1	0.2	0.3	0.4	0.5	0.6	0.7	0.8	0.9	1.0	2.0	3.0	4.0	5.0
9	9	−0.40	−0.05	0.10	0.20	0.25	0.25	0.30	0.30	0.35	0.35	0.45	0.45	0.45	0.45
	8	−0.15	0.15	0.25	0.30	0.35	0.35	0.35	0.40	0.40	0.40	0.45	0.45	0.50	0.50
	7	0.05	0.25	0.30	0.35	0.40	0.40	0.40	0.45	0.45	0.45	0.45	0.50	0.50	0.50
	6	0.15	0.30	0.35	0.40	0.40	0.45	0.45	0.45	0.45	0.45	0.50	0.50	0.50	0.50
	5	0.25	0.35	0.40	0.40	0.45	0.45	0.45	0.45	0.45	0.45	0.50	0.50	0.50	0.50
	4	0.40	0.40	0.40	0.45	0.45	0.45	0.45	0.45	0.45	0.45	0.50	0.50	0.50	0.50
	3	0.55	0.45	0.45	0.45	0.45	0.45	0.45	0.45	0.50	0.50	0.50	0.50	0.50	0.50
	2	0.80	0.65	0.55	0.55	0.50	0.50	0.50	0.50	0.50	0.50	0.50	0.50	0.50	0.50
	1	1.20	1.00	0.85	0.80	0.75	0.70	0.70	0.65	0.65	0.65	0.55	0.55	0.55	0.55
10	10	−0.40	−0.05	0.10	0.20	0.25	0.30	0.30	0.30	0.35	0.35	0.40	0.45	0.45	0.45
	9	−0.15	0.15	0.25	0.30	0.35	0.35	0.40	0.40	0.40	0.40	0.45	0.45	0.50	0.50
	8	0.00	0.25	0.30	0.35	0.40	0.40	0.40	0.45	0.45	0.45	0.45	0.50	0.50	0.50
	7	0.10	0.30	0.35	0.40	0.40	0.40	0.45	0.45	0.45	0.45	0.50	0.50	0.50	0.50
	6	0.20	0.35	0.40	0.40	0.45	0.45	0.45	0.45	0.45	0.45	0.50	0.50	0.50	0.50
	5	0.30	0.40	0.40	0.45	0.45	0.45	0.45	0.45	0.45	0.50	0.50	0.50	0.50	0.50
	4	0.40	0.40	0.45	0.45	0.45	0.45	0.45	0.45	0.50	0.50	0.50	0.50	0.50	0.50
	3	0.55	0.50	0.45	0.45	0.45	0.50	0.50	0.50	0.50	0.50	0.50	0.50	0.50	0.50
	2	0.80	0.65	0.55	0.55	0.55	0.50	0.50	0.50	0.50	0.50	0.50	0.50	0.50	0.50
	1	1.30	1.00	0.85	0.80	0.75	0.70	0.70	0.65	0.65	0.65	0.60	0.55	0.55	0.55
11	11	−0.40	0.05	0.10	0.20	0.25	0.30	0.30	0.30	0.35	0.35	0.40	0.45	0.45	0.45
	10	−0.15	0.15	0.25	0.30	0.35	0.35	0.40	0.40	0.40	0.40	0.45	0.45	0.50	0.50
	9	0.00	0.25	0.30	0.35	0.40	0.40	0.40	0.45	0.45	0.45	0.45	0.50	0.50	0.50
	8	0.10	0.30	0.35	0.40	0.40	0.45	0.45	0.45	0.45	0.45	0.50	0.50	0.50	0.50
	7	0.20	0.35	0.40	0.45	0.45	0.45	0.45	0.45	0.45	0.45	0.50	0.50	0.50	0.50
	6	0.25	0.35	0.40	0.45	0.45	0.45	0.45	0.45	0.45	0.45	0.50	0.50	0.50	0.50
	5	0.35	0.40	0.40	0.45	0.45	0.45	0.45	0.45	0.45	0.50	0.50	0.50	0.50	0.50
	4	0.40	0.45	0.45	0.45	0.45	0.45	0.45	0.50	0.50	0.50	0.50	0.50	0.50	0.50
	3	0.55	0.50	0.50	0.50	0.50	0.50	0.50	0.50	0.50	0.50	0.50	0.50	0.50	0.50
	2	0.80	0.65	0.60	0.55	0.55	0.50	0.50	0.50	0.50	0.50	0.50	0.50	0.50	0.50
	1	1.30	1.00	0.85	0.80	0.75	0.70	0.70	0.65	0.65	0.65	0.60	0.55	0.55	0.55
12以上	自上1	−0.40	−0.05	0.10	0.20	0.25	0.30	0.30	0.30	0.35	0.35	0.40	0.45	0.45	0.45
	2	−0.15	0.15	0.25	0.30	0.35	0.35	0.40	0.40	0.40	0.40	0.45	0.45	0.50	0.50
	3	0.00	0.25	0.30	0.35	0.40	0.40	0.40	0.45	0.45	0.45	0.50	0.50	0.50	0.50
	4	0.10	0.30	0.35	0.40	0.40	0.45	0.45	0.45	0.45	0.45	0.50	0.50	0.50	0.50
	5	0.20	0.35	0.40	0.40	0.45	0.45	0.45	0.45	0.45	0.45	0.50	0.50	0.50	0.50
	6	0.25	0.35	0.40	0.45	0.45	0.45	0.45	0.45	0.45	0.45	0.50	0.50	0.50	0.50
	7	0.30	0.40	0.40	0.45	0.45	0.45	0.45	0.45	0.50	0.50	0.50	0.50	0.50	0.50
	8	0.35	0.40	0.45	0.45	0.45	0.45	0.45	0.50	0.50	0.50	0.50	0.50	0.50	0.50
	中间	0.40	0.40	0.45	0.45	0.45	0.45	0.50	0.50	0.50	0.50	0.50	0.50	0.50	0.50
	4	0.45	0.45	0.45	0.45	0.50	0.50	0.50	0.50	0.50	0.50	0.50	0.50	0.50	0.50
	3	0.60	0.50	0.50	0.50	0.50	0.50	0.50	0.50	0.50	0.50	0.50	0.50	0.50	0.50
	2	0.80	0.65	0.60	0.55	0.55	0.50	0.50	0.50	0.50	0.50	0.50	0.50	0.50	0.50
	自下1	1.30	1.00	0.80	0.80	0.75	0.70	0.70	0.65	0.65	0.55	0.55	0.55	0.55	0.55

附表 3.2　　　　倒三角形分布水平荷载下规则框架标准反弯点高度比 y_0

m	$\overline{K}$ \ n	0.1	0.2	0.3	0.4	0.5	0.6	0.7	0.8	0.9	1.0	2.0	3.0	4.0	5.0
1	1	0.80	0.75	0.70	0.65	0.65	0.60	0.60	0.60	0.60	0.55	0.55	0.55	0.55	0.55
2	2	0.50	0.45	0.40	0.40	0.40	0.40	0.40	0.40	0.40	0.45	0.45	0.45	0.45	0.50
	1	1.00	0.85	0.75	0.70	0.70	0.65	0.65	0.65	0.60	0.60	0.55	0.55	0.55	0.55
3	3	0.25	0.25	0.25	0.30	0.30	0.35	0.35	0.35	0.40	0.40	0.45	0.45	0.45	0.50
	2	0.60	0.50	0.50	0.50	0.50	0.45	0.45	0.45	0.45	0.45	0.50	0.50	0.50	0.50
	1	1.15	0.90	0.80	0.75	0.75	0.70	0.70	0.65	0.65	0.65	0.60	0.55	0.55	0.55
4	4	0.10	0.15	0.20	0.25	0.30	0.30	0.35	0.35	0.35	0.40	0.45	0.45	0.45	0.45
	3	0.35	0.35	0.35	0.40	0.40	0.40	0.40	0.45	0.45	0.45	0.45	0.50	0.50	0.50
	2	0.70	0.60	0.55	0.50	0.50	0.50	0.50	0.50	0.50	0.50	0.50	0.50	0.50	0.50
	1	1.20	0.95	0.85	0.80	0.75	0.70	0.70	0.70	0.65	0.65	0.55	0.55	0.55	0.55
5	5	−0.05	0.10	0.20	0.25	0.30	0.30	0.35	0.35	0.35	0.35	0.40	0.45	0.45	0.45
	4	0.20	0.25	0.35	0.35	0.40	0.40	0.40	0.40	0.40	0.45	0.45	0.50	0.50	0.50
	3	0.45	0.40	0.45	0.45	0.45	0.45	0.45	0.45	0.45	0.45	0.50	0.50	0.50	0.50
	2	0.75	0.60	0.55	0.55	0.50	0.50	0.50	0.50	0.50	0.50	0.50	0.50	0.50	0.50
	1	1.30	1.00	0.85	0.80	0.75	0.70	0.70	0.65	0.65	0.65	0.65	0.55	0.55	0.55
6	6	−0.15	0.50	0.15	0.20	0.25	0.30	0.30	0.35	0.35	0.35	0.40	0.45	0.45	0.45
	5	0.10	0.25	0.30	0.35	0.35	0.40	0.40	0.40	0.40	0.45	0.45	0.50	0.50	0.50
	4	0.30	0.35	0.40	0.40	0.45	0.45	0.45	0.45	0.45	0.45	0.50	0.50	0.50	0.50
	3	0.50	0.45	0.45	0.45	0.45	0.45	0.45	0.45	0.45	0.50	0.50	0.50	0.50	0.50
	2	0.80	0.65	0.55	0.55	0.55	0.55	0.50	0.50	0.50	0.50	0.50	0.50	0.50	0.50
	1	1.30	1.00	0.85	0.80	0.75	0.70	0.70	0.65	0.65	0.65	0.60	0.55	0.55	0.55
7	7	−0.20	0.05	0.15	0.20	0.25	0.30	0.30	0.35	0.35	0.35	0.45	0.45	0.45	0.45
	6	0.05	0.20	0.30	0.35	0.35	0.40	0.40	0.40	0.40	0.45	0.45	0.50	0.50	0.50
	5	0.20	0.30	0.35	0.40	0.40	0.45	0.45	0.45	0.45	0.45	0.50	0.50	0.50	0.50
	4	0.35	0.40	0.40	0.45	0.45	0.45	0.45	0.45	0.45	0.45	0.50	0.50	0.50	0.50
	3	0.55	0.50	0.50	0.50	0.50	0.50	0.50	0.50	0.50	0.50	0.50	0.50	0.50	0.50
	2	0.80	0.65	0.60	0.55	0.55	0.55	0.50	0.50	0.50	0.50	0.50	0.50	0.50	0.50
	1	1.30	1.00	0.90	0.80	0.75	0.70	0.70	0.70	0.65	0.65	0.60	0.55	0.55	0.55
8	8	−0.20	0.05	0.15	0.20	0.25	0.30	0.30	0.35	0.35	0.35	0.45	0.45	0.45	0.45
	7	0.00	0.20	0.30	0.35	0.35	0.40	0.40	0.40	0.40	0.45	0.45	0.50	0.50	0.50
	6	0.15	0.30	0.35	0.40	0.40	0.45	0.45	0.45	0.45	0.45	0.50	0.50	0.50	0.50
	5	0.30	0.45	0.40	0.45	0.45	0.45	0.45	0.45	0.45	0.45	0.50	0.50	0.50	0.50
	4	0.40	0.45	0.45	0.45	0.45	0.45	0.45	0.50	0.50	0.50	0.50	0.50	0.50	0.50
	3	0.60	0.50	0.50	0.50	0.50	0.50	0.50	0.50	0.50	0.50	0.50	0.50	0.50	0.50
	2	0.85	0.65	0.60	0.55	0.55	0.55	0.50	0.50	0.50	0.50	0.50	0.50	0.50	0.50
	1	1.30	1.00	0.90	0.80	0.75	0.70	0.70	0.70	0.65	0.65	0.60	0.55	0.55	0.55
9	9	−0.25	0.00	0.15	0.20	0.25	0.30	0.30	0.35	0.35	0.40	0.45	0.45	0.45	0.45
	8	0.00	0.20	0.30	0.35	0.35	0.40	0.40	0.40	0.40	0.45	0.45	0.50	0.50	0.50
	7	0.15	0.30	0.35	0.40	0.40	0.45	0.45	0.45	0.45	0.45	0.50	0.50	0.50	0.50

续表

m	n \ $\overline{K}$	0.1	0.2	0.3	0.4	0.5	0.6	0.7	0.8	0.9	1.0	2.0	3.0	4.0	5.0
9	6	0.25	0.35	0.40	0.40	0.45	0.45	0.45	0.45	0.45	0.50	0.50	0.50	0.50	0.50
	5	0.35	0.40	0.45	0.45	0.45	0.45	0.45	0.45	0.50	0.50	0.50	0.50	0.50	0.50
	4	0.45	0.45	0.45	0.45	0.45	0.50	0.50	0.50	0.50	0.50	0.50	0.50	0.50	0.50
	3	0.65	0.50	0.50	0.50	0.50	0.50	0.50	0.50	0.50	0.50	0.50	0.50	0.50	0.50
	2	0.80	0.65	0.60	0.55	0.55	0.55	0.55	0.50	0.50	0.50	0.50	0.50	0.50	0.50
	1	1.35	1.00	1.00	0.80	0.75	0.75	0.70	0.70	0.65	0.65	0.60	0.55	0.55	0.55
10	10	−0.25	0.00	0.15	0.20	0.25	0.30	0.30	0.35	0.35	0.40	0.45	0.45	0.45	0.45
	9	−0.05	0.20	0.30	0.35	0.35	0.40	0.40	0.40	0.40	0.45	0.45	0.50	0.50	0.50
	8	0.10	0.30	0.35	0.40	0.40	0.40	0.45	0.45	0.45	0.45	0.50	0.50	0.50	0.50
	7	0.20	0.35	0.40	0.40	0.45	0.45	0.45	0.45	0.45	0.50	0.50	0.50	0.50	0.50
	6	0.30	0.40	0.40	0.45	0.45	0.45	0.45	0.45	0.45	0.50	0.50	0.50	0.50	0.50
	5	0.40	0.45	0.45	0.45	0.45	0.45	0.45	0.50	0.50	0.50	0.50	0.50	0.50	0.50
	4	0.50	0.45	0.45	0.45	0.50	0.50	0.50	0.50	0.50	0.50	0.50	0.50	0.50	0.50
	3	0.60	0.55	0.50	0.50	0.50	0.50	0.50	0.50	0.50	0.50	0.50	0.50	0.50	0.50
	2	0.85	0.65	0.60	0.55	0.55	0.55	0.55	0.50	0.50	0.50	0.50	0.50	0.50	0.50
	1	1.35	1.00	0.90	0.80	0.75	0.75	0.70	0.70	0.65	0.65	0.60	0.55	0.55	0.55
11	11	−0.25	0.00	0.15	0.20	0.25	0.30	0.30	0.30	0.35	0.35	0.45	0.45	0.45	0.45
	10	−0.05	0.20	0.25	0.30	0.35	0.40	0.40	0.40	0.40	0.45	0.45	0.50	0.50	0.50
	9	0.10	0.30	0.35	0.40	0.40	0.40	0.45	0.45	0.45	0.45	0.50	0.50	0.50	0.50
	8	0.20	0.35	0.40	0.40	0.45	0.45	0.45	0.45	0.45	0.45	0.50	0.50	0.50	0.50
	7	0.25	0.40	0.40	0.45	0.45	0.45	0.45	0.45	0.45	0.50	0.50	0.50	0.50	0.50
	6	0.35	0.40	0.45	0.45	0.45	0.45	0.45	0.45	0.50	0.50	0.50	0.50	0.50	0.50
	5	0.40	0.45	0.45	0.45	0.45	0.50	0.50	0.50	0.50	0.50	0.50	0.50	0.50	0.50
	4	0.50	0.50	0.50	0.50	0.50	0.50	0.50	0.50	0.50	0.50	0.50	0.50	0.50	0.50
	3	0.65	0.55	0.50	0.50	0.50	0.50	0.50	0.50	0.50	0.50	0.50	0.50	0.50	0.50
	2	0.85	0.65	0.60	0.55	0.55	0.55	0.55	0.55	0.50	0.50	0.50	0.50	0.50	0.50
	1	1.35	1.05	0.90	0.80	0.75	0.75	0.70	0.70	0.65	0.65	0.60	0.55	0.55	0.55
12以上	自上1	−0.30	0.00	0.15	0.20	0.25	0.30	0.30	0.30	0.35	0.35	0.40	0.45	0.45	0.45
	2	−0.10	0.20	0.25	0.30	0.35	0.40	0.40	0.40	0.40	0.40	0.45	0.45	0.45	0.50
	3	0.05	0.25	0.35	0.40	0.40	0.40	0.45	0.45	0.45	0.45	0.45	0.50	0.50	0.50
	4	0.15	0.30	0.40	0.40	0.45	0.45	0.45	0.45	0.45	0.45	0.45	0.50	0.50	0.50
	5	0.25	0.35	0.40	0.45	0.45	0.45	0.45	0.45	0.45	0.45	0.50	0.50	0.50	0.50
	6	0.30	0.40	0.40	0.45	0.45	0.45	0.45	0.45	0.50	0.50	0.50	0.50	0.50	0.50
	7	0.35	0.40	0.40	0.45	0.45	0.45	0.50	0.50	0.50	0.50	0.50	0.50	0.50	0.50
	8	0.35	0.45	0.45	0.45	0.50	0.50	0.50	0.50	0.50	0.50	0.50	0.50	0.50	0.50
	中间	0.45	0.45	0.45	0.50	0.50	0.50	0.50	0.50	0.50	0.50	0.50	0.50	0.50	0.50
	4	0.55	0.50	0.50	0.50	0.50	0.50	0.50	0.50	0.50	0.50	0.50	0.50	0.50	0.50
	3	0.65	0.55	0.50	0.50	0.50	0.50	0.50	0.50	0.50	0.50	0.50	0.50	0.50	0.50
	2	0.70	0.70	0.60	0.55	0.55	0.55	0.55	0.55	0.50	0.50	0.50	0.50	0.50	0.50
	自下1	1.35	1.05	0.90	0.80	0.75	0.70	0.70	0.70	0.65	0.65	0.60	0.55	0.55	0.55

注　$\overline{K}$ 为梁柱线刚度比，m 为结构总层数，n 为该柱所在的楼层位置。

附表 3.3　　　　　　　　上下层横梁线刚度比对 y_0 的修正值 y_1

α_1 \ $\overline{K}$	0.10	0.20	0.30	0.40	0.50	0.60	0.70	0.80	0.90	1.00	2.00	3.00	4.00	5.00
0.40	0.55	0.40	0.30	0.25	0.20	0.20	0.20	0.15	0.15	0.15	0.05	0.05	0.05	0.05
0.50	0.45	0.30	0.20	0.20	0.15	0.15	0.15	0.10	0.10	0.10	0.05	0.05	0.05	0.05
0.60	0.30	0.20	0.15	0.15	0.10	0.10	0.10	0.10	0.05	0.05	0.05	0.05	0.00	0.00
0.70	0.20	0.15	0.10	0.10	0.05	0.10	0.05	0.05	0.05	0.05	0.05	0.00	0.00	0.00
0.80	0.15	0.10	0.05	0.05	0.05	0.05	0.05	0.05	0.05	0.00	0.00	0.00	0.00	0.00
0.90	0.05	0.05	0.05	0.05	0.00	0.00	0.00	0.00	0.00	0.00	0.00	0.00	0.00	0.00

注　当 $i_1+i_2 < i_3+i_4$ 时，令 $\alpha_1=(i_1+i_2)/(i_3+i_4)$，相应的 y_1 为正值；当 $i_1+i_2 > i_3+i_4$ 时，令 $\alpha_1=(i_3+i_4)/(i_1+i_2)$，$y_1$ 为正值。对底层柱不考虑 α_1 值，不作此项修正。

附表 3.4　　　　　　　　上下层层高变化对 y_0 的修正值 y_2 和 y_3

α_2	α_3 \ $\overline{K}$	0.10	0.20	0.30	0.40	0.50	0.60	0.70	0.80	0.90	1.00	2.00	3.00	4.00	5.00
2.00		0.25	0.15	0.15	0.10	0.10	0.10	0.10	0.10	0.05	0.05	0.05	0.05	0.00	0.00
1.80		0.20	0.15	0.10	0.10	0.10	0.05	0.05	0.05	0.05	0.05	0.05	0.00	0.00	0.00
1.60	0.40	0.15	0.10	0.10	0.05	0.05	0.05	0.05	0.05	0.05	0.05	0.00	0.00	0.00	0.00
1.40	0.60	0.10	0.05	0.05	0.05	0.05	0.05	0.05	0.05	0.05	0.00	0.00	0.00	0.00	0.00
1.20	0.80	0.05	0.05	0.05	0.00	0.00	0.00	0.00	0.00	0.00	0.00	0.00	0.00	0.00	0.00
1.00	1.00	0.00	0.00	0.00	0.00	0.00	0.00	0.00	0.00	0.00	0.00	0.00	0.00	0.00	0.00
0.80	1.20	−0.05	−0.05	−0.05	0.00	0.00	0.00	0.00	0.00	0.00	0.00	0.00	0.00	0.00	0.00
0.60	1.40	−0.10	−0.05	−0.05	−0.05	−0.05	−0.05	−0.05	−0.05	−0.05	0.00	0.00	0.00	0.00	0.00
	1.60	−0.15	−0.10	−0.10	−0.05	−0.05	−0.05	−0.05	−0.05	−0.05	0.00	0.00	0.00	0.00	0.00
	1.80	−0.20	−0.15	−0.10	−0.10	−0.10	−0.05	−0.05	−0.05	−0.05	−0.05	0.00	0.00	0.00	0.00
	2.00	−0.25	−0.15	−0.15	−0.10	−0.10	−0.10	−0.10	−0.10	−0.05	−0.05	−0.05	−0.05	0.00	0.00

注　1. y_2 为上层层高变化的修正值，按照 $\alpha_2=h_u/h$ 求得，上层比较高时为正，但对于最上层 y_2 可不考虑。

　　2. y_3 为下层层高变化的修正值，按照 $\alpha_3=h_1/h$ 求得，对于最下层 y_3 可以不考虑。

参 考 文 献

[1] 王社良. 抗震结构设计. 4 版 [M]. 武汉：武汉理工大学出版社，2011.

[2] 李国强，李杰，苏小卒. 建筑结构抗震设计. 3 版 [M]. 北京：中国建筑工业出版社，2009.

[3] 郭继武. 建筑抗震设计. 2 版 [M]. 北京：中国建筑工业出版社，2006.

[4] 尚守平，周福霖. 结构抗震设计. 2 版 [M]. 北京：高等教育出版社，2010.

[5] 彭少民. 混凝土结构 [M]. 武汉：武汉理工大学出版社，2002.

[6] 沈蒲生. 混凝土结构设计. 2 版 [M]. 北京：高等教育出版社，2003.

[7] 左宏亮，戴纳新，王涛. 建筑结构抗震 [M]. 北京：中国水利水电出版社，2009.

[8] 刘海卿. 建筑结构抗震与防灾 [M]. 北京：高等教育出版社，2010.

[9] 熊丹安. 建筑抗震设计简明教程 [M]. 广州：华南理工大学出版社，2006.

[10] 祝英杰. 建筑抗震设计 [M]. 北京：中国电力出版社，2006.

[11] 艾伦·威廉斯. 建筑与桥梁抗震设计. 2 版 [M]. 北京：中国水利水电出版社，2002.

[12] 王铁成. 混凝土结构原理 [M]. 天津：天津大学出版社，2002.

[13] 施楚贤. 砌体结构 [M]. 北京：中国建筑工业出版社，2003.

[14] 徐有邻. 汶川地震建筑震害调查及对建筑结构安全的反思 [M]. 北京：中国建筑工业出版社，2009.

[15] 清华大学，西南交通大学，重庆大学，中国建筑西南设计研究院有限公司，北京市建筑设计研究院. 汶川地震建筑震害分析及设计对策 [M]. 北京：中国建筑工业出版社，2009.

[16] Zhang Minzheng and Jin Yingjie. Building damage in Dujiangyan during Wenchuan Earthquake [J]. Harbin, China：Journal of Earthquake Engineering and Engineering Vibration，September，2008，(7) (3)：263 - 269.

[17] 同济大学土木工程防灾国家重点实验室. 汶川地震震害 [M]. 上海：同济大学出版社，2008.

[18] 清华大学，西南交通大学，北京交通大学土木工程结构专家组. 汶川地震建筑震害分析 [J]. 建筑结构学报，2008，(29) 4：1 - 9.

[19] 裘佰永，盛兴旺，等. 桥梁工程 [M]. 北京：中国铁道出版社，2001.

[20] 李碧雄，谢和平，王哲，王旋. 汶川地震后多层砌体结构震害调查及分析 [J]. 四川大学学报，2009，(41) 4：19 - 25.

[21] 卢滔，薄景山，李巨文，刘晓阳，刘启方. 汶川大地震汉源县城建筑物震害调查 [J]. 地震工程与工程振动，2009，(29) 6：88 - 95.

[22] 中华人民共和国建设部，国家质量监督检验检疫总局. GB 50011—2010 中国标准书号 [S]. 北京：中国建筑工业出版社，2011.

[23] 中华人民共和国建设部. JGJ 3—2010 中国标准书号 [S]. 北京：中国建筑工业出版社，2011.

[24] 中华人民共和国住房和城乡建设部，中华人民共和国国家质量监督检验检疫总局. GB 50023—2009 中国标准书号 [S]. 北京：中国建筑工业出版社，2009.

[25] 中华人民共和国住房和城乡建设部. GB 50223—2008 中国标准书号 [S]. 北京：中国建筑工业出版社，2008.

[26] 国家质量技术监督局. GB 18306—2001 中国标准书号 [S]. 北京：中国标准出版社，2001.

[27] 中华人民共和国建设部，国家质量监督检验检疫总局. GB 50068—2001 中国标准书号 [S]. 北京：中国建筑工业出版社，2001.

[28] 中华人民共和国住房和城乡建设部. GB 50009—2012 中国标准书号 [S]. 北京：中国建筑工业出版

社，2012.

[29] 中华人民共和国住房和城乡建设部. GB 50010—2010 中国标准书号 [S]. 北京：中国建筑工业出版
社，2011.

[30] 中华人民共和国建设部，中华人民共和国国家质量监督检验检疫总局. GB 50017—2003 中国标准书号
[S]. 北京：中国建筑工业出版社，2003.

[31] 中华人民共和国住房和城乡建设部. GB 50003—2011 中国标准书号 [S]. 北京：中国建筑工业出版
社，2012.

[32] 中华人民共和国住房和城乡建设部. JGJ 248—2012 中国标准书号 [S]. 北京：中国建筑工业出版
社，2012.

[33] 中华人民共和国交通运输部. JTG/T B02 - 01—2008 中国标准书号 [S]. 北京：人民交通出版
社，2008.

[34] 中华人民共和国住房和城乡建设部. GB 50007—2011 中国标准书号 [S]. 北京：中国建筑工业出版
社，2012.